3年

実力アップ

計算練習ノート

とく べつ
特別ふろく

計算力がぐんぐんのびる！

このふろくは
すべての教科書に対応した
全教科書版です。

年	組	名前

「計算練習ノート」はとりはずして使用できます。

1 かけ算のきまり

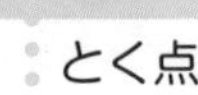

とく点　/100点

□にあてはまる数を書きましょう。　1つ6〔48点〕

❶ 8×3＝3×□＝□
❷ 4×7＝7×□＝□
❸ 5×2＝2×□＝□
❹ 3×1＝1×□＝□
❺ 9×5＝9×4＋□
❻ 9×5＝9×6－□
❼ 6×8＝6×7＋□
❽ 6×8＝6×9－□

計算をしましょう。　1つ5〔20点〕

❾ 0×8
❿ 7×0
⓫ 0×0
⓬ 5×0

□にあてはまる数を書きましょう。　1つ8〔32点〕

⓭ 7×5＜ 3 ×5＝□ / □×5＝□ ＞ あわせて□
⓮ 10×9＜ 6×□＝□ / 4×□＝□ ＞ あわせて□
⓯ 13×4＜ 8×□＝□ / □×4＝□ ＞ あわせて□
⓰ 15×6＜ 10×□＝□ / □×6＝□ ＞ あわせて□

●勉強した日　　月　　日

2 わり算(1)

とく点

/100点

計算をしましょう。　1つ5〔90点〕

❶ 18÷2　❷ 32÷8

❸ 45÷9　❹ 6÷3

❺ 24÷8　❻ 30÷6

❼ 35÷5　❽ 27÷9

❾ 12÷3　❿ 16÷2

⓫ 8÷1　⓬ 4÷4

⓭ 36÷6　⓮ 63÷7

⓯ 8÷4　⓰ 7÷1

⓱ 49÷7　⓲ 30÷5

色紙が45まいあります。5人で同じ数ずつ分けると、1人分は何まいになりますか。　1つ5〔10点〕

式

答え（　　　　）

3 わり算(2)

とく点　/100点

計算をしましょう。　1つ5〔90点〕

❶ 14÷2　❷ 40÷5

❸ 56÷7　❹ 36÷4

❺ 5÷1　❻ 40÷8

❼ 16÷4　❽ 24÷6

❾ 7÷7　❿ 63÷9

⓫ 9÷3　⓬ 42÷6

⓭ 9÷1　⓮ 15÷5

⓯ 12÷2　⓰ 21÷3

⓱ 72÷8　⓲ 36÷9

35こあるあめを、1人に7こずつ分けると、何人に分けられますか。

式　1つ5〔10点〕

答え（　　　）

●勉強した日　月　日

4 時こくと時間

とく点

/100点

□にあてはまる数を書きましょう。 1つ6〔48点〕

❶ 1時間＝□分　❷ 2分＝□秒（びょう）

❸ 3時間20分＝□分　❹ 150分＝□時間□分

❺ 1分55秒＝□秒　❻ 105秒＝□分□秒

❼ 4分38秒＝□秒　❽ 196秒＝□分□秒

次（つぎ）の時こくをもとめましょう。 1つ10〔20点〕

❾ 3時30分から50分後の時こく

（　　　）

❿ 5時20分から40分前の時こく

（　　　）

次の時間をもとめましょう。 1つ10〔20点〕

⓫ 午前8時50分から午前9時40分までの時間

（　　　）

⓬ 午後4時30分から午後5時10分までの時間

（　　　）

国語を40分、算数を50分勉（べん）強しました。あわせて何時間何分勉強しましたか。 1つ6〔12点〕

式

答え（　　　）

●勉強した日　月　日

5 たし算とひき算(1)

とく点
/100点

計算をしましょう。　1つ6〔54点〕

❶ 423＋316　❷ 275＋22　❸ 547＋135

❹ 680＋241　❺ 363＋178　❻ 459＋298

❼ 570＋176　❽ 667＋38　❾ 791＋9

計算をしましょう。　1つ6〔36点〕

⑩ 837＋362　⑪ 927＋255　⑫ 693＋854

⑬ 826＋588　⑭ 982＋18　⑮ 417＋783

761cmと949cmのひもがあります。あわせて何cmありますか。

式　1つ5〔10点〕

答え（　　　）

●勉強した日　　月　　日

6 たし算とひき算(2)

とく点

/100点

計算をしましょう。　1つ6〔54点〕

❶ 827－113　❷ 758－46　❸ 694－235

❹ 568－276　❺ 921－437　❻ 726－356

❼ 854－86　❽ 573－9　❾ 618－584

計算をしましょう。　1つ6〔36点〕

❿ 708－365　⓫ 805－647　⓬ 900－289

⓭ 300－64　⓮ 507－439　⓯ 403－398

917だんある階(かい)だんがあります。いま、478だんまでのぼりました。あと何だんのこっていますか。　1つ5〔10点〕

式

答え（　　　）

7 たし算とひき算 (3)

とく点　/100点

計算をしましょう。　1つ6〔36点〕

❶ 963+357　❷ 984+29　❸ 995+8

❹ 1000−283　❺ 1005−309　❻ 1002−7

計算をしましょう。　1つ6〔54点〕

❼ 1376+2521　❽ 4458+3736　❾ 5285+1832

❿ 1429−325　⓫ 1357−649　⓬ 2138−568

⓭ 3218−2107　⓮ 4385−3639　⓯ 3408−3099

3845円の服(ふく)を買って、4000円はらいました。おつりはいくらですか。

式　1つ5〔10点〕

答え（　　　）

8 長さ

とく点
/100点

□にあてはまる数を書きましょう。　1つ7〔84点〕

❶ 2km＝□m　　❷ 5000m＝□km

❸ 2800m＝□km□m　　❹ 4080m＝□km□m

❺ 3km400m＝□m　　❻ 5km50m＝□m

❼ 400m＋700m＝□km□m

❽ 2km600m＋200m＝□km□m

❾ 1km700m＋300m＝□km

❿ 1km－400m＝□m

⓫ 2km－600m＝□km□m

⓬ 3km800m－500m＝□km□m

学校から駅(えき)までの道のりは1km900m、学校から図書館(かん)までの道のりは600mです。学校からは、駅までと図書館までのどちらの道のりのほうが何km何m長いですか。　1つ8〔16点〕

式

答え（　　　　）

9 あまりのあるわり算(1)

とく点
/100点

計算をしましょう。　1つ5〔90点〕

① 27÷7
② 16÷5
③ 13÷2
④ 19÷7
⑤ 22÷5
⑥ 15÷2
⑦ 79÷9
⑧ 28÷3
⑨ 43÷6
⑩ 51÷8
⑪ 38÷4
⑫ 54÷7
⑬ 21÷6
⑭ 25÷4
⑮ 22÷3
⑯ 62÷8
⑰ 32÷5
⑱ 51÷9

70本のえん筆（ぴつ）を、9本ずつたばにします。何たばできて、何本あまりますか。　1つ5〔10点〕

式

答え（　　　）

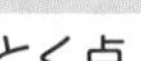

10 あまりのあるわり算 (2)

とく点

/100点

計算をしましょう。 1つ5〔90点〕

❶ 13÷4　　❷ 5÷3

❸ 58÷7　　❹ 85÷9

❺ 19÷9　　❻ 50÷6

❼ 19÷3　　❽ 26÷5

❾ 13÷8　　❿ 30÷4

⓫ 26÷3　　⓬ 46÷8

⓭ 44÷5　　⓮ 11÷2

⓯ 9÷2　　⓰ 35÷4

⓱ 27÷6　　⓲ 22÷7

あめが60こあります。1ふくろに8こずつ入れていきます。全部(ぜんぶ)のあめをふくろに入れるには、何ふくろいりますか。 1つ5〔10点〕

式

答え（　　　）

●勉強した日　　月　　日

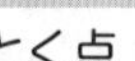

11 Ｉけたをかけるかけ算(1)

とく点

/100点

計算をしましょう。 1つ6〔54点〕

❶ 20×4　❷ 30×3　❸ 10×7

❹ 20×5　❺ 30×8　❻ 50×9

❼ 200×3　❽ 100×6　❾ 400×8

計算をしましょう。 1つ6〔36点〕

❿ 11×9　⓫ 24×2　⓬ 32×3

⓭ 12×5　⓮ 17×4　⓯ 14×6

Ｉたば13まいある画用紙が7たばあります。全部(ぜんぶ)で何まいありますか。

式 1つ5〔10点〕

答え（　　　　）

12 1けたをかけるかけ算(2)

とく点

/100点

計算をしましょう。　1つ6〔36点〕

❶ 64×2　❷ 52×4　❸ 73×3

❹ 41×7　❺ 92×2　❻ 21×8

計算をしましょう。　1つ6〔54点〕

❼ 32×5　❽ 27×9　❾ 15×7

❿ 35×4　⓫ 19×6　⓬ 53×8

⓭ 68×9　⓮ 46×3　⓯ 98×5

1こ85円のガムを6こ買うと、代金(だい)はいくらですか。　1つ5〔10点〕

式

答え（　　　）

13 1けたをかけるかけ算(3)

とく点　/100点

計算をしましょう。　1つ6〔36点〕

❶ 434×2　❷ 122×4　❸ 332×3

❹ 318×3　❺ 235×4　❻ 189×5

計算をしましょう。　1つ6〔54点〕

❼ 520×6　❽ 791×8　❾ 648×7

❿ 863×5　⓫ 415×9　⓬ 973×2

⓭ 298×7　⓮ 504×6　⓯ 609×8

1こ345円のケーキを9こ買うと、代金はいくらですか。　1つ5〔10点〕

式

答え（　　　　）

●勉強した日　月　日

14 Ｉけたをかけるかけ算(4)

とく点
/100点

計算をしましょう。　1つ6〔90点〕

❶ 326×2　❷ 142×4　❸ 151×6

❹ 284×3　❺ 878×2　❻ 923×3

❼ 461×7　❽ 547×4　❾ 834×8

❿ 730×9　⓫ 632×5　⓬ 367×4

⓭ 415×7　⓮ 127×8　⓯ 906×3

Ｉしゅう218mの公園のまわりを6しゅう走りました。全部(ぜんぶ)で何m走りましたか。　1つ5〔10点〕

式

答え（　　　）

●勉強した日　月　日

15 大きい数

時間 20分

とく点　/100点

□にあてはまる等号(とうごう)か不等号(ふとうごう)を書きましょう。　1つ5〔40点〕

❶ 50000 □ 30000　　❷ 40000 □ 70000

❸ 2000＋9000 □ 11000　　❹ 13000 □ 18000－5000

❺ 600万 □ 700万－200万　　❻ 900万 □ 400万＋500万

❼ 8200万 □ 4000万＋5000万　　❽ 7000万＋2000万 □ 1億(おく)

計算をしましょう。　1つ5〔60点〕

❾ 5万＋8万　　❿ 23万＋39万

⓫ 65万＋35万　　⓬ 14万－7万

⓭ 42万－28万　　⓮ 100万－63万

⓯ 30×10　　⓰ 52×10

⓱ 70×100　　⓲ 24×100

⓳ 120÷10　　⓴ 300÷10

●勉強した日　月　日

とく点

/100点

16 小数(1)

計算をしましょう。　1つ5〔90点〕

❶ 0.5＋0.2　❷ 0.6＋1.3

❸ 0.2＋0.8　❹ 0.7＋0.3

❺ 0.5＋3　❻ 0.4＋0.7

❼ 0.6＋0.6　❽ 0.9＋0.5

❾ 3.4＋5.3　❿ 5.1＋1.7

⓫ 2.6＋4.6　⓬ 3.3＋5.9

⓭ 4.4＋2.7　⓮ 2.6＋3.4

⓯ 5.2＋1.8　⓰ 4＋1.8

⓱ 4.7＋16　⓲ 2.8＋7.2

1.6Ｌの牛にゅうと2.4Ｌの牛にゅうがあります。あわせて何Ｌありますか。　1つ5〔10点〕

式

答え（　　）

17 小数(2)

とく点

/100点

計算をしましょう。　1つ5〔90点〕

❶ 0.9−0.6　❷ 2.7−0.5

❸ 1−0.4　❹ 3.6−3

❺ 1.3−0.5　❻ 1.6−0.9

❼ 4.8−1.3　❽ 6.7−4.5

❾ 7.2−2.7　❿ 8.4−3.9

⓫ 2.6−1.8　⓬ 4.3−3.6

⓭ 5.9−5.2　⓮ 8.5−1.5

⓯ 6.3−4.3　⓰ 5−2.2

⓱ 14−3.4　⓲ 7.6−6

テープが8mあります。そのうち1.2mを使(つか)うと、何mのこりますか。

式　1つ5〔10点〕

答え（　　　）

●勉強した日　月　日

18 小数（3）

時間20分

とく点　/100点

計算をしましょう。　1つ5〔90点〕

❶ 0.7＋0.9　❷ 0.5＋0.6

❸ 2.7＋4.4　❹ 3.2＋1.8

❺ 13＋7.4　❻ 8.4＋3.7

❼ 7.5＋2.8　❽ 4.6＋5.4

❾ 6.1＋5.9　❿ 4.7－3.2

⓫ 8.7－5.5　⓬ 6.7－1.8

⓭ 7.3－2.7　⓮ 5.3－3

⓯ 4－2.3　⓰ 7.6－2.6

⓱ 6.2－5.7　⓲ 8.3－7.7

白いテープが8.2m、赤いテープが2.8mあります。どちらのテープが何m長いですか。　1つ5〔10点〕

式

答え（　　　　）

19 分数(1)

とく点

/100点

計算をしましょう。　1つ6〔90点〕

❶ $\frac{1}{4}+\frac{2}{4}$

❷ $\frac{2}{9}+\frac{5}{9}$

❸ $\frac{1}{6}+\frac{4}{6}$

❹ $\frac{1}{2}+\frac{1}{2}$

❺ $\frac{2}{5}+\frac{2}{5}$

❻ $\frac{5}{7}+\frac{1}{7}$

❼ $\frac{4}{8}+\frac{4}{8}$

❽ $\frac{1}{9}+\frac{4}{9}$

❾ $\frac{3}{6}+\frac{2}{6}$

❿ $\frac{1}{3}+\frac{1}{3}$

⓫ $\frac{1}{8}+\frac{2}{8}$

⓬ $\frac{5}{7}+\frac{2}{7}$

⓭ $\frac{4}{9}+\frac{4}{9}$

⓮ $\frac{1}{5}+\frac{3}{5}$

⓯ $\frac{4}{8}+\frac{3}{8}$

$\frac{3}{10}$ L の水が入ったコップと $\frac{6}{10}$ L の水が入ったコップがあります。あわせて何Lありますか。　1つ5〔10点〕

式

答え（　　　）

●勉強した日　　月　　日

20 分数（2）

とく点

/100点

計算をしましょう。 1つ6〔90点〕

❶ $\frac{4}{5}-\frac{2}{5}$

❷ $\frac{7}{9}-\frac{5}{9}$

❸ $\frac{3}{6}-\frac{2}{6}$

❹ $\frac{5}{8}-\frac{3}{8}$

❺ $\frac{3}{4}-\frac{1}{4}$

❻ $\frac{7}{10}-\frac{4}{10}$

❼ $\frac{8}{9}-\frac{7}{9}$

❽ $\frac{6}{7}-\frac{3}{7}$

❾ $\frac{7}{8}-\frac{2}{8}$

❿ $1-\frac{1}{3}$

⓫ $1-\frac{5}{8}$

⓬ $1-\frac{5}{6}$

⓭ $1-\frac{2}{7}$

⓮ $1-\frac{3}{5}$

⓯ $1-\frac{4}{9}$

リボンが1mあります。そのうち$\frac{4}{7}$mを使(つか)うと、リボンは何mのこっていますか。 1つ5〔10点〕

式

答え（　　　　）

21 重さ

とく点　/100点

□にあてはまる数を書きましょう。　1つ6〔84点〕

❶ 3kg=□g　❷ 1t=□kg

❸ 9000g=□kg　❹ 6000kg=□t

❺ 3600g=□kg□g　❻ 4090kg=□t□kg

❼ 4kg300g=□g　❽ 2t150kg=□kg

❾ 4kg200g+500g=□kg□g

❿ 550g+650g=□kg□g

⓫ 2kg800g+600g=□kg□g

⓬ 850kg−400kg=□kg

⓭ 1kg−900g=□g

⓮ 6kg900g−300g=□kg□g

150gの入れ物(もの)に、みかんを860g入れました。全体(ぜんたい)の重(おも)さは何kg何gになりますか。　1つ8〔16点〕

式

答え（　　　）

22 □を使った式

とく点

/100点

□にあてはまる数をもとめましょう。　1つ10〔100点〕

❶ 23＋□＝70

❷ □＋35＝72

❸ □−46＝29

❹ 8×□＝32

❺ □×4＝36

❻ 54＋□＝103

❼ □＋84＝111

❽ □−78＝25

❾ 65−□＝42

❿ □÷3＝5

●勉強した日　月　日

23 2けたをかけるかけ算(1)

とく点　/100点

計算をしましょう。　1つ6〔54点〕

❶ 4×20　❷ 8×40　❸ 7×50

❹ 14×20　❺ 18×30　❻ 23×60

❼ 30×90　❽ 40×70　❾ 60×80

計算をしましょう。　1つ6〔36点〕

❿ 17×25　⓫ 22×38　⓬ 19×43

⓭ 29×31　⓮ 26×27　⓯ 36×16

1こ28円のおかしを34こ買うと、代金はいくらですか。　1つ5〔10点〕

式

答え（　　　）

24 2けたをかけるかけ算(2)

とく点

/100点

計算をしましょう。 1つ6〔90点〕

❶ 95×18 ❷ 63×23 ❸ 78×35

❹ 55×52 ❺ 86×26 ❻ 71×85

❼ 46×39 ❽ 38×94 ❾ 58×74

❿ 91×17 ⓫ 33×45 ⓬ 64×57

⓭ 59×68 ⓮ 83×21 ⓯ 47×72

1ふくろ35本入りのわゴムが、48ふくろあります。全部(ぜんぶ)で何本ありますか。 1つ5〔10点〕

式

答え（　　　　）

25 2けたをかけるかけ算(3)

とく点

/100点

計算をしましょう。　1つ6〔90点〕

❶ 232×32　❷ 328×29　❸ 259×33

❹ 637×56　❺ 298×73　❻ 541×69

❼ 807×38　❽ 309×51　❾ 502×64

❿ 53×50　⓫ 77×30　⓬ 34×90

⓭ 5×62　⓮ 9×46　⓯ 8×89

1しゅう198mのコースを12しゅう走りました。全部(ぜんぶ)で何km何m走りましたか。　1つ5〔10点〕

式

答え（　　　）

●勉強した日　月　日

26 2けたをかけるかけ算(4)

とく点

/100点

計算をしましょう。　1つ6〔90点〕

❶ 138×49　❷ 835×14　❸ 780×59

❹ 351×83　❺ 463×28　❻ 602×95

❼ 149×76　❽ 249×30　❾ 927×19

❿ 453×58　⓫ 278×61　⓬ 905×86

⓭ 783×40　⓮ 561×37　⓯ 341×65

1本235mL入りのジュースが24本あります。全部(ぜんぶ)で何L何mLありますか。　1つ5〔10点〕

式

答え（　　　）

●勉強した日　　月　　日

27 3年のまとめ(1)

とく点

/100点

計算をしましょう。　1つ5〔90点〕

❶ 235＋293　❷ 146＋259　❸ 814－367

❹ 1035－387　❺ 2.4＋4.9　❻ 7.2－1.6

❼ 18×4　❽ 45×9　❾ 265×4

❿ 39×66　⓫ 476×37　⓬ 680×53

⓭ 48÷8　⓮ 27÷3　⓯ 72÷9

⓰ 0÷4　⓱ 35÷8　⓲ 50÷7

$\frac{9}{10}$、1.1、$\frac{1}{10}$の中で、いちばん大きい数はどれですか。　〔10点〕

⓳（　　　　）

28 3年のまとめ(2)

とく点

/100点

計算をしましょう。　1つ5〔90点〕

❶ 367+39　❷ 1267+2585　❸ 700−118

❹ 4025−66　❺ 3.2+5.8　❻ 16−4.3

❼ 55×6　❽ 487×3　❾ 35×15

❿ 84×53　⓫ 708×96　⓬ 966×22

⓭ 56÷8　⓮ 32÷4　⓯ 20÷5

⓰ 4÷1　⓱ 57÷9　⓲ 41÷6

180gの箱(はこ)に、1こ65gのケーキを8こ入れました。全体(ぜんたい)の重(おも)さは何gになりますか。　1つ5〔10点〕

式

答え（　　　）

答え

1 ❶ 8、24　❷ 4、28
❸ 5、10　❹ 3、3
❺ 9　❻ 9　❼ 6　❽ 6
❾ 0　❿ 0　⓫ 0　⓬ 0
⓭ 15、4、20、35
⓮ 9、54、9、36、90
⓯ 4、32、5、20、52
⓰ 6、60、5、30、90

2 ① 9　② 4　③ 5　④ 2　⑤ 3
⑥ 5　⑦ 7　⑧ 3　⑨ 4　⑩ 8
⑪ 8　⑫ 1　⑬ 6　⑭ 9　⑮ 2
⑯ 7　⑰ 7　⑱ 6
式 45÷5=9　答え 9まい

3 ① 7　② 8　③ 8　④ 9　⑤ 5
⑥ 5　⑦ 4　⑧ 4　⑨ 1　⑩ 7
⑪ 3　⑫ 7　⑬ 9　⑭ 3　⑮ 6
⑯ 7　⑰ 9　⑱ 4
式 35÷7=5　答え 5人

4 ❶ 60　❷ 120
❸ 200　❹ 2、30
❺ 115　❻ 1、45
❼ 278　❽ 3、16
❾ 4時20分　❿ 4時40分
⓫ 50分(50分間)
⓬ 40分(40分間)
式 40+50=90　答え 1時間30分

5 ① 739　② 297　③ 682
④ 921　⑤ 541　⑥ 757
⑦ 746　⑧ 705　⑨ 800
⑩ 1199　⑪ 1182　⑫ 1547
⑬ 1414　⑭ 1000　⑮ 1200
式 761+949=1710
答え 1710cm

6 ① 714　② 712　③ 459
④ 292　⑤ 484　⑥ 370
⑦ 768　⑧ 564　⑨ 34
⑩ 343　⑪ 158　⑫ 611
⑬ 236　⑭ 68　⑮ 5
式 917−478=439　答え 439だん

7 ❶ 1320　❷ 1013　❸ 1003
❹ 717　❺ 696　❻ 995
❼ 3897　❽ 8194　❾ 7117
❿ 1104　⓫ 708　⓬ 1570
⓭ 1111　⓮ 746　⓯ 309
式 4000−3845=155　答え 155円

8 ① 2000　② 5
③ 2、800　④ 4、80
⑤ 3400　⑥ 5050
⑦ 1、100　⑧ 2、800
⑨ 2　⑩ 600
⑪ 1、400　⑫ 3、300
式 1km900m−600m=1km300m
答え 駅(えき)までのほうが1km300m長い。

9 ① 3あまり6　② 3あまり1
③ 6あまり1　④ 2あまり5
⑤ 4あまり2　⑥ 7あまり1
⑦ 8あまり7　⑧ 9あまり1
⑨ 7あまり1　⑩ 6あまり3
⑪ 9あまり2　⑫ 7あまり5
⑬ 3あまり3　⑭ 6あまり1
⑮ 7あまり1　⑯ 7あまり6
⑰ 6あまり2　⑱ 5あまり6
式 70÷9=7あまり7
答え 7たばできて、7本あまる。

10 ❶ 3あまり1　❷ 1あまり2
❸ 8あまり2　❹ 9あまり4
❺ 2あまり1　❻ 8あまり2
❼ 6あまり1　❽ 5あまり1
❾ 1あまり5　❿ 7あまり2
⓫ 8あまり2　⓬ 5あまり6
⓭ 8あまり4　⓮ 5あまり1
⓯ 4あまり1　⓰ 8あまり3
⓱ 4あまり3　⓲ 3あまり1
式 60÷8=7あまり4　7+1=8
答え 8ふくろ

11 ❶ 80　❷ 90　❸ 70
❹ 100　❺ 240　❻ 450
❼ 600　❽ 600　❾ 3200
❿ 99　⓫ 48　⓬ 96
⓭ 60　⓮ 68　⓯ 84
式 13×7=91　答え 91まい

12 ❶ 128　❷ 208　❸ 219
❹ 287　❺ 184　❻ 168
❼ 160　❽ 243　❾ 105
❿ 140　⓫ 114　⓬ 424
⓭ 612　⓮ 138　⓯ 490
式 85×6=510　答え 510円

13 ❶ 868　❷ 488　❸ 996
❹ 954　❺ 940　❻ 945
❼ 3120　❽ 6328　❾ 4536
❿ 4315　⓫ 3735　⓬ 1946
⓭ 2086　⓮ 3024　⓯ 4872
式 345×9=3105　答え 3105円

14 ❶ 652　❷ 568　❸ 906
❹ 852　❺ 1756　❻ 2769
❼ 3227　❽ 2188　❾ 6672
❿ 6570　⓫ 3160　⓬ 1468
⓭ 2905　⓮ 1016　⓯ 2718
式 218×6=1308　答え 1308m

15 ❶ >　❷ <　❸ =　❹ =
❺ >　❻ =　❼ <　❽ <
❾ 13万　❿ 62万　⓫ 100万
⓬ 7万　⓭ 14万　⓮ 37万
⓯ 300　⓰ 520　⓱ 7000
⓲ 2400　⓳ 12　⓴ 30

16 ❶ 0.7　❷ 1.9　❸ 1
❹ 1　❺ 3.5　❻ 1.1
❼ 1.2　❽ 1.4　❾ 8.7
❿ 6.8　⓫ 7.2　⓬ 9.2
⓭ 7.1　⓮ 6　⓯ 7
⓰ 5.8　⓱ 20.7　⓲ 10
式 1.6+2.4=4　答え 4L

17 ❶ 0.3　❷ 2.2　❸ 0.6
❹ 0.6　❺ 0.8　❻ 0.7
❼ 3.5　❽ 2.2　❾ 4.5
❿ 4.5　⓫ 0.8　⓬ 0.7
⓭ 0.7　⓮ 7　⓯ 2
⓰ 2.8　⓱ 10.6　⓲ 1.6
式 8−1.2=6.8　答え 6.8m

18 ❶ 1.6　❷ 1.1　❸ 7.1
❹ 5　❺ 20.4　❻ 12.1
❼ 10.3　❽ 10　❾ 12
❿ 1.5　⓫ 3.2　⓬ 4.9
⓭ 4.6　⓮ 2.3　⓯ 1.7
⓰ 5　⓱ 0.5　⓲ 0.6
式 8.2−2.8=5.4
答え 白いテープが5.4m長い。

19 ❶ $\frac{3}{4}$ ❷ $\frac{7}{9}$ ❸ $\frac{5}{6}$
❹ 1 ❺ $\frac{4}{5}$ ❻ $\frac{6}{7}$
❼ 1 ❽ $\frac{5}{9}$ ❾ $\frac{5}{6}$
❿ $\frac{2}{3}$ ⓫ $\frac{3}{8}$ ⓬ 1
⓭ $\frac{8}{9}$ ⓮ $\frac{4}{5}$ ⓯ $\frac{7}{8}$
式 $\frac{3}{10}+\frac{6}{10}=\frac{9}{10}$ 答え $\frac{9}{10}$ L

20 ❶ $\frac{2}{5}$ ❷ $\frac{2}{9}$ ❸ $\frac{1}{6}$
❹ $\frac{2}{8}$ ❺ $\frac{2}{4}$ ❻ $\frac{3}{10}$
❼ $\frac{1}{9}$ ❽ $\frac{3}{7}$ ❾ $\frac{5}{8}$
❿ $\frac{2}{3}$ ⓫ $\frac{3}{8}$ ⓬ $\frac{1}{6}$
⓭ $\frac{5}{7}$ ⓮ $\frac{2}{5}$ ⓯ $\frac{5}{9}$
式 $1-\frac{4}{7}=\frac{3}{7}$ 答え $\frac{3}{7}$ m

21 ❶ 3000 ❷ 1000 ❸ 9
❹ 6 ❺ 3、600 ❻ 4、90
❼ 4300 ❽ 2150 ❾ 4、700
❿ 1、200 ⓫ 3、400 ⓬ 450
⓭ 100 ⓮ 6、600
式 150＋860＝1010 答え 1kg10g

22 ❶ 47 ❷ 37 ❸ 75 ❹ 4
❺ 9 ❻ 49 ❼ 27 ❽ 103
❾ 23 ❿ 15

23 ❶ 80 ❷ 320 ❸ 350
❹ 280 ❺ 540 ❻ 1380
❼ 2700 ❽ 2800 ❾ 4800
❿ 425 ⓫ 836 ⓬ 817
⓭ 899 ⓮ 702 ⓯ 576
式 28×34＝952 答え 952円

24 ❶ 1710 ❷ 1449 ❸ 2730
❹ 2860 ❺ 2236 ❻ 6035
❼ 1794 ❽ 3572 ❾ 4292
❿ 1547 ⓫ 1485 ⓬ 3648
⓭ 4012 ⓮ 1743 ⓯ 3384
式 35×48＝1680 答え 1680本

25 ❶ 7424 ❷ 9512 ❸ 8547
❹ 35672 ❺ 21754 ❻ 37329
❼ 30666 ❽ 15759 ❾ 32128
❿ 2650 ⓫ 2310 ⓬ 3060
⓭ 310 ⓮ 414 ⓯ 712
式 198×12＝2376 答え 2km376m

26 ❶ 6762 ❷ 11690 ❸ 46020
❹ 29133 ❺ 12964 ❻ 57190
❼ 11324 ❽ 7470 ❾ 17613
❿ 26274 ⓫ 16958 ⓬ 77830
⓭ 31320 ⓮ 20757 ⓯ 22165
式 235×24＝5640
答え 5L640mL

27 ❶ 528 ❷ 405 ❸ 447
❹ 648 ❺ 7.3 ❻ 5.6
❼ 72 ❽ 405 ❾ 1060
❿ 2574 ⓫ 17612 ⓬ 36040
⓭ 6 ⓮ 9 ⓯ 8 ⓰ 0
⓱ 4あまり3 ⓲ 7あまり1 ⓳ 1.1

28 ❶ 406 ❷ 3852 ❸ 582
❹ 3959 ❺ 9 ❻ 11.7
❼ 330 ❽ 1461 ❾ 525
❿ 4452 ⓫ 67968 ⓬ 21252
⓭ 7 ⓮ 8 ⓯ 4 ⓰ 4
⓱ 6あまり3 ⓲ 6あまり5
式 65×8＝520 180＋520＝700
答え 700g

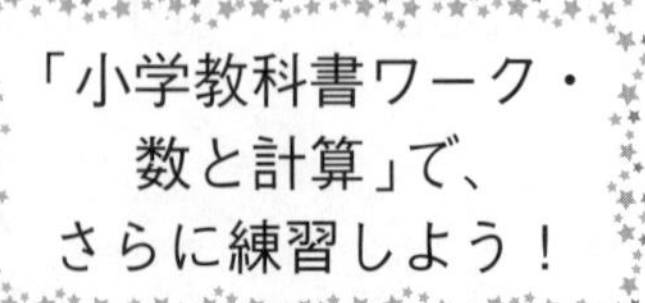

わくわくシール

★１日の学習がおわったら、チャレンジシールをはろう。
★実力はんていテストがおわったら、まんてんシールをはろう。

まんてんシール

チャレンジシール

算数 3年

わり算

教科書ワーク

1でわるわり算	2でわるわり算	3でわるわり算	4でわるわり算	5でわるわり算	6でわるわり算	7でわるわり算	8でわるわり算	9でわるわり算
1÷1=1 (1×1=1)	2÷2=1 (2×1=2)	3÷3=1 (3×1=3)	4÷4=1 (4×1=4)	5÷5=1 (5×1=5)	6÷6=1 (6×1=6)	7÷7=1 (7×1=7)	8÷8=1 (8×1=8)	9÷9=1 (9×1=9)
2÷1=2 (1×2=2)	4÷2=2 (2×2=4)	6÷3=2 (3×2=6)	8÷4=2 (4×2=8)	10÷5=2 (5×2=10)	12÷6=2 (6×2=12)	14÷7=2 (7×2=14)	16÷8=2 (8×2=16)	18÷9=2 (9×2=18)
3÷1=3 (1×3=3)	6÷2=3 (2×3=6)	9÷3=3 (3×3=9)	12÷4=3 (4×3=12)	15÷5=3 (5×3=15)	18÷6=3 (6×3=18)	21÷7=3 (7×3=21)	24÷8=3 (8×3=24)	27÷9=3 (9×3=27)
4÷1=4 (1×4=4)	8÷2=4 (2×4=8)	12÷3=4 (3×4=12)	16÷4=4 (4×4=16)	20÷5=4 (5×4=20)	24÷6=4 (6×4=24)	28÷7=4 (7×4=28)	32÷8=4 (8×4=32)	36÷9=4 (9×4=36)
5÷1=5 (1×5=5)	10÷2=5 (2×5=10)	15÷3=5 (3×5=15)	20÷4=5 (4×5=20)	25÷5=5 (5×5=25)	30÷6=5 (6×5=30)	35÷7=5 (7×5=35)	40÷8=5 (8×5=40)	45÷9=5 (9×5=45)
6÷1=6 (1×6=6)	12÷2=6 (2×6=12)	18÷3=6 (3×6=18)	24÷4=6 (4×6=24)	30÷5=6 (5×6=30)	36÷6=6 (6×6=36)	42÷7=6 (7×6=42)	48÷8=6 (8×6=48)	54÷9=6 (9×6=54)
7÷1=7 (1×7=7)	14÷2=7 (2×7=14)	21÷3=7 (3×7=21)	28÷4=7 (4×7=28)	35÷5=7 (5×7=35)	42÷6=7 (6×7=42)	49÷7=7 (7×7=49)	56÷8=7 (8×7=56)	63÷9=7 (9×7=63)
8÷1=8 (1×8=8)	16÷2=8 (2×8=16)	24÷3=8 (3×8=24)	32÷4=8 (4×8=32)	40÷5=8 (5×8=40)	48÷6=8 (6×8=48)	56÷7=8 (7×8=56)	64÷8=8 (8×8=64)	72÷9=8 (9×8=72)
9÷1=9 (1×9=9)	18÷2=9 (2×9=18)	27÷3=9 (3×9=27)	36÷4=9 (4×9=36)	45÷5=9 (5×9=45)	54÷6=9 (6×9=54)	63÷7=9 (7×9=63)	72÷8=9 (8×9=72)	81÷9=9 (9×9=81)

わり算（わりきれる）

20 ÷ 4 = 5

二十 わる 四 は 五

わるの記号 ÷ ①②③

わり算（わりきれない）

21 ÷ 4 = 5 あまり 1

（わる数）（あまり）

わる数 ＞ あまり

わり算のたしかめ

21 ÷ 4 = 5 あまり 1

4 × 5 + 1 = 21

大きい数のわり算

39 ÷ 3

30 9

30÷3=10

9÷3= 3

あわせて 13

算数 3年

たんい（時間・長さ・かさ・重さ）

教科書ワーク

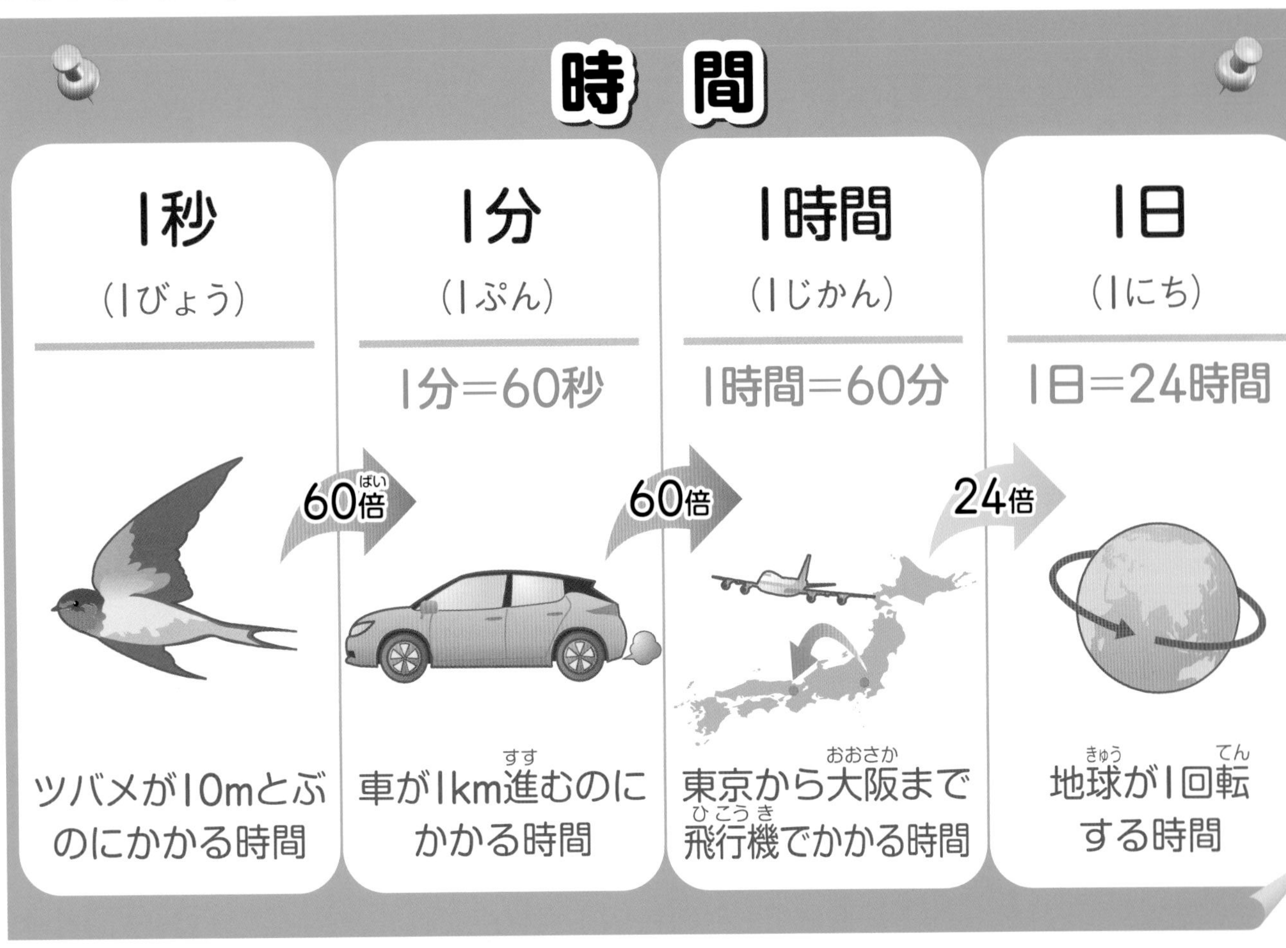

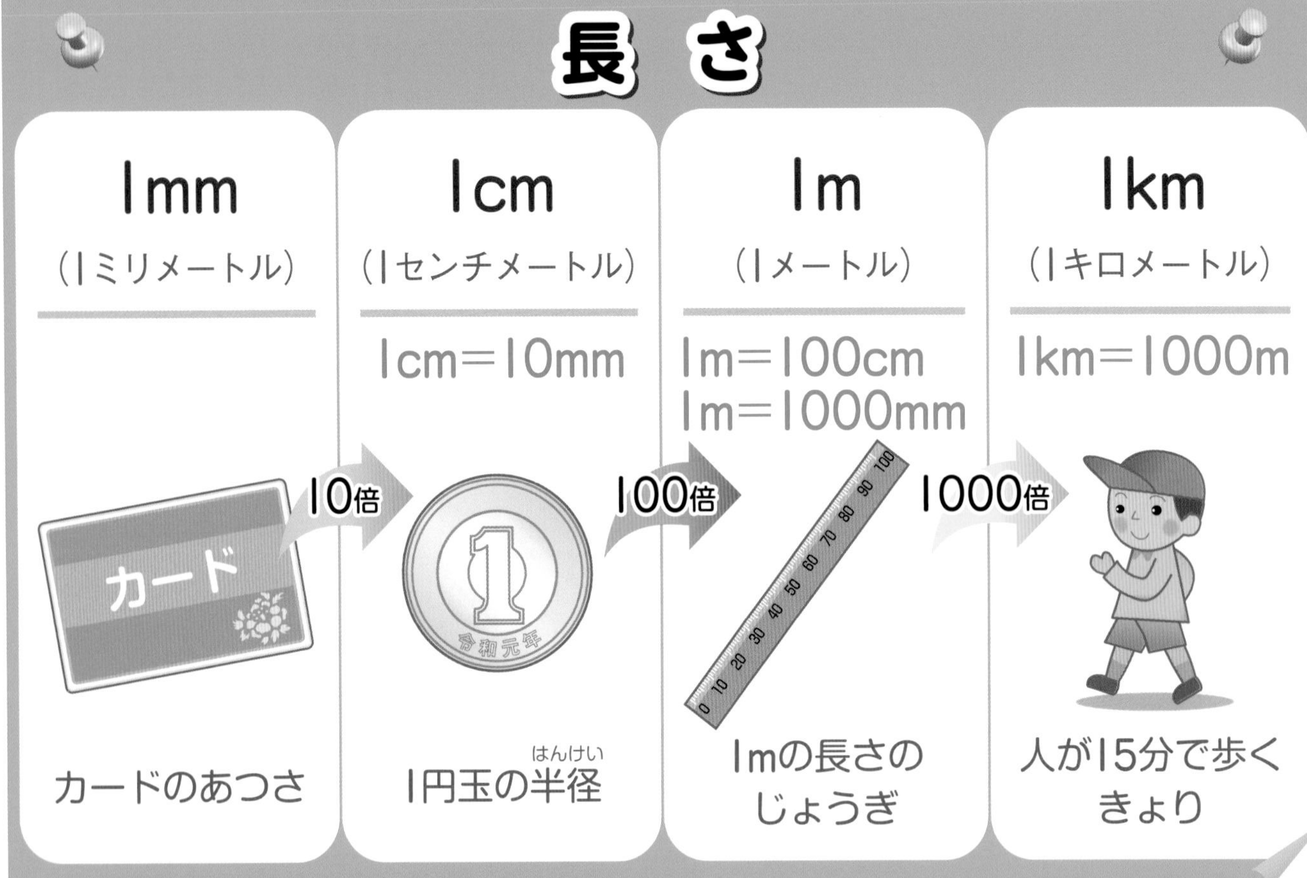

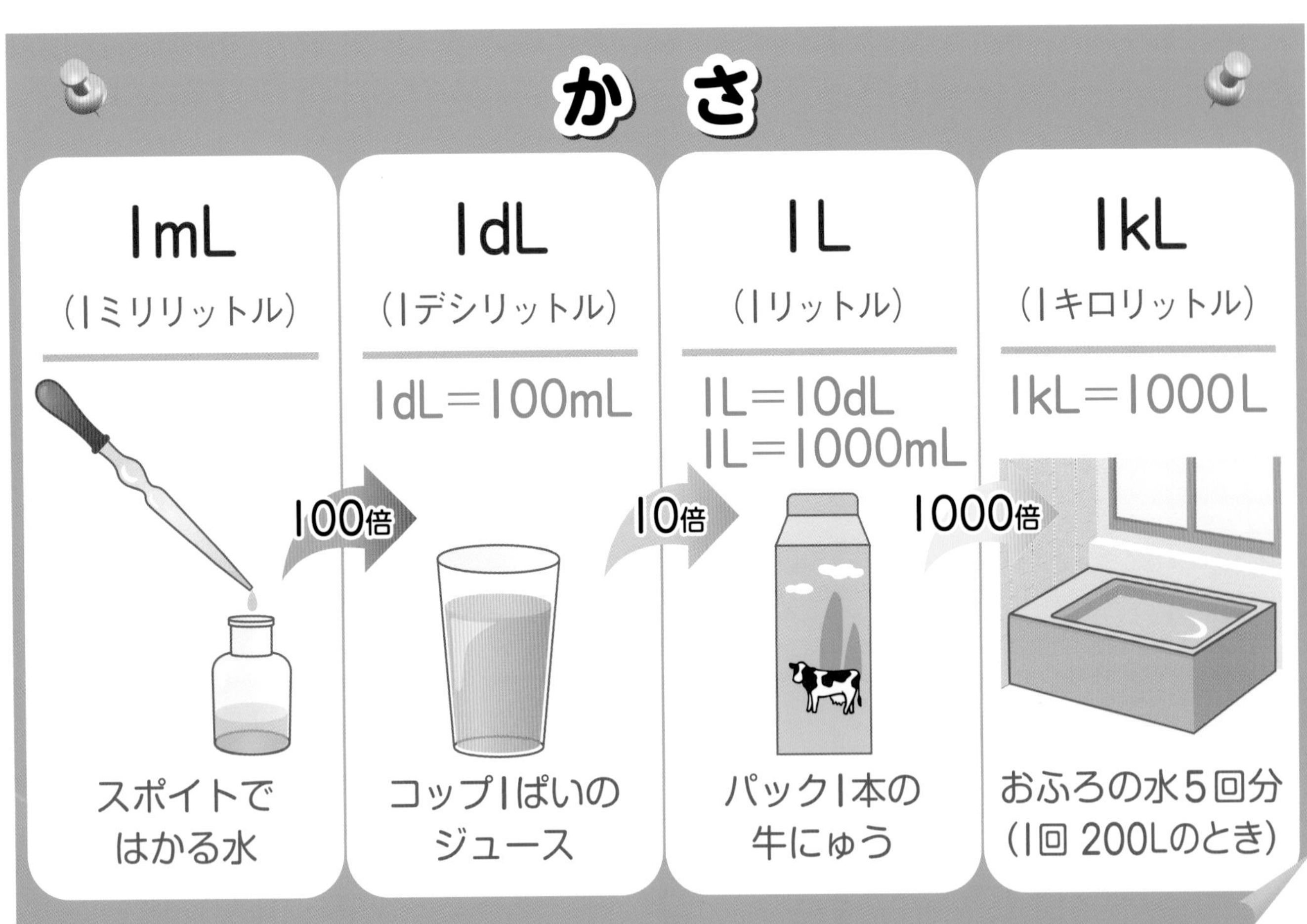

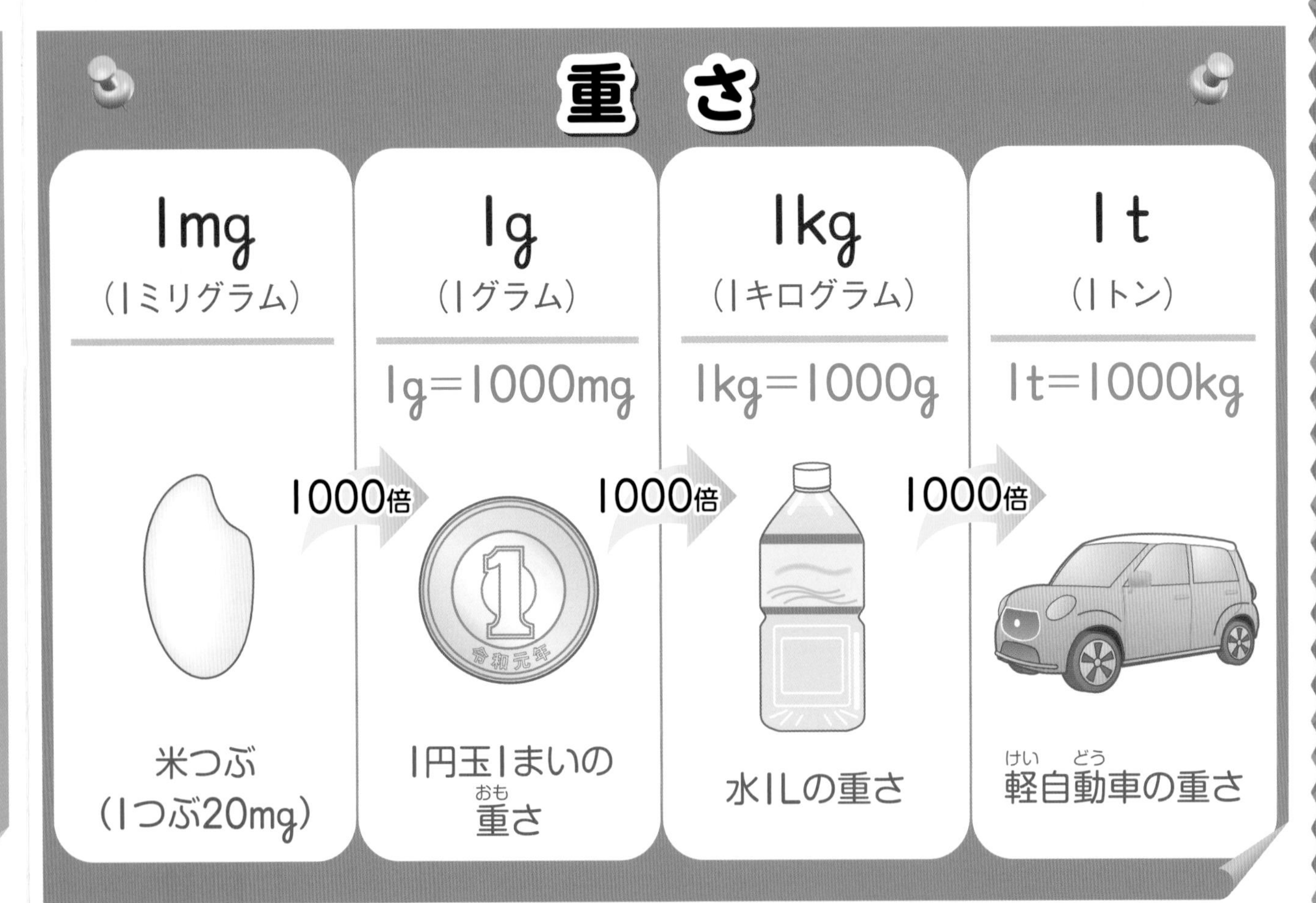

教科書ワーク もくじ

東京書籍版 算数3年

動画 コードを読みとって、下の番号の動画を見てみよう。

勉強した日 月 日

もくひょう

かけ算のきまりを理かいし、使えるようにしよう。

おわったら シールを はろう

1 かけ算のきまり ［その1］

きほんのワーク

教科書 上 8～14ページ　答え 1ページ

きほん1 かけ算のきまりがわかりますか。

☆□にあてはまる数をもとめましょう。

❶ 3×5＝5×□

❷ 3×5＝3×4＋□

❸ 3×5＝3×6－□

とき方 かけ算のきまりを使(つか)います。

❶ 3×5＝□×□ （入れかえる）

❷ 3×5＝3×4＋□ （1ふえる）←かけられる数だけ大きくなる。

❸ 3×5＝3×6－□ （1へる）←かけられる数だけ小さくなる。

かけ算のきまり

・かけられる数とかける数を入れかえてかけても、答えは同じになります。
■×●＝●×■

・かける数が1ふえると、答えはかけられる数だけ大きくなります。
■×5＝■×4＋■

・かける数が1へると、答えはかけられる数だけ小さくなります。
■×5＝■×6－■

答え ❶□ ❷□ ❸□

1 □にあてはまる数を書きましょう。 教科書 9ページ1

❶ 6×2＝2×□

❷ 4×8は、4×7より□大きい。

❸ 4×8は、4×9より□小さい。

❹ 5×5は、5×4より□大きい。

❺ 5×5は、5×6より□小さい。

九九の答えをわすれても、かけ算のきまりを使えば答えを見つけられるね。

2 □にあてはまる数を書きましょう。 教科書 9ページ1

❶ 3×8＝3×7＋□

❷ 4×5＝4×6－□

❸ 6×7＝6×□－6

❹ 8×7＝8×□＋8

「＝」は、左がわと右がわの大きさが同じことを表(あらわ)しているよ。

大きな数のかけ算でも、分けて考えると九九の答えをあわせた答えになるんだね。

きほん2 かけ算を分けて考えることができますか。

☆□にあてはまる数を書いて、6×9の答えをもとめましょう。

❶

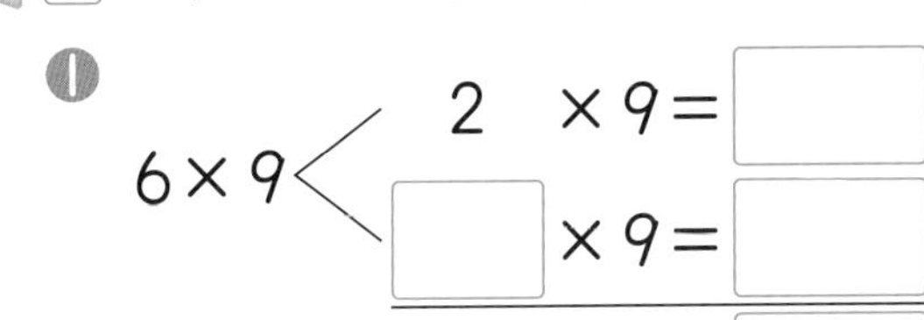

6×9 ＜ 2 ×9＝□ / □×9＝□

あわせて □

❷ 6×9 ＜ 6×□＝□ / 6× 4 ＝□

あわせて □

とき方 かけ算のきまりを使います。

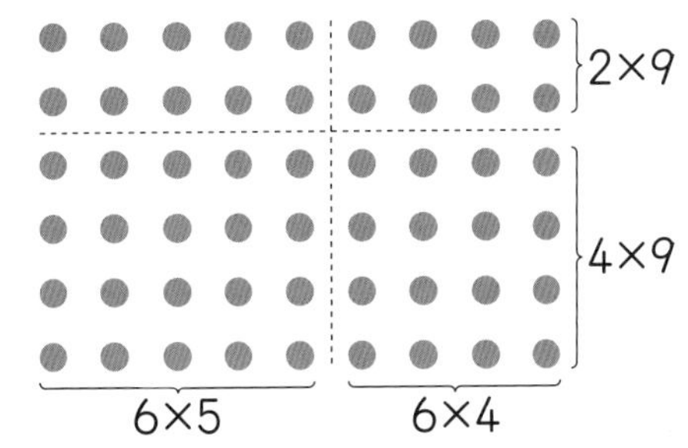

答え 上の式(しき)に記入

たいせつ
かけ算では、かけられる数やかける数を分けて計算しても、答えは同じになります。

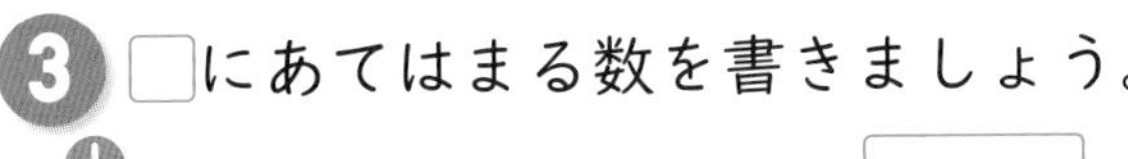

3 □にあてはまる数を書きましょう。

教科書 12ページ2 13ページ3

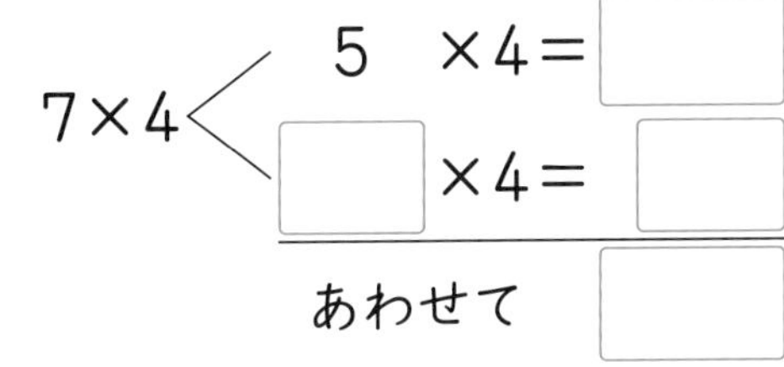

❶ 7×4 ＜ 5 ×4＝□ / □×4＝□

あわせて □

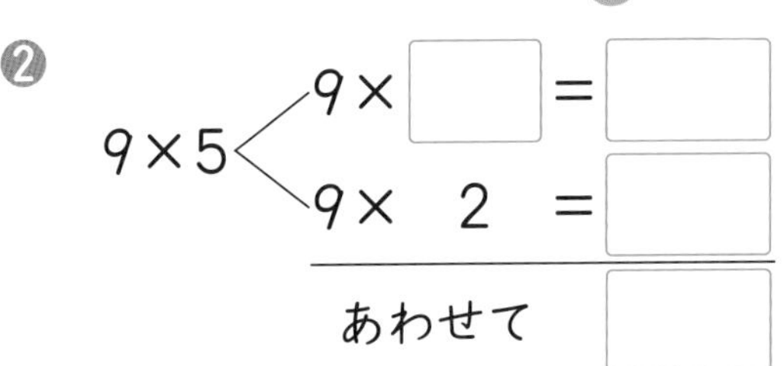

❷ 9×5 ＜ 9×□＝□ / 9× 2 ＝□

あわせて □

きほん3 10のかけ算のしかたがわかりますか。

☆□にあてはまる数を書いて、3×10の答えをもとめましょう。

❶ 3×10＝3×9＋□

＝27＋□

＝□

❷ 3×10 ＜ 3×2＝□ / 3×8＝□

あわせて □

とき方 ❶ かける数が1ふえると、答えは□大きくなります。

❷ かける数の10を、2と□に分けて考えます。 **答え** 上の式に記入

4 5人に、10こずつあめを配(くば)ります。あめは、全部(ぜんぶ)で何こひつようですか。

教科書 14ページ5

式

答え（　　　　）

ポイント かけ算の式のいろいろな意味(いみ)をたしかめましょう。

勉強した日　月　日

1 かけ算のきまり［その2］ 2 0のかけ算 3 かける数とかけられる数

きほんのワーク

もくひょう
いろいろなかけ算の答えをもとめられるようにしよう。

おわったらシールをはろう

教科書 上 15～22ページ　答え 1ページ

きほん1 12×3のような計算ができますか。

☆いろいろなもとめ方で、12×3の答えをもとめましょう。

とき方 《1》12を3回たすと考えると、12×3＝12＋12＋12＝□

《2》九九を使うと、

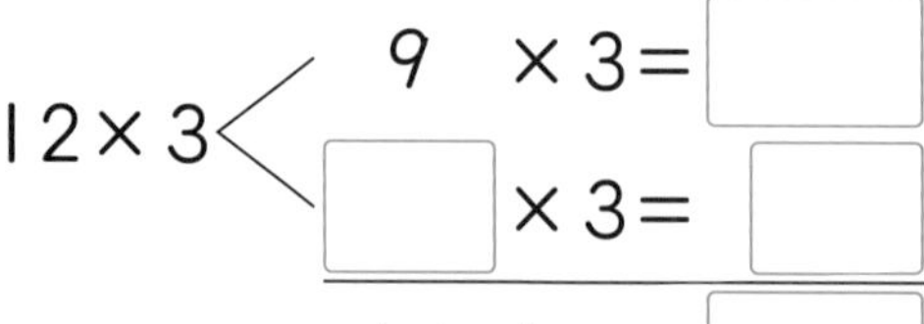

12×3＜ 9 ×3＝□ / □×3＝□

あわせて □

《3》右の図のように考えて、10のかけ算を使うと、

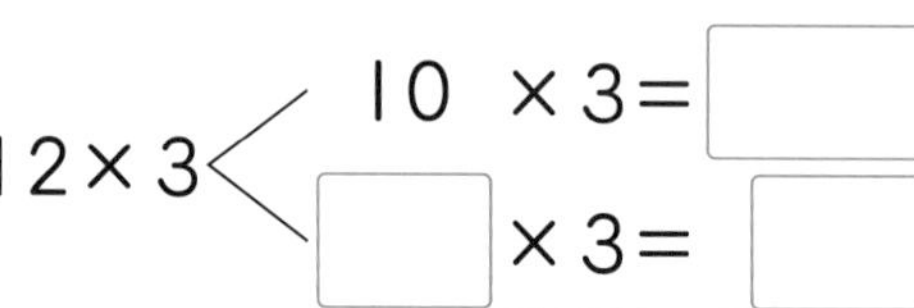

12×3＜ 10 ×3＝□ / □×3＝□

あわせて □

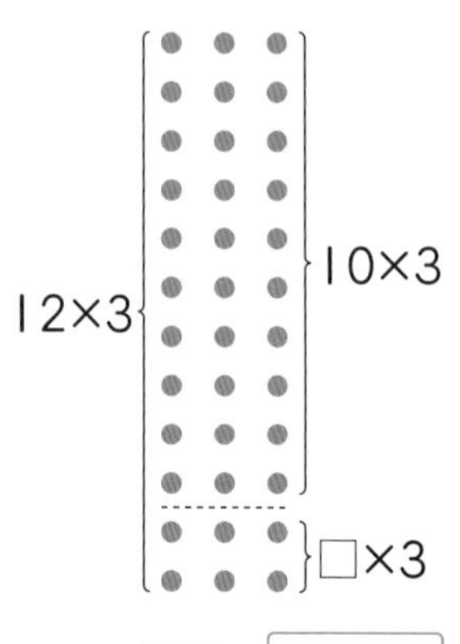

答え □

1 計算をしましょう。 教科書 15ページ5

❶ 12×5　❷ 13×4　❸ 11×8

きほん2 0のかけ算のしかたがわかりますか。

☆右の表は、かずきさんのじゃんけんゲームの記ろくです。かずきさんのとく点の合計をもとめましょう。

点数(点)	✌で勝ち 5	🖐で勝ち 3	✊で勝ち 1	負け 0	合計
回数(回)	2	0	3	5	10
とく点(点)					

とき方 勝ったときの点数×回数＝とく点を使って、答えをもとめると、

5点…5×2＝□　3点…3×0＝□ （どんな数に0をかけても、答えは0）

1点…1×3＝□　0点…0×5＝□ （0にどんな数をかけても、答えは0）

とく点の合計は、それぞれの点数のとく点を全部たして、

10（5点のとく点）＋ 0（3点のとく点）＋□（1点のとく点）＋□（0点のとく点）＝□

答え □点

12×3のような計算の答えも、12＋12＋12のようにたし算でするのではなく、今までに習ったかけ算やかけ算のきまりを使ってもとめることができるよ。

2 右の表は、あおいさんのじゃんけんゲームの記ろくです。あおいさんのとく点の合計をもとめましょう。

式

教科書 20ページ1

点数(点)	✌で勝ち 5	✋で勝ち 3	✊で勝ち 1	負け 0	合計
回数(回)	0	3	4	3	10
とく点(点)					

答え（　　　　）

3 右のようなまとを使って、まと当てゲームをしました。あきさんは3点に1回、2点と1点に0回、0点に3回当てました。あきさんのとく点の合計をもとめましょう。

式

教科書 20ページ1

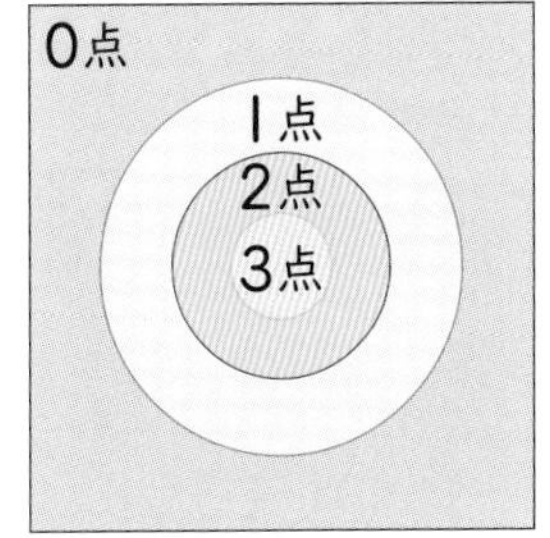

答え（　　　　）

4 計算をしましょう。 教科書 21ページ△1

❶ 3×0　　❷ 0×6　　❸ 0×4

きほん3 かける数やかけられる数を見つけることができますか。

☆□にあてはまる数をもとめましょう。

❶ 4×□＝12　❷ □×8＝40

とき方 ❶ じゅんに数をあてはめて考えます。

4×1＝□、4×2＝□、4×3＝□ だから、

4×□＝12 の□にあてはまる数は □

❷ □×8＝40 は、かけられる数とかける数を入れかえて、

8×□＝40 と考えます。

8×3＝□、8×4＝□、8×5＝□ だから、

□×8＝40 の□にあてはまる数は □

答え ❶ □　❷ □

5 □にあてはまる数を書きましょう。 教科書 22ページ△1

❶ 5×□＝35　❷ 9×□＝72

❸ □×7＝49　❹ □×6＝54

九九を使ったり、数をじゅんにあてはめたりして考えるといいね。

ポイント どんな数に0をかけても、0にどんな数をかけても、答えは0になります。

勉強した日　月　日

練習のワーク

教科書 ㊤8～23ページ　答え 2ページ

できた数 /30問中

おわったらシールをはろう

1 かけ算のきまり □にあてはまる数を書いて、8×4の答えをもとめましょう。

❶ 8×4＝□×8＝□

❷ 8×4＝8×3＋□＝□

❸ 8×4＝8×5－□＝□

かけ算のきまりを使(つか)うと、いろいろなしかたで答えがもとめられるね。

2 かけ算のきまり □にあてはまる数を書きましょう。

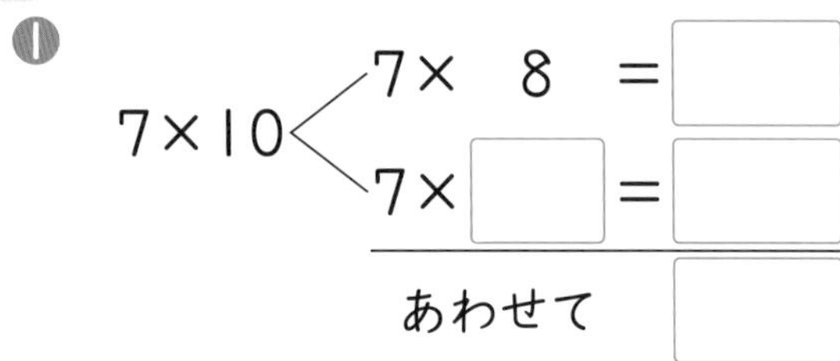

❶ 7×10 ＜ 7×8＝□、7×□＝□　あわせて □

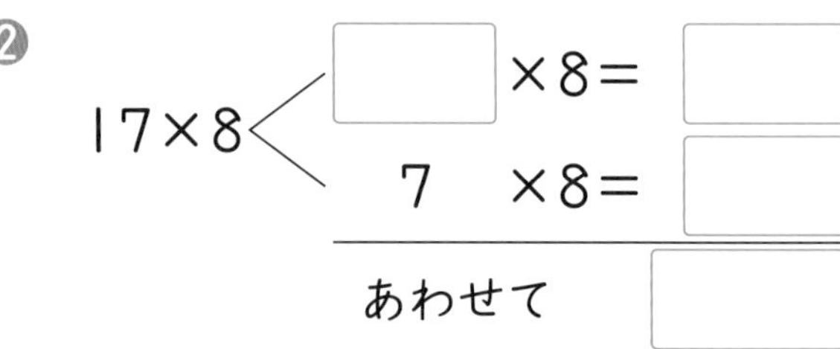

❷ 17×8 ＜ □×8＝□、7×8＝□　あわせて □

3 0のかけ算 計算をしましょう。

❶ 0×7　❷ 1×0

❸ 0×5　❹ 0×10

❺ 10×0　❻ 0×0

0のかけ算
かけ算では、かける数やかけられる数が0のときも、式(しき)に表(あらわ)すことができます。

4 かける数やかけられる数を見つける □にあてはまる数を書きましょう。

❶ 7×□＝28
7×2＝14、7×3＝21、…とじゅんに数をあてはめていき、7のだんの九九で答えが28になる数を見つけます。

❷ □×3＝24
3×□＝24と考えて、3のだんの九九を考えます。

❸ 8×□＝64　❹ □×6＝24

❺ 4×□＝20　❻ □×5＝15

❼ 9×□＝54　❽ □×2＝16

❾ 6×□＝48　❿ □×7＝21

できるナビ　かけ算は、かけられる数やかける数を分けて計算することができるよ。

まとめのテスト

時間20分

とく点　/100点

おわったらシールをはろう

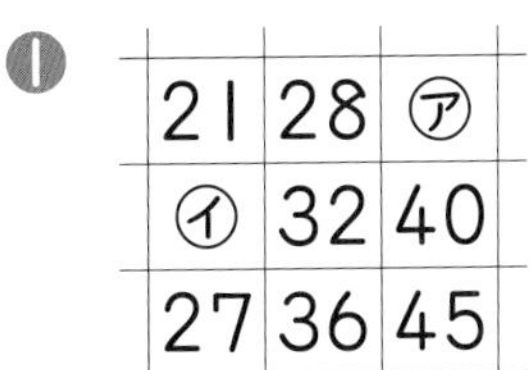

教科書　上 8～23ページ　答え　3ページ

1 下の❶～❸は、九九の表の一部です。㋐～㋕にあてはまる数を答えましょう。

1つ6〔36点〕

❶

21	28	㋐
㋑	32	40
27	36	45

❷

35	40	45
42	㋒	54
49	56	㋓

❸

㋔	10	12
12	15	18
16	㋕	24

㋐（　　　）　㋒（　　　）　㋔（　　　）

㋑（　　　）　㋓（　　　）　㋕（　　　）

2 よく出る □にあてはまる数を書きましょう。　1つ6〔36点〕

❶ 7×8＝□×7　　❷ □×2＝2×9

❸ 5×7＝5×□＋5　　❹ 7×3＝7×□－7

❺ 6×□＝30　　❻ □×8＝0

3 よく出る 右の図のように考えて、13×3 の答えをもとめました。下の式の□にあてはまる数を書きましょう。〔14点〕

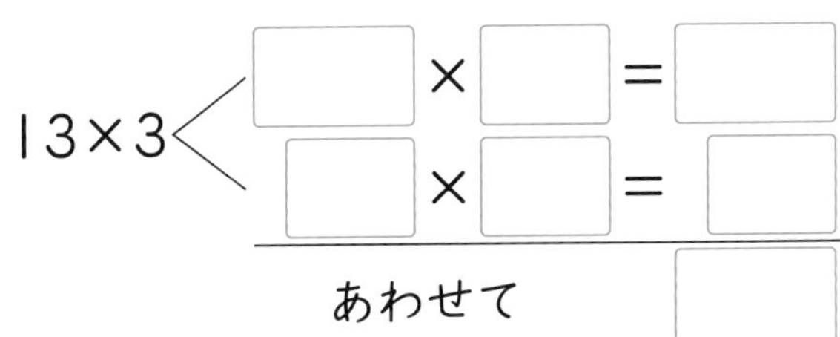

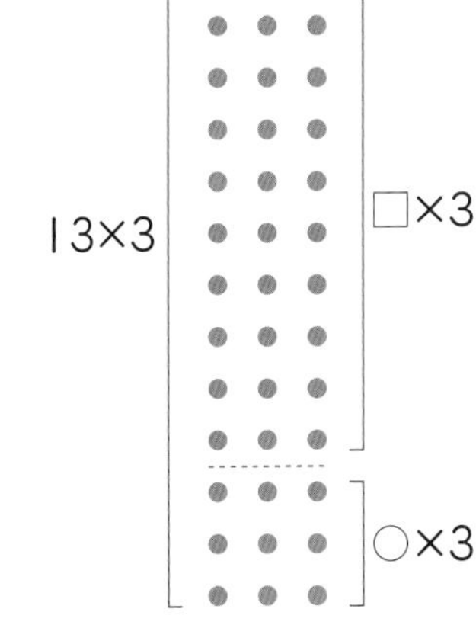

4 右の表は、ゆうきさんがおはじきで点とりゲームをしたときの記ろくです。ゆうきさんのとく点の合計をもとめましょう。1つ7〔14点〕

入ったところ(点)	3	2	1	0	合計
入った数(こ)	0	3	2	5	10
とく点(点)					

式

答え（　　　　）

ふろくの「計算練習ノート」2ページをやろう！

チェック✓
□ かけ算のきまりが理かいできたかな？
□ いろいろなかけ算の答えをもとめることができたかな？

勉強した日　月　日

1 時こくと時間のもとめ方
2 短い時間
きほんのワーク

もくひょう
時こくや時間のもとめ方と時間のたんいをおぼえよう。

おわったらシールをはろう

教科書 上 24~28ページ　答え 3ページ

きほん1 時こくをもとめることができますか。

☆次の時こくをもとめましょう。
❶ 10時40分から50分後　❷ 8時10分から30分前

とき方 ❶ ちょうどの時こくをもとに考えると、10時40分から□分後は11時だから、さらにその30分後で、もとめる時こくは□時□分です。

10時40分　11時　□時□分
50分
20分　30分
50分 < 11時まで 20 分 / 11時から 30 分

❷ 8時10分から□分前は8時だから、さらにその□分前と考えて、もとめる時こくは□時□分です。

□時□分　8時　8時10分
30分
20分　10分

答え ❶ □時□分　❷ □時□分

1 5時30分から40分後の時こくと40分前の時こくをもとめましょう。
教科書 24ページ1 26ページ3

40分後（　　　）　40分前（　　　）

きほん2 時間をもとめることができますか。

☆6時30分から7時20分までの時間をもとめましょう。

とき方 6時30分から7時までは□分で、7時から7時20分までは□分だから、もとめる時間は□分です。

6時30分　7時　7時20分
30分　20分
□分

ちょうどの時こくをもとに考えるといいんだね。

答え □分

さんすうはかせ
明治時代より前の日本では、日の出から日の入りまでを昼、それ以外を夜と決め、それを6等分して、時間のたんいとしていたんだよ。

2 8 時 50 分から 9 時 30 分までの時間をもとめましょう。 教科書 25ページ2

(　　　　)

きほん 3 あわせた時間をもとめることができますか。

☆ 50 分と 30 分をあわせると、何時間何分ですか。

とき方 50 分と 30 分を図に表(あらわ)して考えます。図から、□時間□分とわかります。

0　　　1時間　時間　分

50分　30分

たいせつ 60 分＝1 時間を使って考えます。

答え □時間□分

3 20 分と 50 分をあわせると、何時間何分ですか。 教科書 27ページ4

(　　　　)

4 1 時間 40 分と 40 分をあわせると、何時間何分ですか。 教科書 27ページ△6

(　　　　)

きほん 4 短い時間がわかりますか。

☆ 下のストップウォッチは、何秒(びょう)を表していますか。

60 5 10 15 20 25 30 35 40 45 50 55

とき方 はりが 1 回転(かいてん)すると 60 秒なので、このストップウォッチの 1 めもりは 1 秒を表しています。はりが□のめもりをさしているので□秒を表しています。

たいせつ 1 分より短(みじか)い時間のたんいに秒があります。1 分＝60 秒

答え □秒

5 70 秒は何分何秒ですか。 教科書 28ページ△1

(　　　　)

6 3 分は何秒ですか。 教科書 28ページ△1

(　　　　)

ポイント 時こくや時間をもとめるときは、時間を直線に表した図を使(つか)うとわかりやすくなります。また、1 時間＝60 分、1 分＝60 秒のかんけいをしっかりおぼえましょう。

勉強した日　月　日

できた数　/15問中

おわったらシールをはろう

教科書 ㊤24～29ページ　答え 4ページ

1 時こくをもとめる 次の時こくをもとめましょう。

❶ 3時20分から50分後の時こく

(　　　　)

❷ 11時10分から40分前の時こく

(　　　　)

考え方

❶ 3時20分
↓40分後
4時
↓10分後
4時10分

❷ 10時30分
↑30分前
11時
↑10分前
11時10分

2 時間をもとめる 次の時間をもとめましょう。

❶ 午前9時40分から午前10時20分までの時間 (　　　　)

❷ 午後5時50分から午後6時40分までの時間 (　　　　)

❸ 午前11時30分から午後2時10分までの時間 (　　　　)

3 時間と時間をあわせる さとしさんは、物語の本を、きのうは30分、今日は40分読みました。あわせて何時間何分読みましたか。

(　　　　)

4 短い時間 □にあてはまる数を書きましょう。

❶ 1分＝□秒

❷ 110秒＝□分□秒
→110秒は、60秒＋50秒と考えます。

❸ 1分50秒＝□秒

❹ 90秒＝□分□秒

❺ 4分＝□秒

❻ 150秒＝□分□秒

時間のたんい
1日＝24時間
1時間＝60分
1分＝60秒

できるナビ　時こくや時間をもとめるとき、図をかくとわかりやすくなるよ。

勉強した日　月　日

まとめのテスト

教科書 ㊤24～29ページ　答え 4ページ

時間 20分　とく点 /100点　おわったらシールをはろう

1 よく出る（　）にあてはまる、時間のたんいを書きましょう。　1つ10〔40点〕

❶ 遠足で歩いた時間　2（　　）

❷ 100m 走るのにかかった時間　22（　　）

❸ 昼休みの時間　45（　　）

❹ 校歌を 1 回歌うのにかかった時間　4（　　）

2 家から駅まで 30 分かかります。9 時 20 分までに駅に着くためには、おそくとも何時何分までに家を出なければならないでしょうか。　〔10点〕

（　　）

3 たくやさんは、午後 2 時 40 分から、午後 3 時 30 分まで公園で遊びました。公園で遊んでいた時間は、何分ですか。　〔10点〕

（　　）

4 ゆりさんは、おばさんの家に遊びに行くのに、電車に 1 時間 40 分、バスに 30 分乗りました。乗り物に乗った時間は、あわせて何時間何分ですか。　〔10点〕

（　　）

5 どちらの時間が長いですか。長いほうの時間を答えましょう。　1つ10〔30点〕

❶ 1 分、59 秒　（　　）

❷ 80 秒、1 分 30 秒　（　　）

❸ 2 分、100 秒　（　　）

ふろくの「計算練習ノート」5ページをやろう！

チェック ☐ 時こくと時間の計算が正しくできたかな？ ☐ 短い時間のたんいが理かいできたかな？

勉強した日　月　日

もくひょう
同じ数ずつ分ける計算の「わり算」ができるようになろう。

おわったらシールをはろう

1 Ⅰ人分の数をもとめる計算

きほんのワーク

教科書 上 30～34ページ　答え 5ページ

きほん1 わり算は、どんなときに使う計算かわかりますか。

☆ 15このあめを、3人で同じ数ずつ分けると、Ⅰ人分は何こになりますか。

とき方 15このあめを、3人で同じ数ずつ分けるとき、右の図のようにⅠこずつ配（くば）っていくと、Ⅰ人分は □ こになります。このことを式（しき）で、

□ ÷ □ = □ と書きます。
十五　わる　三　は　五

この「15÷3」のような計算を「わり算」といいます。

答え □ こ

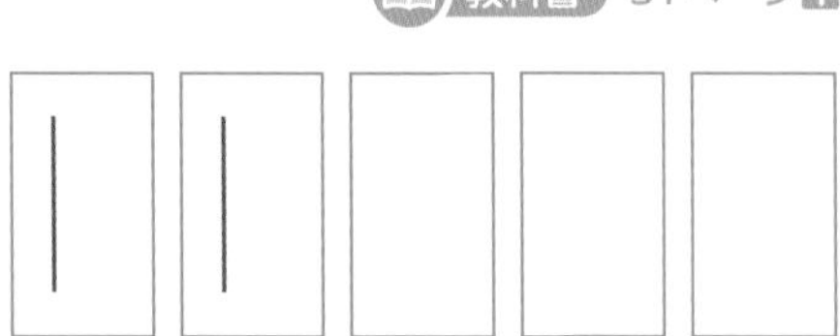

記号（きごう）の書き方　÷ …② …① …③

1 10本のえん筆（ぴつ）を、5人で同じ数ずつ分けます。　教科書 31ページ1

❶ 右の図の四角の中に線をひいて、10本のえん筆の分け方を考えて、Ⅰ人分が何本になるか、答えをもとめましょう。

（　　　　）

❷ 答えをもとめるわり算の式を書きましょう。

（　　　　）

2 12このなしを、4人で同じ数ずつ分けます。　教科書 31ページ1

❶ 右の図の四角の中に○をかいて、12このなしの分け方を考えて、Ⅰ人分が何こになるか、答えをもとめましょう。

（　　　　）

❷ 答えをもとめるわり算の式を書きましょう。

（　　　　）

3 「63まいのおり紙を、9人で同じ数ずつ分けると、Ⅰ人分は何まいになりますか。」の答えをもとめるわり算の式を書きましょう。　教科書 31ページ1

（　　　　）

【わり算の記号⑴】「÷」の記号は、1659年にスイスのラーンという人がはじめて使（つか）ったんだよ。

きほん2 わり算の答えを見つけるには、どのようにしたらよいですか。

☆24このクッキーを、6人で同じ数ずつ分けると、1人分は何こになりますか。

とき方 1人分の数をもとめる式は、24÷6というわり算になります。

1人分の数 × 人数 ＝ 全部(ぜんぶ)の数 だから、

1人分が
1このとき… 1 × 6 ＝ 6
2このとき… 2 × 6 ＝ 12
3このとき… 3 × 6 ＝ 18
4このとき… 4 × 6 ＝ 24

のようになるので、このわり算の答えは、□×6＝24の□にあてはまる数と考えられるから、□のだんの九九で見つけられます。

24÷6＝□より、1人分は□こです。

答え □こ

4 35cmのひもがあります。同じ長さずつ5本に切ると、1本の長さは何cmになりますか。

式

教科書 33ページ2

答え（　　　　）

5 18dLの牛にゅうがあります。3このコップに同じかさずつ分けると、1このコップには何dLの牛にゅうが入りますか。

教科書 33ページ2

式

答え（　　　　）

6 子どもが8人います。56まいの色紙を同じ数ずつ分けます。1人分は何まいになりますか。

教科書 33ページ2

式

答え（　　　　）

ポイント わり算の答えを見つけるために、かけ算の九九を使います。かけ算の九九が、しっかりできることが大切です。

勉強した日　月　日

2 何人に分けられるかをもとめる計算
3 0や1のわり算

きほんのワーク

もくひょう
わり算を使って、いろいろな問題の答えをもとめよう。

おわったらシールをはろう

教科書 上 35〜40ページ　答え 5ページ

きほん 1 同じ数ずつに分けるときも、わり算が使えますか。

☆24このクッキーを、1人に6こずつ分けると、何人に分けられますか。

とき方 24このクッキーを、1人に6こずつ分けるとき、右の図のように6こずつ配(くば)っていくと、□人に分けられます。このこともわり算の式(しき)で、□÷□＝□と書きます。
24÷6の式で、24を「わられる数」、6を「わる数」といいます。24÷6の答えは、
1人分の数×人数＝全部(ぜんぶ)の数より、
6×□＝24の□にあてはまる数なので、□のだんの九九で見つけられます。
24÷6＝□より、□人に分けられます。

クッキーの分け方
分けた人数
1人
2人
3人
4人

6×4＝24だね。

答え □人

1 42このボールを、6こずつ箱(はこ)に分けるには、箱は何箱ひつようですか。

式

教科書 37ページ2

答え（　　　）

2 54このみかんを、9こずつふくろに入れます。何ふくろできますか。

式

教科書 37ページ2

答え（　　　）

3 15÷5の式になる問題(もんだい)をつくりましょう。

教科書 39ページ5

（　　　）

1人分の数をもとめるわり算と、何人に分けられるかをもとめるわり算があるんだね。

【わり算の記号(きごう)(2)】「÷」はイギリスやアメリカ合衆国(がっしゅうこく)でも使(つか)われているけれど、世界中(せかいじゅう)で通じる記号ではなくて、「：」が使われている国もあるよ。

4 次(つぎ)のわり算の答えをもとめるには、何のだんの九九を使えばよいでしょうか。また、答えをもとめましょう。 教科書 37ページ2

❶ 16÷4　　❷ 45÷5　　❸ 48÷6

だん（　　）　だん（　　）　だん（　　）

答え（　　）　答え（　　）　答え（　　）

きほん2 0や1のわり算には、どんなきまりがありますか。

☆計算をしましょう。 ❶ 0÷9 ❷ 6÷1

とき方 ❶ 答えは、9×□＝0 の□にあてはまる数だから、□になります。

❷ 答えは、1×□＝6 の□にあてはまる数だから、□になります。

答え ❶ □ ❷ □

たいせつ
- わられる数が0のときでも、わり算ができます。
- 0を、0でないどんな数でわっても、答えはいつも0です。
- わる数が1のときは、答えはわられる数と同じになります。

5 ふくろの中に入っているあめを、6人で同じ数ずつ分けます。 教科書 40ページ1

❶ あめが12こ入っているとき、1人分は何こになりますか。

式

答え（　　）

❷ あめが6こ入っているとき、1人分は何こになりますか。

式

答え（　　）

❸ あめが1こも入っていないとき、1人分は何こになりますか。

式

答え（　　）

6 計算をしましょう。 教科書 40ページ⚠1

❶ 2÷2　❷ 8÷8　❸ 0÷3　❹ 0÷5

❺ 0÷4　❻ 4÷1　❼ 1÷1　❽ 5÷1

ポイント わられる数とわる数が同じ数のわり算の答えは1になります。
わる数が1のときは、答えはわられる数と同じになります。

勉強した日　月　日

練習のワーク

教科書 ㊤ 30～42ページ　答え 6ページ

できた数　/11問中

おわったらシールをはろう

1 わり算　おはじきが32こあります。

❶ 4人で同じ数ずつ分けると、|人分は何こになりますか。

式

答え（　　　　）

それぞれ何をもとめる問題(もんだい)かよく考えて式(しき)をたてよう。

❷ |人に4こずつ分けると、何人に分けられますか。

式

答え（　　　　）

2 |人分は何こ　いちごが40こあります。5人で同じ数ずつ分けると、|人分は何こになりますか。

式

答え（　　　　）

3 何人に分けられる　画用紙が63まいあります。|人に7まいずつ分けると、何人に分けられますか。

式

答え（　　　　）

4 何こに分けられる　28dLの牛にゅうを、4dLずつコップに分けます。コップは何こひつようですか。

式

答え（　　　　）

5 0や|のわり算　計算をしましょう。

❶ 0÷|　❷ 8÷|

❸ 6÷6　❹ 2÷|

❺ 4÷4　❻ 0÷7

0や|のわり算

・0を、0でないどんな数でわっても、答えはいつも0です。
・わる数が|のときは、答えはわられる数と同じです。
・わられる数とわる数が同じとき、答えは|になります。

できるナビ　どんなときにわり算になるかを考えることが大切だよ。

まとめのテスト

教科書 ㊤30～42ページ　答え 6ページ

時間 20分

とく点 /100点

おわったらシールをはろう

1 よく出る 計算をしましょう。 1つ5〔60点〕

❶ 18÷2　❷ 42÷7　❸ 28÷4

❹ 0÷3　❺ 16÷4　❻ 64÷8

❼ 12÷2　❽ 40÷5　❾ 9÷1

❿ 7÷7　⓫ 81÷9　⓬ 35÷7

2 みさきさんは、72ページある本を毎日同じページ数ずつ読みます。8日で全部（ぜんぶ）読み終（お）えるには、1日に何ページずつ読めばよいですか。 1つ6〔12点〕

式

答え（　　　）

3 54本の花があります。6本ずつたばにすると、花たばはいくつできますか。 1つ6〔12点〕

式

答え（　　　）

4 36人の子どもを、同じ人数ずつ6つのグループに分けます。1グループは何人になりますか。 1つ8〔16点〕

式

答え（　　　）

ふろくの「計算練習ノート」3～4ページをやろう！

□ いろいろなわり算の計算が正しくできたかな？
□ 問題にあう正しいわり算の式が書けたかな？

勉強した日　月　日

1 3けたの数のたし算
2 3けたの数のひき算 [その1]

きほんのワーク

もくひょう：3けたの数と3けたの数のたし算やひき算のしかたをおぼえよう。

おわったらシールをはろう

教科書 上 44〜47ページ　答え 7ページ

ふくしゅう　できるかな？

れい 35+69 を計算しましょう。

考え方

$$\begin{array}{r} {\scriptstyle 1} \\ 35 \\ +\ 69 \\ \hline 104 \end{array}$$

5+9=14
十の位（くらい）へ１くり上げる。
1+3+6=10
百の位へ１くり上げる。

問題 計算をしましょう。

❶ $\begin{array}{r} 48 \\ +\ 28 \\ \hline \end{array}$　❷ $\begin{array}{r} 82 \\ +\ 39 \\ \hline \end{array}$

きほん 1　3けたの数のたし算が、筆算でできますか。

☆352円のケーキと、285円のおかしを買います。代金（だいきん）はいくらですか。

とき方 代金をもとめる式（しき）は □ + □ で、筆算（ひっさん）は、位をそろえて書き、一の位からじゅんに位ごとに計算します。

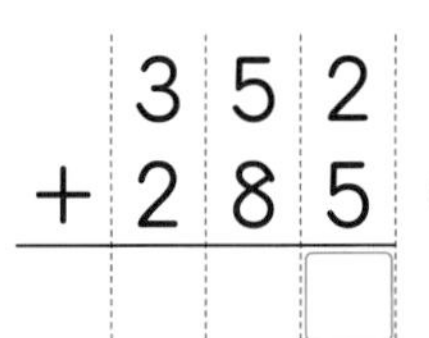

$\begin{array}{r} 352 \\ +\ 285 \\ \hline \square \end{array}$ 2+5=7 ➡ $\begin{array}{r} \square \\ 352 \\ +\ 285 \\ \hline \square 7 \end{array}$ 5+8=13 百の位に１くり上げる。 ➡ $\begin{array}{r} {\scriptstyle 1} \\ 352 \\ +\ 285 \\ \hline \square 37 \end{array}$ 1+3+2=6

答え □ 円

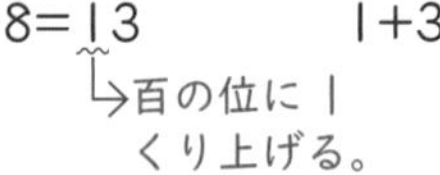

1 415円の本と、308円のノートを買います。代金はいくらですか。

教科書 45ページ 1

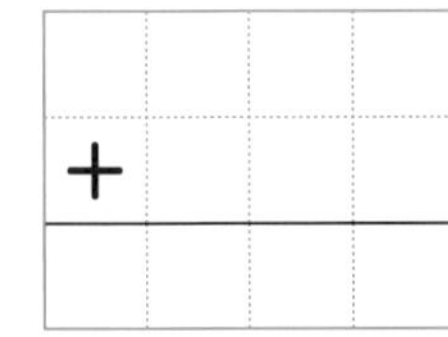

式

答え（　　　）

きほん 2　いろいろな3けたの数のたし算が、筆算でできますか。

☆945+238の計算をしましょう。

とき方

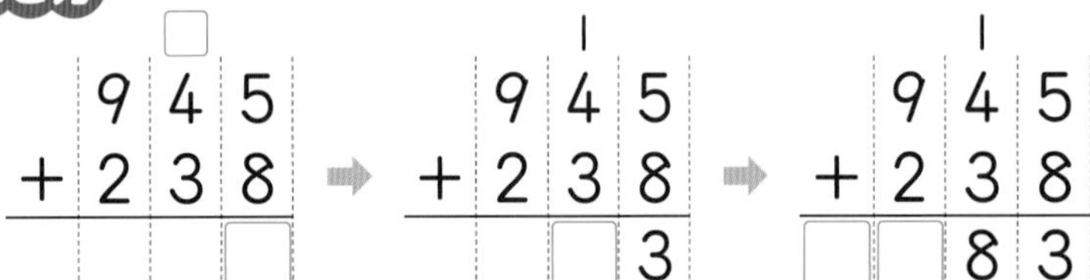

$\begin{array}{r} \square \\ 945 \\ +\ 238 \\ \hline \square \end{array}$ 5+8=13 十の位に１くり上げる。 ➡ $\begin{array}{r} {\scriptstyle 1} \\ 945 \\ +\ 238 \\ \hline \square 3 \end{array}$ 1+4+3=8 ➡ $\begin{array}{r} {\scriptstyle 1} \\ 945 \\ +\ 238 \\ \hline \square\square 83 \end{array}$ 9+2=11 百の位の計算が10をこえるので、千の位に１くり上げる。

答え □

さんすうはかせ　1489年「計算親方」とよばれたドイツのウィッドマンが、ライプチヒで発表（はっぴょう）した書物（しょもつ）の中で「＋」や「－」の記号（きごう）を使（つか）いだしたといわれているよ。

2 計算をしましょう。　教科書 46ページ②③

❶
```
  3 1 8
+ 2 7 5
```
❷
```
  4 0 5
+   8 5
```
❸
```
  6 9 2
+ 1 6 4
```
❹
```
  5 5 6
+ 3 8 9
```

⑤
```
   1
  7 8 1
+ 6 4 3
□□2 4
```
←くり上げた数を書いておくといいね！

❺
```
  7 8 1
+ 6 4 3
```
❻
```
  9 8 5
+   3 7
```

ふくしゅう　できるかな？

れい 63−24 を計算しましょう。

考え方
```
 5
 6 3
−2 4
 3 9
```
十の位から 1 くり下げる。
13−4=9
十の位は、5−2=3

問題 計算をしましょう。

❶
```
  1 2 6
−   4 8
```
❷
```
  1 0 8
−   3 9
```

きほん 3　3けたの数のひき算が、筆算でできますか。

☆たかしさんは325円持っています。158円のペンを買うと、何円のこりますか。

とき方 のこりをもとめる式は □ − □ で、筆算は、位をそろえて書き、一の位からじゅんに位ごとに計算します。

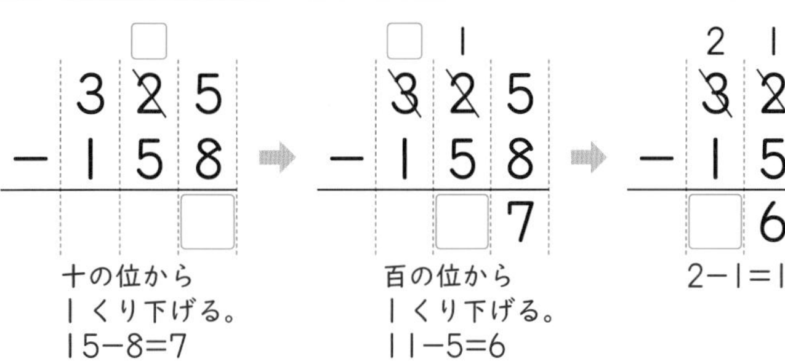

答え □ 円

3 遊園地(ゆうえんち)に人が全部(ぜんぶ)で 425 人います。そのうちおとなは 178 人です。子どもは何人いますか。　教科書 47ページ1

式

```
  
−
  
```

答え（　　　　　）

ポイント 筆算のしかたはけた数がふえてもかわりません。筆算ですると、位をたてにそろえて計算できるので、位ごとの計算がしやすくなります。

2 3けたの数のひき算 ［その2］

それなら次は？自分たちで学習をきりひらこう

きほんのワーク

もくひょう
けた数の多いたし算やひき算の筆算のしかたをおぼえよう。

おわったらシールをはろう

教科書 上 48～51ページ　答え 7ページ

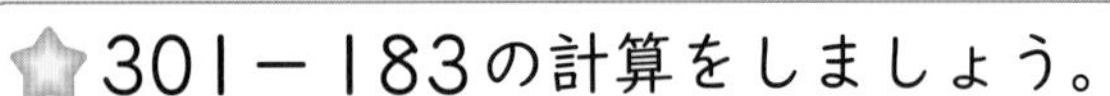

きほん1 十の位が０の数のひき算ができますか。

☆301－183の計算をしましょう。

とき方　１つ上の位（くらい）からくり下げられないときは、もう１つ上の位からくり下げます。

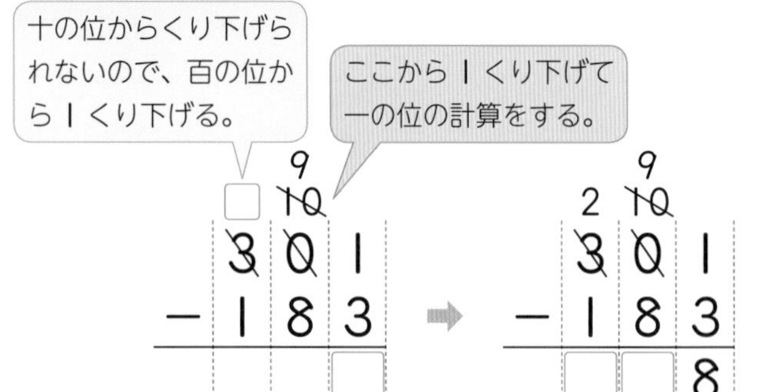

1 計算をしましょう。　教科書 49ページ2

❶ 405－148　❷ 803－759　❸ 602－94　❹ 500－6

きほん2 4けたの数からのひき算ができますか。

☆1000－294の計算をしましょう。

とき方　1000は100が10こ、100は10が10こ、10は1が10こと考えます。

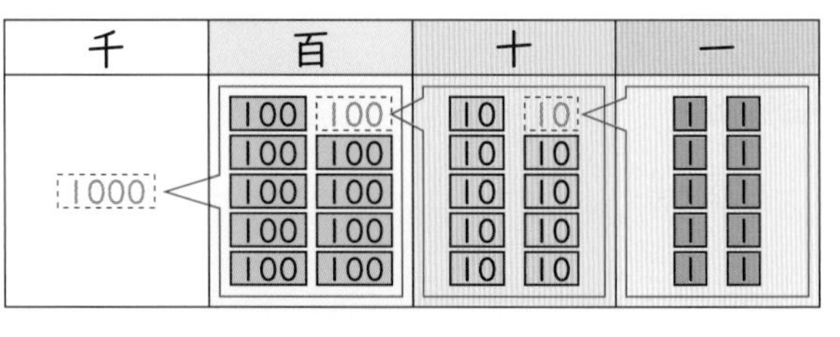

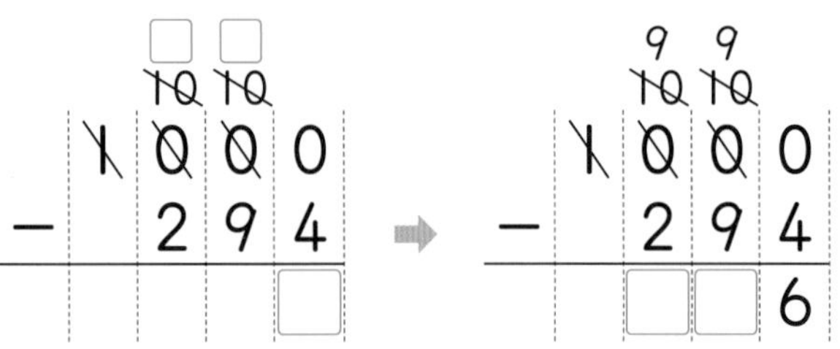

2 計算をしましょう。　教科書 49ページ3

❶ 1000－785　❷ 1000－549

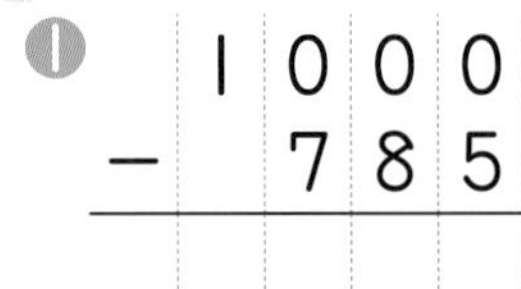

フランスのヴィエタ（1540～1603）によって、「＋」、「－」の記号（きごう）がいっぱんに使（つか）われるようになったんだよ。

きほん 3　4けたの数のたし算が、筆算でできますか。

☆2593＋4762の計算をしましょう。

とき方　たし算の筆算(ひっさん)は、数が大きくなっても、位をそろえて一の位からじゅんに計算します。

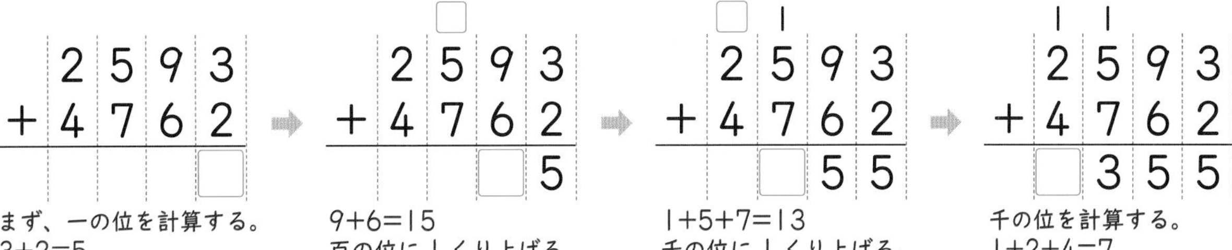

答え ＿＿＿＿

3 計算をしましょう。　教科書 50ページ1

❶ 3748＋2165

❷ 6508＋1293

❸ 1396＋402

❹ 4917＋83

きほん 4　4けたの数のひき算が、筆算でできますか。

☆5249－3786の計算をしましょう。

とき方　ひき算の筆算は、数が大きくなっても、位をそろえて一の位からじゅんに計算します。

5249
－3786
まず、一の位を計算する。
9－6=3

百の位から１くり下げる。
14－8=6

千の位から１くり下げる。
11－7=4

千の位を計算する。
4－3=1

答え ＿＿＿＿

4 計算をしましょう。　教科書 50ページ1

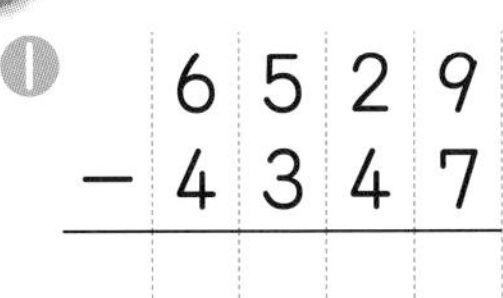

❶ 6529－4347

❷ 4058－2368

❸ 7245－369

❹ 9046－87

ポイント　4けたの数のたし算やひき算の筆算のしかたを学習(がくしゅう)します。数が大きくなっても筆算のしかたは同じです。ひき算では、くり下げに注意(ちゅうい)して計算しましょう。

勉強した日　月　日

練習のワーク

教科書 ㊤44～53ページ　答え 8ページ

できた数　/14問中

おわったらシールをはろう

1 3けたの筆算　計算をしましょう。

❶ $\begin{array}{r} 725 \\ +164 \\ \hline \end{array}$　❷ $\begin{array}{r} 374 \\ +529 \\ \hline \end{array}$

❸ $\begin{array}{r} 853 \\ -246 \\ \hline \end{array}$　❹ $\begin{array}{r} 602 \\ -406 \\ \hline \end{array}$

ちゅうい

くり上げやくり下げをしたときには、その数をわすれないように、書くようにしましょう。

（れい・たし算）
$\begin{array}{r} 846 \\ +275 \\ \hline 1121 \end{array}$

（れい・ひき算）
$\begin{array}{r} 914 \\ -639 \\ \hline 275 \end{array}$

2 4けたの筆算　計算をしましょう。

❶ $\begin{array}{r} 4665 \\ +\ \ 718 \\ \hline \end{array}$　❷ $\begin{array}{r} 1001 \\ -\ \ 285 \\ \hline \end{array}$　❸ $\begin{array}{r} 2057 \\ +7454 \\ \hline \end{array}$　❹ $\begin{array}{r} 9032 \\ -2578 \\ \hline \end{array}$

3 3けたや4けたの計算　計算をしましょう。

❶ 511＋643　❷ 903－754

❸ 3825＋2937　❹ 8000－59

4 3けたの計算　赤い色紙が346まいあります。青い色紙は赤い色紙より157まい多いです。青い色紙は何まいありますか。

式

答え（　　　　）

5 4けたの計算　工場のそう庫に品物が7248こ入っていました。このうち3657こを外に運び出しました。そう庫にのこっている品物は何こですか。

式

答え（　　　　）

考え方

4 多いほうの数をもとめる⇨たし算で計算します。

346まい　157まい
□まい

5 のこった数をもとめる⇨ひき算で計算します。

7248こ
3657こ　□こ

できるナビ　けた数の多いたし算やひき算は、筆算で計算するようにしよう。

時間 20分　とく点 /100点　おわったらシールをはろう

1 よく出る 計算をしましょう。　1つ7〔70点〕

❶ 115+792　❷ 978+22

❸ 902−8　❹ 1006−27

❺ 5567+1823　❻ 6957+43

❼ 5609−3762　❽ 7053−86

❾ 4825−936　❿ 5236−3451

2 ある学校では、コピー用紙を、先週は 1755 まい、今週は 2352 まい使(つか)いました。　1つ5〔20点〕

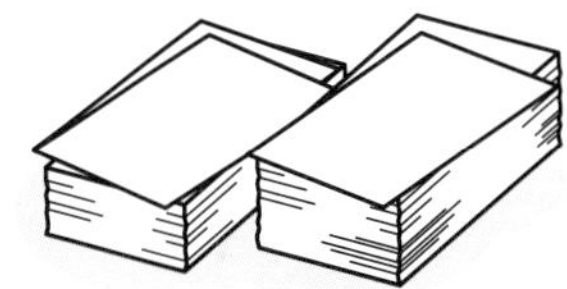

❶ 先週と今週で、使ったコピー用紙は、あわせて何まいですか。

式

答え（　　　）

❷ 先週と今週で、使ったコピー用紙のまい数のちがいは何まいですか。

式

答え（　　　）

3 [0]から[9]までのカードが 1 まいずつあります。このカードから 8 まいをえらんで、[ ][ ][ ][ ]+[3][8][0][4]=6000 となるたし算の式(しき)をつくります。4 まいのカードを使ってできる式の[ ]にあてはまる 4 けたの数はいくつですか。　〔10点〕

（　　　）

ふろくの「計算練習ノート」6〜8ページをやろう！

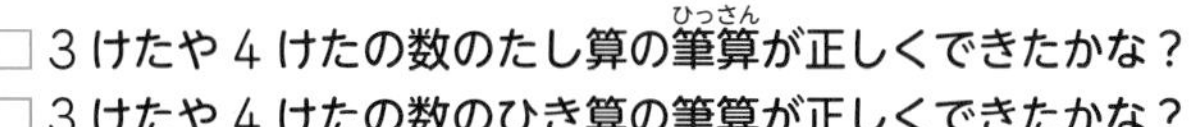

学びのワーク　重なりに注目して
●図を使って考える

おわったら シールを はろう

教科書 上 54～55ページ　答え 9ページ

きほん1　重なりを考えて、全体の長さをもとめられますか。

☆ 1mのものさしを2本使って、花だんの横の長さをはかったら、下の図のようになりました。花だんの横の長さは、何cmですか。

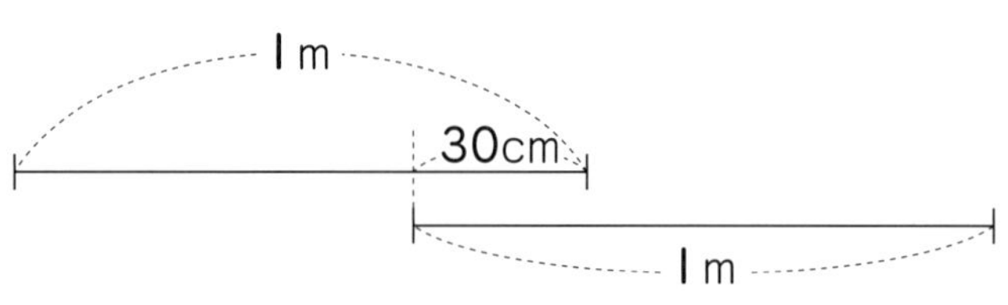

とき方 図を使って考えます。次の2つのもとめ方を考えてみます。

《1》1mのものさしを2本使ってはかった長さから、重なっている部分の長さをひきます。

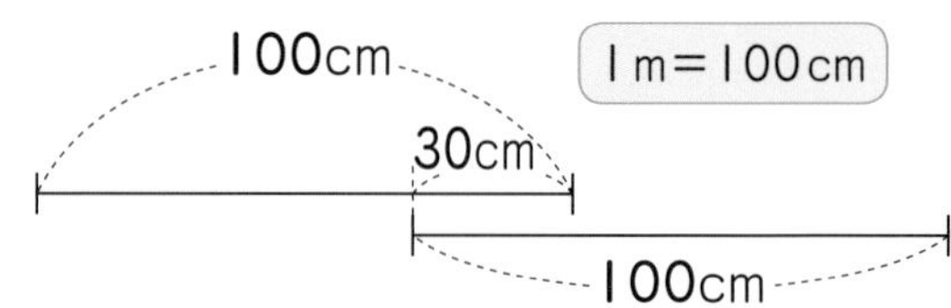

100＋100－□＝□

《2》まず、あの長さをもとめます。

100－□＝□

次に、全体の長さをもとめます。

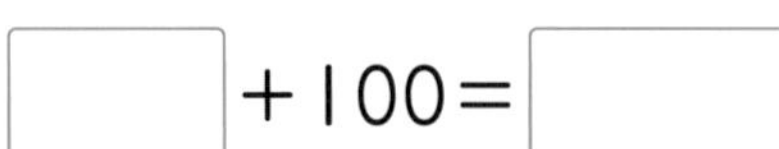

□＋100＝□

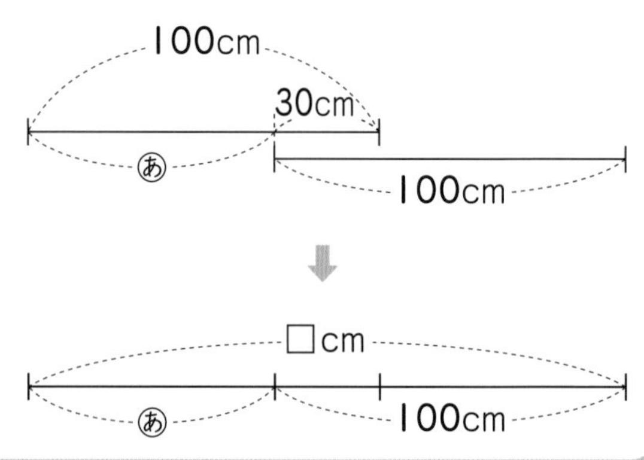

答え □ cm

1 1mのものさしを2本使って、本だなのたての長さをはかったら、下の図のようになりました。本だなのたての長さは、何cmですか。 教科書 54ページ1

式

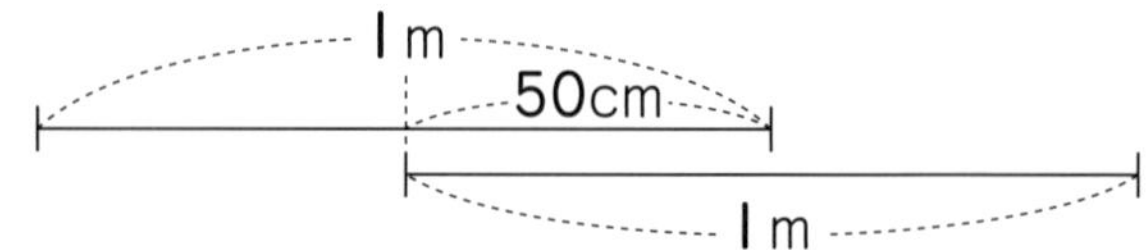

答え（　　　）

さんすうはかせ　いくつかのものをつなぎあわせるときの全体の長さで、つなぎめの数やつなぎめの合計の長さを考える問題は、「植木算」の考え方を使うよ。

2 50cmのテープと40cmのテープをつなぎます。このとき、つなぎめの長さを10cmにすると、テープの長さは全体で何cmになりますか。 教科書 54ページ1

式

答え（　　　　）

きほん2 つなぎめの長さをもとめられますか。

☆ 120cmのリボンに、80cmのリボンをつなぎます。リボンの長さを全体で180cmにしようと思います。つなぎめの長さは何cmにすればよいですか。

とき方 図をかいて考えます。

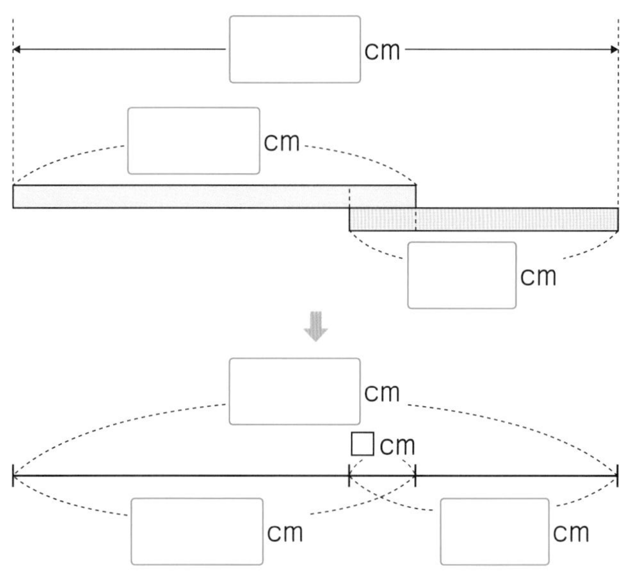

重なっているところがつなぎめだね。

120cmと80cmのリボンの長さをあわせると、120+80=□より、□cmになります。全体の長さは、2本のリボンをあわせた長さより、つなぎめの長さの分だけ短く（みじか）なるので、つなぎめの長さは、200−180=□より、□cmとなります。

答え □cm

3 145cmのテープに、55cmのテープをつなぎます。テープの長さを全体で195cmにしようと思います。つなぎめの長さは何cmにすればよいですか。

式 教科書 55ページ2

答え（　　　　）

ポイント 問題に書かれていることがらを図に表（あらわ）して考えてみましょう。

勉強した日　月　日

1 長いものの長さのはかり方
2 長い長さのたんい

きほんのワーク

もくひょう：長さのたんいのかんけいがわかるようにしよう。

おわったらシールをはろう

教科書 上 56~62ページ　答え 9ページ

きほん1 長いものの長さをはかることができますか。

☆下のまきじゃくで、㋐、㋑のめもりが表している長さをよみましょう。

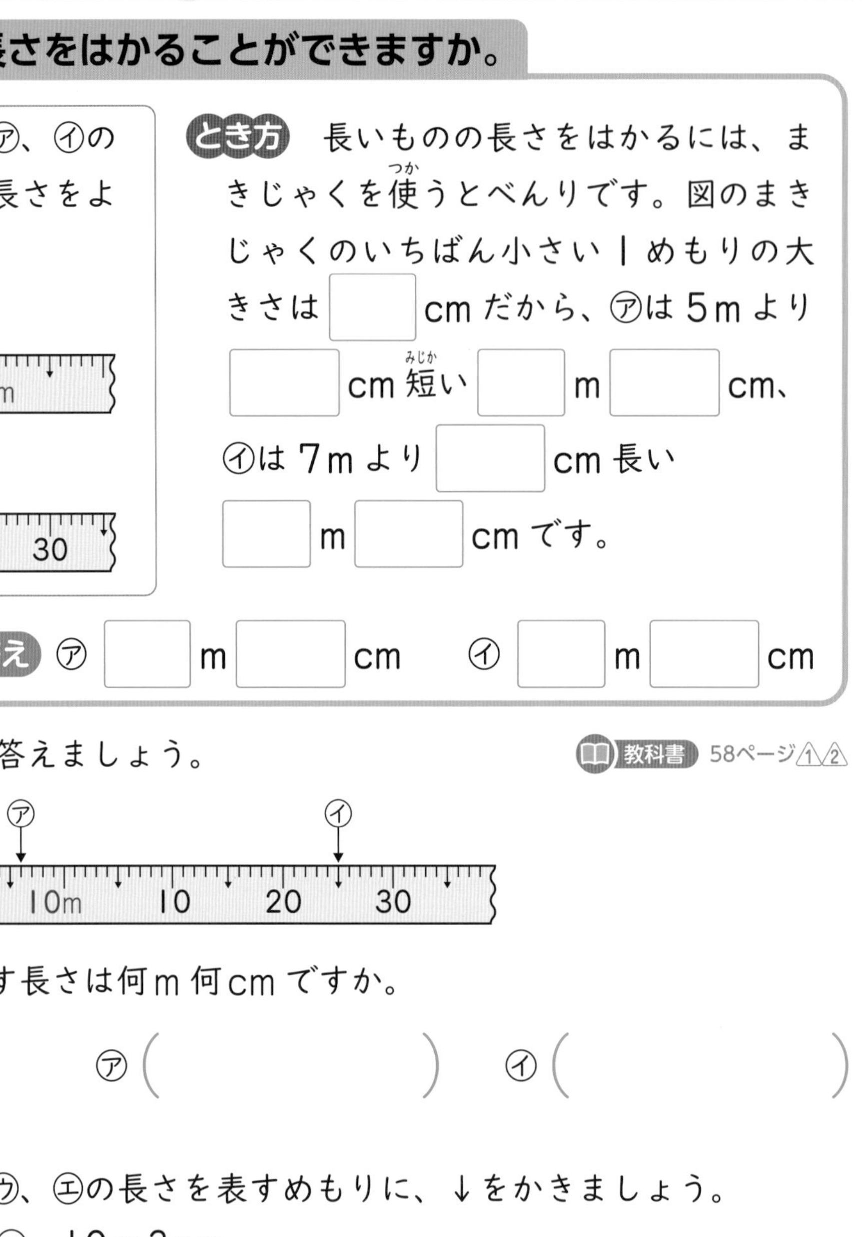

とき方　長いものの長さをはかるには、まきじゃくを使うとべんりです。図のまきじゃくのいちばん小さい1めもりの大きさは□cmだから、㋐は5mより□cm短い□m□cm、㋑は7mより□cm長い□m□cmです。

答え　㋐□m□cm　㋑□m□cm

1 下のまきじゃくを見て答えましょう。　教科書 58ページ△1△2

㋐　㋑
70　80　90　10m　10　20　30

❶ ㋐、㋑のめもりが表す長さは何m何cmですか。

㋐（　　　）　㋑（　　　）

❷ 上のまきじゃくで、㋒、㋓の長さを表すめもりに、↓をかきましょう。

㋒　9m75cm　　㋓　10m3cm

2 次の長さをはかります。30cmのものさし、1mのものさし、30mのまきじゃくではかるものに分けて、㋐～㋓の記号で答えましょう。　教科書 59ページ△5

㋐　いすの高さ
㋑　教室のたての長さ
㋒　筆箱の横の長さ
㋓　学校のつくえのたての長さ

30cmのものさし（　　　）
1mのものさし（　　　）
30mのまきじゃく（　　　）

さんすうはかせ　「じょうぎ」は線などをひくための文ぼう具で、「ものさし」はものの長さをはかるための道具のことをいうよ。

きほん2 きょりと道のりのちがいがわかりますか。

☆あけみさんの家から学校までのきょりは、何mですか。また、家から学校までの道のりは、何mですか。

学校
あけみの家 1100m 600m
800m

とき方 まっすぐにはかった長さを □ というので、あけみさんの家から学校までのきょりは、□ mになります。
また、道にそってはかった長さのことを □ というので、
800＋□＝□ より、道のりは、□ mです。

答え きょり □ m 道のり □ m

3 家から図書館(としょかん)までの道のりは900m、図書館から駅(えき)までの道のりは300mです。家から図書館の前を通って、駅まで行くときの道のりは、何mですか。

式

教科書 60ページ1

答え（　　　　）

きほん3 長い長さを表すたんいがわかりますか。

☆家から小学校までの道のりは1300mです。1300mは、何km何mですか。

とき方 1000mは1kmだから、1300mを1000mと □ mに分けて考えます。

答え □ km □ m

たいせつ
1000mを1キロメートルといい、1kmと書き、長い道のりなどを表すときに使います。
1km＝1000m

4 □にあてはまる数を書きましょう。

教科書 60ページ1

❶ 7000m＝□ km　❷ 1km40m＝□ m

5 右の絵地図を見て答えましょう。

教科書 62ページ2

❶ いちろうさんの家からプールまでのきょりは、何km何mですか。

（　　　　）

❷ いちろうさんの家からプールまでの道のりは、何km何mですか。

（　　　　）

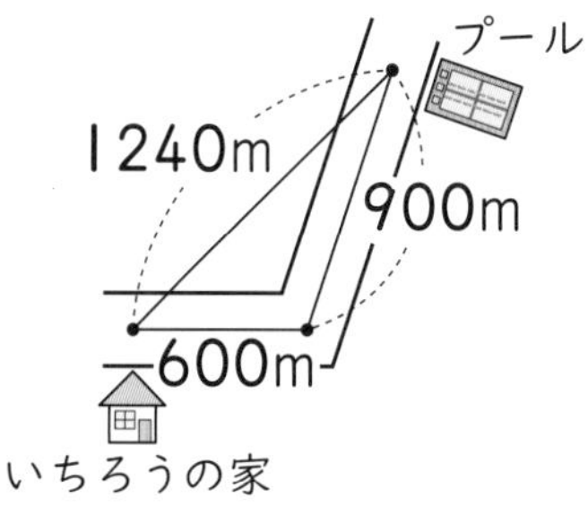

ポイント まっすぐにはかった長さを「きょり」といい、道にそってはかった長さを「道のり」といいます。
きょりと道のりのちがいに気をつけましょう。

勉強した日 月 日

練習のワーク

できた数 /16問中

おわったら シールを はろう

教科書 上 56〜65ページ 答え 9ページ

1 長さのたんい （ ）にあてはまる、長さのたんいを書きましょう。

❶ 1時間に歩く道のり 3（ ）
❷ 算数の教科書のあつさ 6（ ）
❸ はがきの横(よこ)の長さ 10（ ）
❹ 木の高さ 9（ ）

長さのたんい
1cm＝10mm 1m＝100cm 1km＝1000m

2 長い長さのたんい □にあてはまる数を書きましょう。

❶ 8000m＝□km
❷ 2500m＝□km□m
❸ 6520m＝□km□m
❹ 3840m＝□km□m
❺ 4005m＝□km□m
❻ 1km700m＝□m
❼ 1km280m＝□m
❽ 1km30m＝□m

3 きょりと道のり 右の絵地図を見て答えましょう。

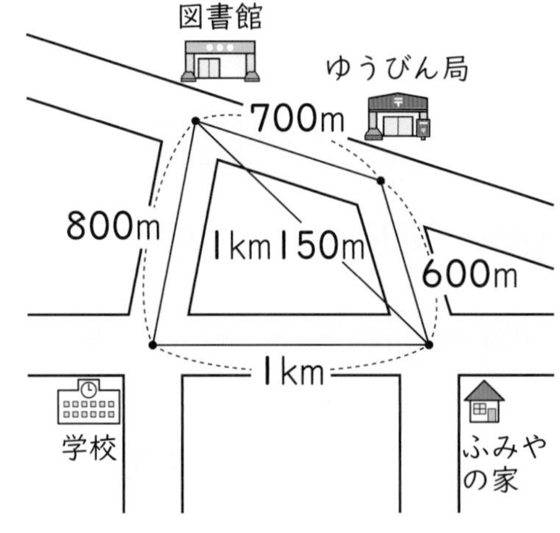

❶ ふみやさんの家から図書館(としょかん)までのきょりは、何mですか。 （ ）

❷ ふみやさんの家からゆうびん局(きょく)の前を通って図書館へ行くときの道のりは、何mですか。 （ ）

❸ ふみやさんの家から学校の前を通って図書館へ行くときの道のりは、何mですか。 （ ）

❹ ふみやさんの家から学校までのきょりと学校から図書館までのきょりのちがいは、何mですか。 （ ）

きょりと道のり
「きょり」…まっすぐにはかった長さ
「道のり」…道にそってはかった長さ

できるナビ きょりと道のりのちがいをしっかり理かいしよう。1km＝1000mを使(つか)って1kmより長い長さを表(あらわ)せるようにしよう。

1 よく出る ㋐〜㋓のめもりが表している長さは何m何cmですか。　1つ7〔28点〕

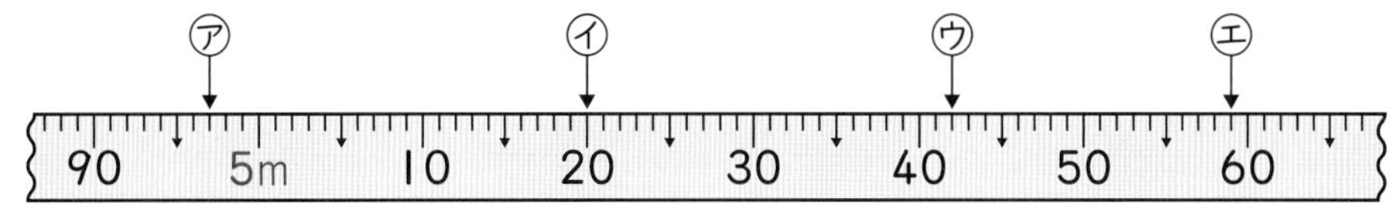

㋐（　　　　）　㋑（　　　　）

㋒（　　　　）　㋓（　　　　）

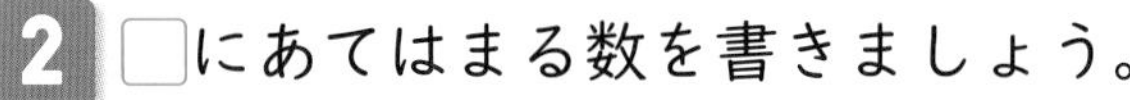

2 □にあてはまる数を書きましょう。　1つ6〔48点〕

❶ 10000m＝□km　　❷ 2800m＝□km□m

❸ 4350m＝□km□m　　❹ 3012m＝□km□m

❺ 9008m＝□km□m　　❻ 1km110m＝□m

❼ 1km23m＝□m　　❽ 1km5m＝□m

3 よく出る 右の絵地図を見て答えましょう。
1つ8〔24点〕

学校
やすこの家
700m
1200m
900m
公園
500m
みきの家
1000m
1380m
工場

❶ みきさんの家から工場までのきょりは、何km何mですか。

（　　　　）

❷ みきさんの家から工場までの道のりは、何km何mですか。

（　　　　）

❸ やすこさんの家から公園までの道のりは、何km何mですか。

（　　　　）

ふろくの「計算練習ノート」9ページをやろう！

□ 長い長さのたんいkmを正しく使うことができたかな？
□ きょりと道のりのちがいを理かいできたかな？

勉強した日 月 日

1 整理のしかたとぼうグラフ [その1]

もくひょう
表に整理できるようにし、ぼうグラフをかけるようにしよう。

おわったらシールをはろう

きほんのワーク

教科書 上 66~71ページ 答え 10ページ

きほん 1 調べたことをわかりやすく表に整理することができますか。

☆ たかやさんの組の人たちがかっているペットのしゅるいを調べたら、左下の表のようになりました。「正」の字を使って表した数を数字になおし、右下の表に書きましょう。

犬	正下
金魚	正一
小鳥	下
モルモット	一
ねこ	正丅
ハムスター	下
うさぎ	一

ペットのしゅるいと人数

しゅるい	人数(人)
犬	9
金魚	
小鳥	
ねこ	
ハムスター	
その他	
合計	

とき方 表にまとめるときには、正 の字を使って人数を調べます。また、人数の少ないものは、まとめて その他 とし、「合計」を書くらんもつくります。

答え 左の表に記入

1 1組で、すきなくだもののカードを下のように1人1まいずつえらびました。左の表で「正」の字を使って人数を調べてから、右の表に数字で書きましょう。

教科書 67ページ1 70ページ3

メロン	いちご	りんご	さくらんぼ	いちご
りんご	さくらんぼ	いちご	ぶどう	メロン
いちご	バナナ	メロン	いちご	さくらんぼ

いちご	
メロン	
りんご	
ぶどう	
さくらんぼ	
バナナ	

すきなくだもののしゅるいと人数

しゅるい	人数(人)
いちご	
メロン	
りんご	
さくらんぼ	
その他	
合計	

合計もわすれずに書くと、正かくに記ろくができたかわかるね。

江戸時代は、数えるときに、「正」を使わず、「玉」の字で数えていたんだよ。

きほん2 ぼうグラフをかくことができますか。

☆下の表は、3年1組の人が1週間に図書室で読んだ本についてまとめたものです。この表をぼうグラフに表しましょう。

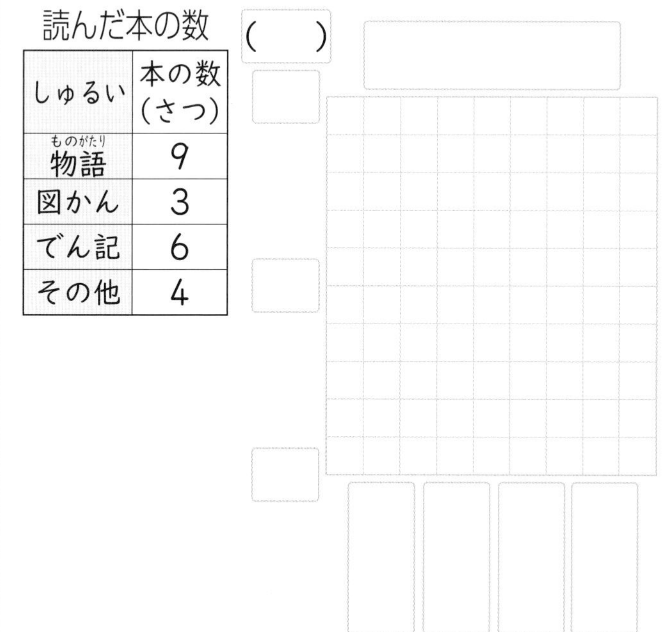

読んだ本の数

しゅるい	本の数（さつ）
物語	9
図かん	3
でん記	6
その他	4

とき方 ぼうの長さで大きさを表したグラフを、**ぼうグラフ**といい、次のようにかきます。

1. 横のじくにしゅるいを、数の多いじゅんに書く。
2. いちばん多い数が表せるように、たてのじくのめもりのつけ方を考える。
3. めもりの数とたんいを書く。
4. 数に合わせて、ぼうをかく。
5. 表題を書く。

「その他」は数が多くても、さいごに書くんだよ。

答え 左の問題に記入

2 1組の人たちの住んでいる町べつの人数を調べてまとめました。

❶ 下の表を、ぼうグラフに表しましょう。 教科書 70ページ4

1組の町べつの人数

町名	人数(人)
東町	6
西町	4
南町	12
北町	5
その他	3

いちばん多い人数から1めもりの人数を決めよう。

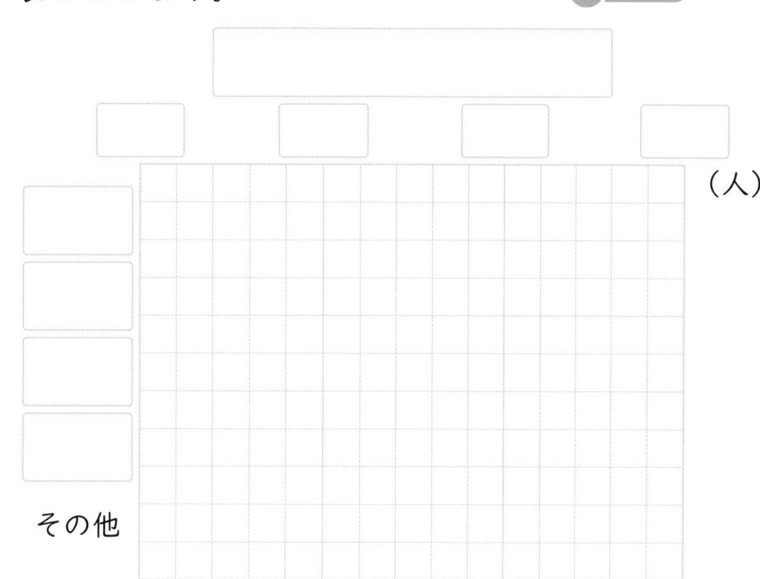

❷ 1組の、住んでいる人がいちばん多い町は何町ですか。

（　　　　　　）

調べたことを整理して、表やぼうグラフに表してみましょう。ぼうグラフに表すと、何が多くて何が少ないかがひと目でわかり、べんりです。

勉強した日　月　日

1 整理のしかたとぼうグラフ [その2]
2 表のくふう

きほんのワーク

もくひょう：ぼうグラフを読んだり、表を1つにまとめたりできるようにしよう。

おわったらシールをはろう

教科書 ㊤72～76ページ　答え 11ページ

きほん1 ぼうグラフを読むことができますか。

☆ 下のぼうグラフは、文ぼう具のねだんを表したものです。いちばん高い文ぼう具は何で、いくらですか。

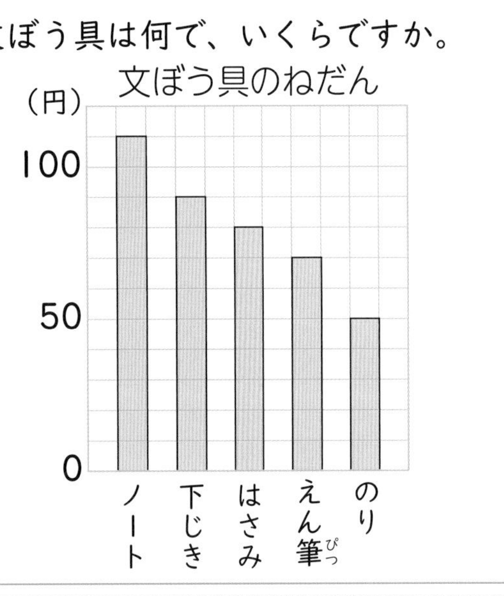

とき方　いちばんぼうが長いのは、[　　]のところです。
グラフの1めもりは[　　]円を表しているので、いちばん長いぼうは、[　　]円を表しています。

たいせつ：1めもりの大きさは1とはかぎりません。ぼうグラフをかくときは、1めもりの大きさを考えましょう。

答え　文ぼう具[　　]
ねだん[　　]円

1 右のぼうグラフを見て、問題に答えましょう。　教科書 72ページ5

学校を休んだ人数
(人)
20
10
0
月　火　水　木　金

❶ グラフの1めもりは、何人を表していますか。
(　　　　)

❷ 水曜日の人数は、月曜日の人数の何分の一ですか。
(　　　　)

2 下のぼうグラフで、1めもりが表している大きさと、ぼうが表している大きさを答えましょう。　教科書 72ページ5

❶ (円)
1000
500
0

1めもりの大きさ
(　　　　)
ぼうの大きさ
(　　　　)

❷ 0　10　20(m)

1めもりの大きさ
(　　　　)
ぼうの大きさ
(　　　　)

数えるときの「正」の字は中国や韓国でも使われているよ。

きほん2 いくつかのことがらを、1つの表にまとめられますか。

☆ 下の表(ひょう)は、先月にけがをした3年生の1組、2組、3組の人数を、けがの原いんごとにまとめたものです。これを1つの表にまとめましょう。

けがの原いん(1組)

原いん	人数(人)
ぶつける	6
転(ころ)ぶ	4
切る	8
やけどする	5
その他(た)	3
合計	26

けがの原いん(2組)

原いん	人数(人)
ぶつける	5
転ぶ	2
切る	7
やけどする	6
その他	2
合計	22

けがの原いん(3組)

原いん	人数(人)
ぶつける	8
転ぶ	5
切る	6
やけどする	3
その他	3
合計	25

3年生全体(ぜんたい)のけがの原いん(人)

原いん＼組	1組	2組	3組	合計
ぶつける	6	5	8	19
転ぶ	4	2		
切る	8			
やけどする				
その他				
合計				㋐

とき方 それぞれの組のけがの原いんと人数を上の表に書き、たてと横(よこ)の合計も書きます。㋐に入る数は、たてにたしても、横にたしても同じになります。

答え 上の表に記入

3 下の表は、10月、11月、12月に休んだ3年生の人数を、組ごとにまとめたものです。

教科書 76ページ1

休んだ人数(10月)

組	人数(人)
1組	7
2組	13
3組	9
合計	29

休んだ人数(11月)

組	人数(人)
1組	11
2組	12
3組	8
合計	31

休んだ人数(12月)

組	人数(人)
1組	9
2組	7
3組	12
合計	28

❶ 上の3つの表を、右の1つの表にまとめましょう。

休んだ人数調べ(10月～12月)(人)

組＼月	10月	11月	12月	合計
1組				
2組				
3組				
合計				㋐

❷ 10月から12月までに休んだ人がいちばん少なかったのは何組ですか。

(　　　)

❸ 表の㋐に入る人数は、何を表していますか。

(　　　)

ポイント ぼうグラフに表すと、大きさがくらべやすくなってべんりです。また、いくつかの表を1つの表にまとめると、全体(ぜんたい)の様子(ようす)がわかりやすくなります。

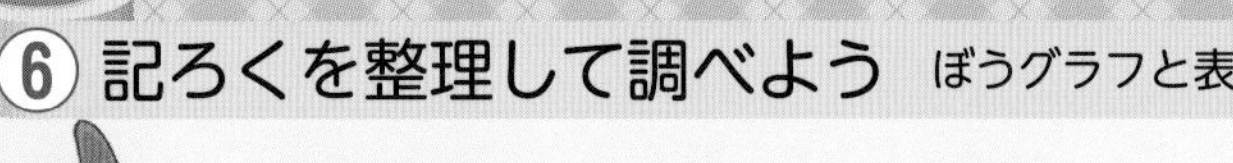

勉強した日　月　日

教科書　㊤ 66～79ページ　答え　11ページ

できた数　/7問中

おわったらシールをはろう

1 ぼうグラフをかく　下の表は、1組で、それぞれの家族の人数を調べたものです。

家族の人数調べ（1組）

家族の人数	2人	3人	4人	5人	6人	7人
家の数（けん）	1	6	12	8	2	4

❶ 右のグラフ用紙に、上の表を、ぼうグラフにかきます。1めもりの大きさを何けんにすればよいですか。

いちばん多いけん数がかける大きさにします。

（　　　）

❷ ぼうグラフに表しましょう。

家族の人数調べ（1組）

（けん）

0

❸ 何人家族がいちばん多いですか。

（　　　）

❹ 何人家族がいちばん少ないですか。

（　　　）

❺ 5人家族の家と6人家族の家の数は、何けんちがいますか。

（　　　）

2 ぼうグラフをえらぶ　5月と6月に図書室からかりられた物語とでん記の本の数を調べました。次のことがわかりやすいのは、右のあ、いのどちらのグラフですか。記号で答えましょう。

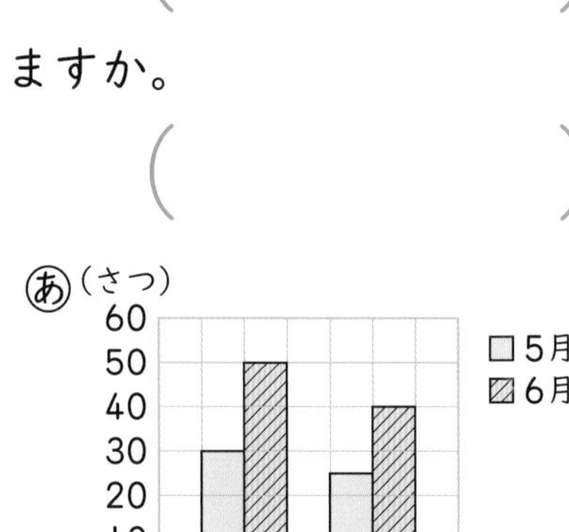

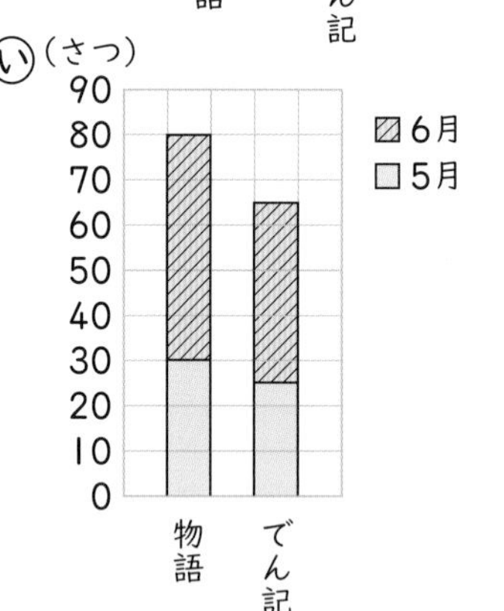

❶ 5月と6月をあわせて、多くかりられたのは、物語とでん記のどちらか

（　　　）

❷ 物語が多くかりられたのは、5月と6月のどちらか

（　　　）

できるナビ　調べた数が多いか少ないかを、見てたしかめられる「ぼうグラフ」をいかせるように、1めもりの大きさやグラフのならべ方をくふうしよう。

まとめのテスト

教科書 上 66～79ページ　答え 12ページ

時間 20分　とく点 /100点　おわったらシールをはろう

1 よく出る 右のぼうグラフは、まゆみさんが先週、読書をした時間を表したものです。 1つ10〔30点〕

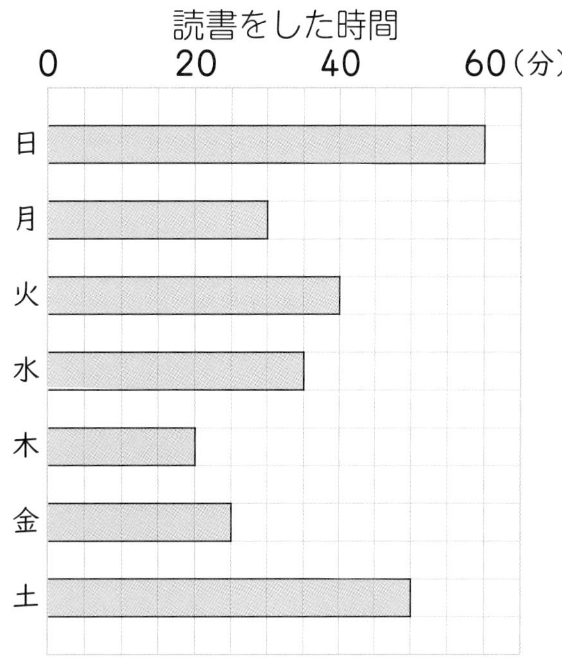

❶ グラフの１めもりは、何分を表していますか。

（　　　　）

❷ 読書をした時間がいちばん長かったのは何曜日ですか。

（　　　　）

❸ 木曜日の２倍の時間、読書をしたのは何曜日ですか。

（　　　　）

2 よく出る 下の表は、３年生の１組、２組、３組の人数を、すきなスポーツごとにまとめたものです。表のあ～けのらんに人数を書きましょう。また、この表をぼうグラフに表しましょう。 1つ35〔70点〕

すきなスポーツ調べ　（人）

しゅるい＼組	１組	２組	３組	合計
野球	6	11	7	あ
サッカー	9	8	12	い
ドッジボール	12	10	6	う
水泳	2	0	4	え
その他	2	3	3	お
合計	か	き	く	け

チェック
□ ぼうグラフの読み方、かき方がわかったかな？
□ １つにまとめた表の見方がわかったかな？

数をよく見て暗算で計算しよう

きほんのワーク

もくひょう
計算のしかたをくふうして、暗算でたし算やひき算をしよう。

おわったらシールをはろう

教科書 上 80～81ページ 答え 12ページ

きほん 1 2けたのたし算を暗算で計算することができますか。

☆37＋56 を暗算で計算しましょう。

とき方 暗算しやすい数のまとまりを見つけて考えます。

《1》

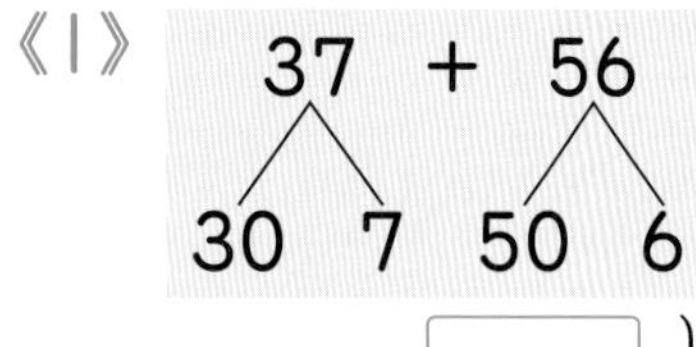

37 を 30 と 7、56 を 50 と 6 に分けて考えます。

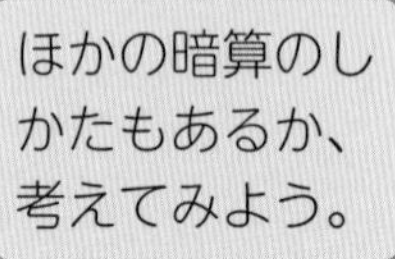

30＋50＝□
7＋ 6＝□
あわせて、□＋13＝□

《2》 37＋56 → 40 60

37 を 40、56 を 60 とみると、40＋60＝□
（3 多い）（4 多い）

この数は 7 多くたした数だから、
37＋56＝□－7＝□ 答え □

1 暗算で計算しましょう。 教科書 80ページ 1

❶ 12＋46 ❷ 25＋45 ❸ 59＋28

❹ 52＋28 ❺ 19＋72 ❻ 38＋62

2 1 こ 31 円のガム、1 こ 57 円のクッキー、1 こ 69 円のあめ、1 こ 72 円のチョコレートが売っています。品物(しなもの) 2 こを買って 100 円玉 1 まいはらったとき、おつりがない品物の組み合わせはどれとどれですか。暗算でもとめましょう。 教科書 80ページ 1

（ と ）

たして 100 になる数の一の位(くらい)の数どうしをたすと 10、十の位の数どうしをたすと、9 になっているね。

きほん 2 2けたのひき算を暗算で計算することができますか。

☆76−38 を暗算で計算しましょう。

《1》

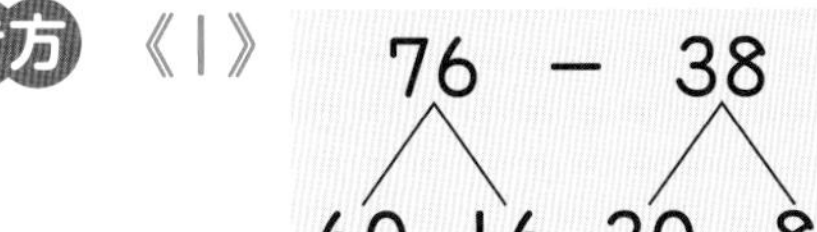

76 を 60 と 16、38 を 30 と 8 に分けて考えます。

60−30=□
16− 8=□
あわせて、□+8=□

《2》76−36 と考えて、76−36=□ 38 よりも 2 少なくひいているから、□−2=□

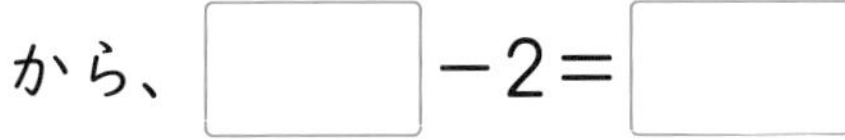

《3》ひく数の 38 を 40 とみると、76−40=□
38 よりも 2 多くひいているから、
ひきすぎた 2 をたして、□+2=□

答え □

3 暗算で計算しましょう。　教科書 81ページ 2

❶ 56−14　❷ 73−48　❸ 92−35

❹ 32−16　❺ 63−27　❻ 81−37

4 72 円の品物を 1 こ買って 100 円玉 1 まいではらったときのおつりを、暗算でもとめましょう。　教科書 81ページ 2

(　　　　)

5 ある品物を 100 円玉 1 まいをはらって買うと、おつりは 13 円でした。買った品物のねだんはいくらでしたか。暗算でもとめましょう。　教科書 81ページ 2

(　　　　)

ポイント　数のしくみを使(つか)ってくふうすると、暗算でたし算やひき算ができるようになります。自分のやりやすい暗算のしかたを見つけていきましょう。

勉強した日 月 日

練習のワーク

教科書 ㊤ 80～81ページ　答え 13ページ

できた数 /15問中

おわったらシールをはろう

1 100からひく暗算　暗算で計算しましょう。

❶ 100−57　❷ 100−86　❸ 100−29

❹ 100−51　❺ 100−42　❻ 100−33

2 たして100になる暗算　たして100になるカードを線でむすびましょう。

22　62　77　87　54　72

46　56　13　38　78　23

使わないカードもあるよ。

3 たし算・ひき算の暗算　暗算で計算しましょう。

❶ 17+32　❷ 43+49　❸ 18+72

❹ 86−35　❺ 72−29　❻ 65−38

4 たし算・ひき算の暗算　おり紙を、さやかさんは28まい、いちろうさんは37まい、ひとみさんは51まい持っています。

❶ さやかさんといちろうさんが持っているおり紙は、あわせて何まいになるか、暗算でもとめましょう。

（　　　　）

❷ ひとみさんとさやかさんの持っているおり紙のまい数のちがいを、暗算でもとめましょう。

（　　　　）

できるナビ　暗算でたし算やひき算ができるようになると、毎日の生活でべんりだよ。暗算に強くなって、速く計算できるようにしよう。

時間 20分

とく点 /100点

おわったら シールを はろう

1 □にあてはまる数を書きましょう。〔10点〕

58＋19 の計算の暗算は、次（つぎ）のようにすることができます。

58 を 60、19 を □ とみて、60＋□ の計算をします。この答えの □ から □ と 1 をひくと、58＋19 の答えの □ になります。

2 暗算で計算しましょう。 1つ8〔48点〕

❶ 29＋47　❷ 57＋16　❸ 14＋68

❹ 43－36　❺ 64－47　❻ 93－54

3 34 円のえん筆（ぴつ）を 1 本買って 100 円玉 1 まいではらったときのおつりを、暗算でもとめましょう。〔14点〕

（　　　）

4 35 円のあめを 1 こと、28 円のガム 1 こを買いました。代金（だいきん）はいくらになるか暗算でもとめましょう。〔14点〕

（　　　）

5 96 ページある本を、58 ページ読みました。あと何ページのこっているか暗算でもとめましょう。〔14点〕

（　　　）

□ 暗算でたし算の答えをもとめられたかな？
□ 暗算でひき算の答えをもとめられたかな？

勉強した日　　月　　日

1 あまりのあるわり算

きほんのワーク

もくひょう

わり算のあまりは、わる数よりも小さいことを理かいしよう。

おわったらシールをはろう

教科書 上 82〜88ページ　答え 14ページ

きほん1 あまりのあるわり算のしかたがわかりますか。

☆ 13このケーキを1箱(はこ)に3こずつ入れると、何箱できて、何こあまりますか。

とき方 同じ数ずつ分けるので、式(しき)は 13÷□ というわり算になります。

13÷3 の答えを見つけるときも、3のだんの九九を使(つか)います。

3箱に入れると、3×3=9　　13−9=4 → □こあまる。

4箱に入れると、3×4=□　　13−□=□ → □こあまる。

5箱に入れると、3×5=□　　15−□=□ → □こたりない。

つまり、4箱できて、ケーキが1こあまります。

このことを式で、

13÷3=4 あまり 1 と書きます。

答え □箱できて、□こあまる。

たいせつ

わり算で、あまりがあるときは、**「わりきれない」**といい、あまりがないときは**「わりきれる」**といいます。

1 わりきれる計算と、わりきれない計算に分けて、記号(きごう)で答えましょう。

教科書 84ページ⚠1

㋐ 42÷6	㋑ 57÷9	㋒ 22÷7
㋓ 48÷8	㋔ 26÷5	㋕ 32÷4

わりきれる計算（　　　　）

わりきれない計算（　　　　）

きほん2 わる数とあまりのかんけいはどのようになっていますか。

☆ 17÷3=4あまり5 にまちがいがあればなおしましょう。

とき方 あまりの5が、わる数の3より大きいので、正しくありません。答えは、□あまり□です。

答え 17÷3=□ あまり □

ちゅうい

あまりは、わる数より小さくなります。

わる数 > あまり

「■÷●=▲あまり★」のとき、■は「わられる数」、●は「わる数」だけど、▲を「商(しょう)」、★を「あまり」といって、この「商とあまり」がわり算の答えになるよ。

2 次(つぎ)のわり算の答えが正しければ○を、まちがいがあれば正しくなおしましょう。

教科書 85ページ2

❶ 26÷3=7 あまり 5 (　　　)

❷ 43÷7=6 あまり 1 (　　　)

❸ 53÷9=5 あまり 7 (　　　)

❹ 39÷6=5 あまり 9 (　　　)

3 おはじきが 55 こあります。7 人で同じ数ずつ分けると、1 人分は何こになって、何こあまりますか。

教科書 86ページ3

式

答え (　　　)

きほん 3 わり算の答えのたしかめはどのようにしますか。

☆ 19÷3=6 あまり 1 になりました。このわり算の答えが正しいかどうかたしかめましょう。

とき方 たしかめは、下のようにします。

19 ÷ 3 = 6 あまり 1

3 × 6 + 1 = 19

↑わられる数になった。

(あまり)

答え 3×6+1=□ となり、正しい。

4 次のわり算の答えが正しいかどうか、(　)の中にたしかめの式を書いて、正しければ○を、まちがいがあれば正しい答えを、[　]の中に書きましょう。

教科書 87ページ4

❶ 29÷9=3 あまり 1 (　　　)[　　　]

❷ 32÷7=4 あまり 4 (　　　)[　　　]

5 計算をして、答えのたしかめもしましょう。

教科書 88ページ6

❶ 25÷3　たしかめ (　　　)

❷ 66÷7　たしかめ (　　　)

❸ 52÷8　たしかめ (　　　)

ポイント たしかめの計算で答えがわられる数になっても、あまりがわる数よりも大きくなっていたら、まちがいです。あまりは、わる数よりも小さくなります。

勉強した日　月　日

2 あまりを考える問題

きほんのワーク

もくひょう
わり算の問題をとくとき、あまりの意味を考えるようにしよう。

おわったらシールをはろう

教科書 上 89ページ　答え 14ページ

きほん1 問題の意味にあうように、答えをもとめられますか。

☆自動車に5人ずつ乗ります。34人が乗るには、自動車は何台あればよいでしょうか。

とき方 式を書いて計算すると、□÷□=□あまり□です。
自動車が6台では、4人が乗れません。あまった4人が乗るためには、自動車がもう1台いります。
6+□=□　答え □台

34人全員が乗れるように考えるよ。

1 クッキーが22こあります。1ふくろに4こずつクッキーを入れていきます。全部のクッキーを入れるには、ふくろは何ふくろあればよいでしょうか。

教科書 89ページ1

式

答え（　　）

2 ボールが45こあります。7こずつ箱に入れていきます。全部のボールを入れるには、箱は何箱あればよいでしょうか。

教科書 89ページ1

式

答え（　　）

3 53人の子どもが1この長いすに6人ずつすわります。子どもが全員すわるには、長いすは何こあればよいでしょうか。

教科書 89ページ1

式

答え（　　）

4 75この荷物を、1回に8こずつ運びます。全部運び終えるまでに何回運べばよいでしょうか。

教科書 89ページ1

式

答え（　　）

わり算は等しく分けるというのがきまりなんだ。だから、分けられないときはあまりがあるし、さらに細かく分ける計算のしかたもあとで学習するよ。

きほん2 あまりをどうするかわかりますか。

☆26このりんごを、1箱に8こずつ入れます。8こ入った箱は何箱できますか。

とき方 式を書いて計算すると、□÷□＝□あまり□です。

8こ入った箱は□箱できて、りんごは□こあまります。

8こ入りの箱の数を答えるので、あまった2こは考えません。

答え □箱

5 バラの花が50本あります。6本ずつたばにして、花たばを作ります。6本ずつのバラの花たばはいくつ作れますか。

式

教科書 89ページ2

答え（　　　　）

6 71cmのリボンを9cmずつに切ります。9cmのリボンは何本できますか。

式

教科書 89ページ2

答え（　　　　）

7 画びょうが19こあります。この画びょうを4こ使（つか）って、1まいの絵をはります。絵は何まいはることができますか。

教科書 89ページ2

式

答え（　　　　）

8 はばが34cmの本立てに、あつさ4cmの本を立てていきます。本は何さつ立てられますか。

教科書 89ページ2

式

答え（　　　　）

ポイント あまりのあるわり算の問題（もんだい）をとくとき、あまった分を考えて、1をたして答えるのか、あまりは考えないで答えるのかが大切です。

勉強した日　月　日

練習のワーク①

教科書 上 82～91ページ　答え 15ページ

できた数 /9問中

おわったらシールをはろう

1 あまりの大きさ　次(つぎ)のわり算の答えが正しければ○を、まちがいがあればなおしましょう。

❶ 45÷6＝7 あまり 3　(　　　)

❷ 58÷8＝6 あまり 10　(　　　)

ちゅうい
わり算のあまりは、わる数より小さくなります。たしかめの計算をして答えがわられる数になっても、あまりがわる数より大きくなっていたら、まちがいです。

2 あまりのあるわり算　計算をして、答えのたしかめもしましょう。

❶ 30÷7

30÷7＝● あまり ▲
7×●　＋　▲＝30

たしかめ(　　　)

❷ 78÷9

たしかめ(　　　)

3 あまりのある計算　かきが 49 こあります。5 人で同じ数ずつ分けると、1 人分は何こになって、何こあまりますか。

式

答え(　　　)

4 あまりを考える問題　1 まいの画用紙から 8 まいのカードが作れます。カードを 62 まい作るには、画用紙は何まいひつようですか。

画用紙が 7 まいだと、カードは 56 まいしか作れないね。

式

答え(　　　)

5 あまりを考える問題　ドーナツが 38 こあります。1 箱(はこ)に 6 このドーナツを入れると、6 こ入りのドーナツの箱は何箱できますか。

式

答え(　　　)

できるナビ　あまりのあるわり算では、たしかめをしてミスをしないようにしよう。

勉強した日　月　日

1 あまりのあるわり算　次のわり算をしましょう。

❶ 54÷7　❷ 68÷9　❸ 43÷5

❹ 30÷4　❺ 29÷7　❻ 52÷7

2 ある数のもとめ方　ある数を6でわるところを、まちがえて7でわってしまい、答えが7あまり1になりました。

❶ ある数はいくつですか。

式

答え（　　　）

ある数は、わられる数だよ。わり算の答えのたしかめの計算をすれば、もとめることができるね。

❷ 正しい答えをもとめましょう。

式

答え（　　　）

3 あまりのきまり　右は、ある月のカレンダーです。

日	月	火	水	木	金	土
1	2	3	4	5	6	7
8	9	10	11	12	13	14
15	16	17	18	19	20	21

❶ 日にちを7でわると、わりきれるのは何曜日ですか。

（　　　）

❷ 日にちを7でわると、1あまる曜日、4あまる曜日は、それぞれ何曜日ですか。

日にちを7でわったあまりは、曜日によって決まっているよ。

（1あまる…　　4あまる…　　）

❸ この月の25日と29日は、それぞれ何曜日ですか。

（25日…　　29日…　　）

できるナビ　カレンダーのすべての日にちを、それぞれ7でわってみると、曜日ごとにあまりが同じになることがわかるよ。

勉強した日　月　日

まとめのテスト①

教科書 ㊤82〜91ページ　答え 16ページ

時間 20分　とく点 /100点　おわったらシールをはろう

1 よく出る 計算をしましょう。　1つ5〔60点〕

❶ 47÷8　❷ 10÷6　❸ 88÷9

❹ 13÷2　❺ 40÷7　❻ 37÷4

❼ 79÷8　❽ 17÷9　❾ 22÷3

❿ 39÷5　⓫ 69÷7　⓬ 57÷6

2 いちごが25こあります。1人に4こずつ分けると、何人に分けられて、何こあまりますか。　1つ5〔10点〕

式

答え（　　　）

3 67本のえん筆を、9人で同じ数ずつ分けます。1人分は何本になって、何本あまりますか。　1つ5〔10点〕

式

答え（　　　）

4 計算問題が58題あります。1日に7題ずつとくと、全部とき終えるまでに何日かかりますか。　1つ5〔10点〕

式

答え（　　　）

5 7Lのジュースを、8dLずつびんに分けていきます。8dL入ったびんは何本できますか。　1つ5〔10点〕

式

答え（　　　）

□ あまりのあるわり算が正しく計算できたかな？
□ あまりをどのように考えるか理かいできたかな？

教科書 ㊤82～91ページ　答え 16ページ

とく点 /100点

おわったらシールをはろう

1 次(つぎ)のわり算の答えにはまちがいがあります。正しくなおしましょう。　1つ10〔20点〕

❶ 48÷7＝5 あまり 13　（　　）

❷ 54÷6＝8 あまり 6　（　　）

2 くりが 46 こあります。1 人に 8 こずつ分けると、何人に分けられて、何こあまりますか。　1つ10〔20点〕

式

答え（　　）

3 みかんが 58 こあります。6 人で同じ数ずつ分けたとき、みかんが少なくともあと何こあれば、1 人に 10 こずつ分けられますか。　1つ10〔20点〕

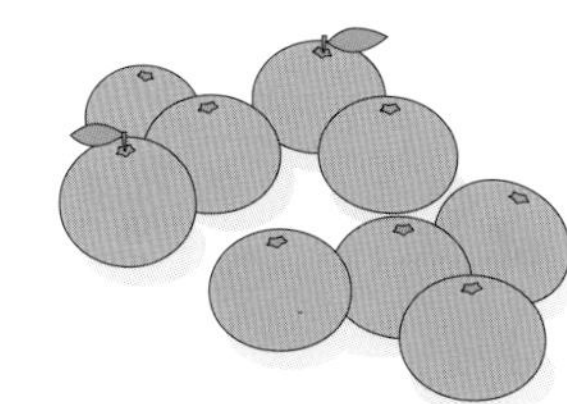

式

答え（　　）

4 75cm のリボンを 8cm ずつに切っていくと、リボンは全部で何本できますか。　1つ10〔20点〕

式

答え（　　）

5 チューリップの花が 54 本あります。8 本ずつたばにして、花たばを作ります。8 本の花たばはいくつ作れますか。　1つ10〔20点〕

式

答え（　　）

ふろくの「計算練習ノート」10～11ページをやろう！

□あまりがあるわり算のあまりについて理かいできたかな？
□あまりをどのように考えればよいか、理かいできたかな？

1 数の表し方 ［その1］

きほんのワーク

もくひょう
「万」の位を理かいして、正しく数に表せるようにしよう。

おわったらシールをはろう

教科書 ㊤92〜99ページ　答え 16ページ

きほん1 大きな数のしくみがわかりますか。

☆□にあてはまる数やことばを書きましょう。

14638020は、千万を□こ、百万を□こ、十万を□こ、一万を□こ、千を□こ、十を□こあわせた数です。また、読み方を漢字（かんじ）で書くと、□です。

とき方　大きな数のしくみは、次（つぎ）のようになっています。

1000が10こで1万 → 10000
1万が10こで10万 → 100000
10万が10こで100万 → 1000000
100万が10こで1000万 → 10000000
1000万が10こで1億（いちおく） → 100000000

1	4	6	3	8	0	2	0
千万の位	百万の位	十万の位	一万の位	千の位	百の位	十の位	一の位（くらい）

たいせつ
千万を10こ集（あつ）めた数を一億（1億）といい、100000000と書きます。

答え　問題（もんだい）文中に記入

1 □にあてはまる数を書きましょう。 教科書 93ページ1

❶ 93014は、一万を□こ、千を□こ、十を□こ、一を□こあわせた数です。

❷ 一万を6こ、千を3こ、十を2こあわせた数は□です。

2 次の数を漢字で書きましょう。また、漢字で表（あらわ）された数は数字で書きましょう。 教科書 96ページ△2△3

❶ 79025
（　　　　）

❷ 8590000
（　　　　）

❸ 三万二千五百四十
（　　　　）

❹ 三十六万三百
（　　　　）

さんすうはかせ
「万」より大きい位は「億」で、億より大きい位は「兆（ちょう）」というよ。国の予算（よさん）などで○兆円というお金を耳にするよね。

3 □にあてはまる数を書きましょう。 教科書 96ページ4 97ページ3

❶ 85093760は、千万を□こ、百万を□こ、一万を□こ、千を3こ、百を7こ、十を6こあわせた数です。

❷ 千万を5こ、百万を7こ、一万を2こあわせた数は□です。

❸ 1000を49こ集(あつ)めた数は□です。

❹ 18000は1000を□こ集めた数です。

❺ 740000は1000を□こ集めた数です。

きほん2 数直線をよむことができますか。

☆ 下の数直線の㋐～㋓のめもりが表している数を答えましょう。

0　10000　20000　30000　40000　50000

㋐　㋑　㋒　㋓

とき方 いちばん小さい1めもりは、10こで10000になる数だから、□です。

たいせつ
上のような数の線を、**数直線**(すうちょくせん)といいます。数直線では、右へいくほど数が大きくなります。

答え ㋐□　㋑□　㋒□　㋓□

4 下の数直線について答えましょう。 教科書 98ページ4

0　1000万　2000万　3000万　4000万　5000万

㋐　㋑　㋒

❶ いちばん小さい1めもりは、いくつを表していますか。（　　）

❷ ㋐～㋒のめもりが表している数を答えましょう。

㋐（　　）　㋑（　　）　㋒（　　）

❸ 3200万を表すめもりに、↑をかきましょう。

❹ 1000万を10こ集めた数を数字で書きましょう。（　　）

ポイント 数のしくみをたしかめます。千の位より大きい位は一万の位となります。

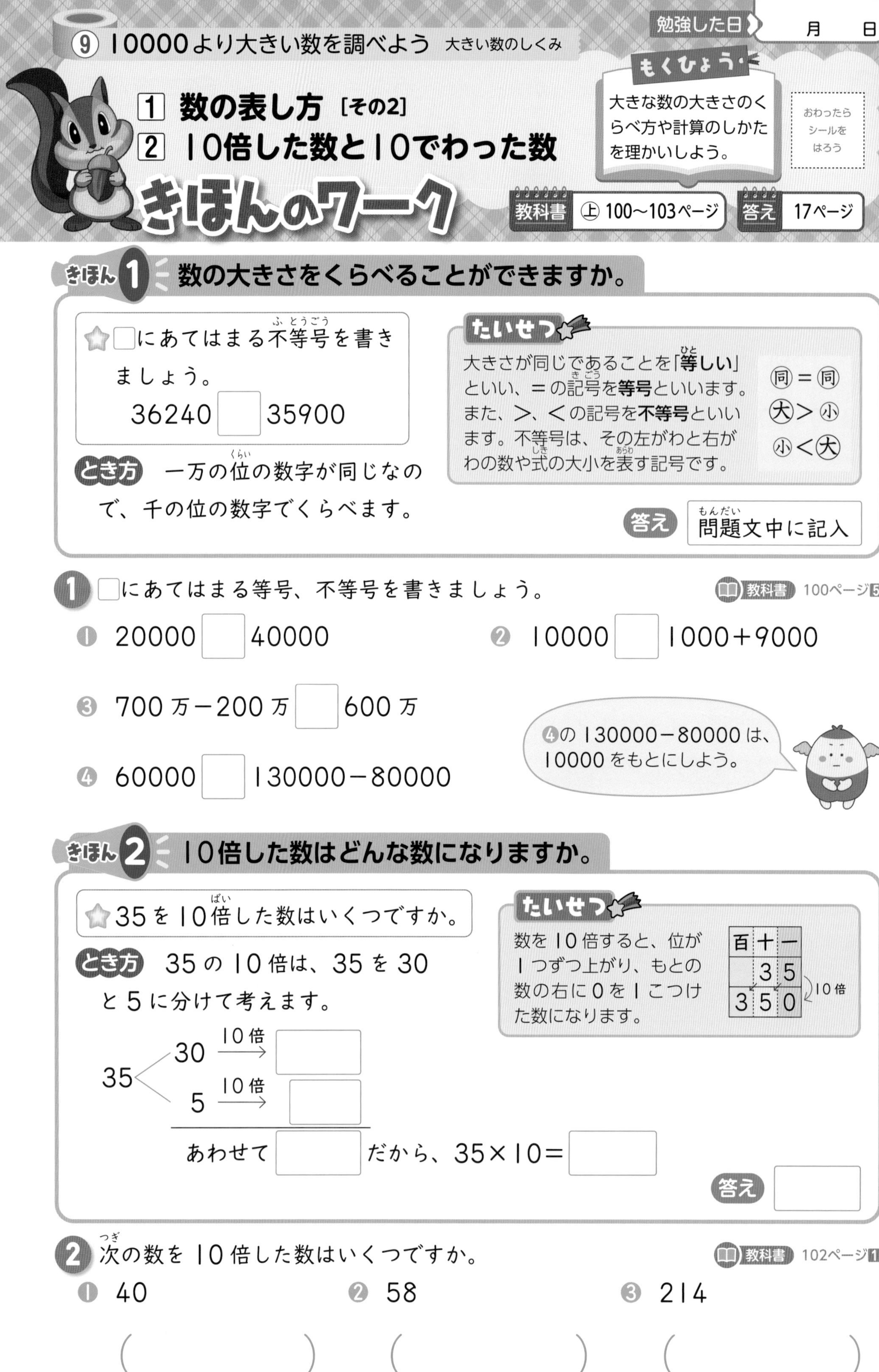

勉強した日　月　日

[1] 数の表し方［その2］
[2] 10倍した数と10でわった数

きほんのワーク

もくひょう・
大きな数の大きさのくらべ方や計算のしかたを理かいしよう。

おわったらシールをはろう

教科書 ㊤100～103ページ　答え 17ページ

きほん1 数の大きさをくらべることができますか。

☆□にあてはまる不等号を書きましょう。

36240 □ 35900

とき方　一万の位の数字が同じなので、千の位の数字でくらべます。

たいせつ
大きさが同じであることを「**等しい**」といい、＝の記号を**等号**といいます。また、＞、＜の記号を**不等号**といいます。不等号は、その左がわと右がわの数や式の大小を表す記号です。

㊐＝㊐
㊇＞㊈
㊈＜㊇

答え　問題文中に記入

1 □にあてはまる等号、不等号を書きましょう。　教科書 100ページ5

❶ 20000 □ 40000　　❷ 10000 □ 1000＋9000

❸ 700万－200万 □ 600万

❹ 60000 □ 130000－80000

❹の 130000－80000 は、10000 をもとにしよう。

きほん2 10倍した数はどんな数になりますか。

☆35を10倍した数はいくつですか。

とき方　35の10倍は、35を30と5に分けて考えます。

35 ＜ 30 ―10倍→ □
　　 5 ―10倍→ □

あわせて □ だから、35×10＝□

答え □

たいせつ
数を10倍すると、位が1つずつ上がり、もとの数の右に0を1こつけた数になります。

百	十	一
	3	5
3	5	0

10倍

2 次の数を10倍した数はいくつですか。　教科書 102ページ1

❶ 40　（　　）　　❷ 58　（　　）　　❸ 214　（　　）

さんすうはかせ　10でわることは、10こに等しく分けることだから、$\frac{1}{10}$にすることと同じなんだ。$\frac{1}{10}$（分数）は、このあと学習するよ。

きほん3 一の位が0の数を10でわった数は、どんな数になりますか。

☆240を10でわった数はいくつですか。

とき方　一の位が0の数を10でわると、一の位の0をとった数になるので、

□になります。240を200と40に分けて考えると、

240 ＜ 200 →(10でわる) □
　　 ＜ 40 →(10でわる) □

あわせて □

240÷10＝□

たいせつ
一の位が0の数を10でわると、位が1つずつ下がり、一の位の0をとった数になります。

百	十	一
2	4	0
	2	4

(10でわる)

答え □

3 次の数を10でわった数はいくつですか。 教科書 102ページ1

❶ 50（　　　）　❷ 700（　　　）　❸ 480（　　　）

きほん4 100倍、1000倍した数はどんな数になりますか。

☆35を100倍した数はいくつですか。また、1000倍した数はいくつですか。

とき方

100倍は100＝10×10より、10倍の10倍と同じだから、

35 →(10倍) 350 →(10倍) □ より、35×100＝□

(100倍)

1000倍は10倍の10倍の10倍だから、

35×1000＝□

たいせつ
数を100倍すると、位が2つずつ上がり、もとの数の右に0を2こつけた数になります。1000倍すると、位が3つずつ上がり、もとの数の右に0を3こつけた数になります。

万	千	百	十	一
			2	5
		2	5	0
	2	5	0	0
2	5	0	0	0

(10倍、10倍、10倍、100倍、1000倍)

答え　100倍 □
　　　1000倍 □

4 次の数を100倍、1000倍した数は、それぞれいくつですか。 教科書 103ページ⚠1

❶ 24

100倍（　　　）

1000倍（　　　）

❷ 900

100倍（　　　）

1000倍（　　　）

ポイント　1000倍は、10倍の10倍の10倍、100倍の10倍と考えることもできます。

勉強した日 月 日

練習のワーク

教科書 上 92〜105ページ 答え 18ページ

できた数 /17問中

おわったらシールをはろう

1 大きな数の表し方 次の数を数字で書きましょう。

❶ 六十万七千百八十 （ ）

❷ 三千九百五万千二十六 （ ）

位を表す数字がないとき、その位に0を書きわすれないようにしよう。

2 大きな数の表し方 □にあてはまる数を書きましょう。

❶ 85294630 の一万の位の数字は □、千万の位の数字は □ です。

❷ 1000 万を 10 こ集めた数を一億といい、

└10倍した数のこと。

□ と書きます。

考え方

8	5	2	9	4	6	3	0
千万の位	百万の位	十万の位	一万の位	千の位	百の位	十の位	一の位

一億は1億とも書くよ。

3 数直線 下の数直線について答えましょう。

260000 270000 280000 290000

㋐ ㋑ ㋒

❶ ㋐〜㋒のめもりが表している数を答えましょう。

└いちばん小さい1めもりは、10こで10000になる数だから、1000です。

㋐（ ） ㋑（ ） ㋒（ ）

❷ 274000、289000 を表すめもりに、↑をかきましょう。

4 等号、不等号 □にあてはまる等号、不等号を書きましょう。

❶ 92100 □ 91300

❷ 547280 □ 551120

❸ 800 万−600 万 □ 300 万

100万をもとにして計算します。

❹ 30000＋70000 □ 100000

3＋7＝10より、10000を10こ集めた数になります。

5 100倍、1000倍の数や10でわった数 630 を 100 倍、1000 倍した数、10 でわった数は、それぞれいくつですか。

100倍した数（ ） 1000倍した数（ ） 10でわった数（ ）

1000倍は100倍の10倍と考えます。

一の位の0をとった数になります。

できるナビ 大きい数では0の書きわすれや数えまちがえをしないように注意しよう。

勉強した日　月　日

1 よく出る 次の数を数字で書きましょう。　1つ6〔18点〕

❶ 1000 を 548 こ集めた数　（　　　）

❷ 100 万を 79 こ集めた数　（　　　）

❸ 10 万を 20 こと、100 を 60 こあわせた数　（　　　）

2 □にあてはまる数を書きましょう。　1つ5〔25点〕

470000　㋐□　490000　㋑□　510000　520000

㋒□　8000万　8500万　㋓□　9500万　㋔□

3 □にあてはまる等号、不等号を書きましょう。　1つ6〔24点〕

❶ 3274516 □ 3274156

❷ 2800 □ 27000

❸ 54000 □ 4000＋50000

❹ 6000000 □ 8000000－3000000

4 970000 はどのような数ですか。□にあてはまる数を書きましょう。　1つ5〔15点〕

❶ 900000 と □ をあわせた数

❷ 1000000 より □ 小さい数

❸ 1000 を □ こ集めた数

5 7200 まいの紙を同じまい数ずつまとめて 10 たばに分けました。1 たばのまい数は、何まいになりますか。

1つ9〔18点〕

ふろくの「計算練習ノート」16ページをやろう！

□ 10000 より大きい数のしくみが理かいできたかな？
□ 大きい数どうしの大小をくらべることができたかな？

勉強した日　月　日

1 何十、何百のかけ算
2 2けたの数に1けたの数をかける計算

もくひょう
かけられる数が大きい数のかけ算のしかたを学習しよう。

おわったらシールをはろう

きほんのワーク

教科書 上 106～114ページ　答え 19ページ

きほん1 (何十)×(1けた)や(何百)×(1けた)の計算ができますか。

☆次の代金はいくらですか。

❶ 1こ40円の消しゴム2こ　❷ 1ふくろ300円のあめ6ふくろ

とき方 ❶ 1このねだん × 買う数 = 代金 だから代金をもとめる式は40×2です。40は10の4こ分の数で、10が4×2=8より、□こあるので、40×2の答えは□です。

4　×2=8
↓10倍　↓10倍
40×2=80

❷ 代金をもとめる式は300×6です。300は□の3こ分の数で、□が3×6=18より、□こあるので、300×6の答えは□です。

3　×6=18
↓100倍　↓100倍
300×6=1800

たいせつ
かけられる数が10倍、100倍になると、答えも10倍、100倍になります。

答え ❶ □円　❷ □円

1 計算をしましょう。　教科書 107ページ1 108ページ2

❶ 60×8　❷ 800×9　❸ 200×5

きほん2 くり上がりのない(2けた)×(1けた)の筆算ができますか。

☆えん筆が32本入った箱が2箱あります。えん筆は、全部で何本ありますか。

とき方 全部のえん筆の数をもとめる式は、□×□です。筆算は、位をたてにそろえて書いて、一の位から、かける数の九九を使って計算します。

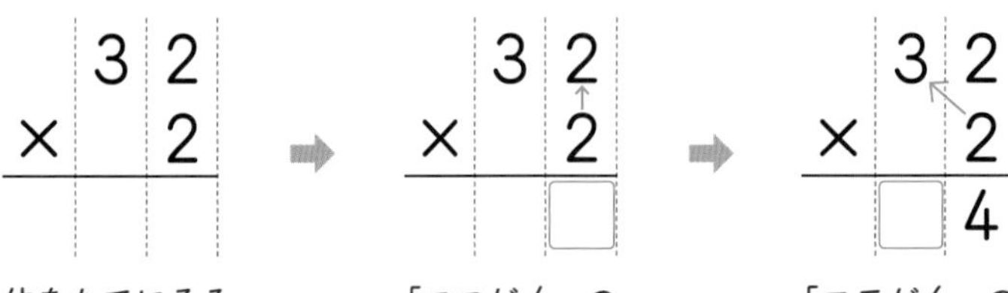

位をたてにそろえて書く。　「二二が4」の4を、一の位に書く。　「二三が6」の6を、十の位に書く。

32×2は、
→30×2=60
→2×2=4
→60+4=64
と考えているんだね。

答え □本

【九九の表①】けた数がふえてもかけ算のきほんは九九だね。その九九の答えで、一の位の数が全部ちがっているだんはどのだんかな。　(答えは56ページ)

2 計算をしましょう。 

❶ $\begin{array}{r} 22 \\ \times\ \ 3 \\ \hline \end{array}$　❷ $\begin{array}{r} 12 \\ \times\ \ 3 \\ \hline \end{array}$　❸ $\begin{array}{r} 42 \\ \times\ \ 2 \\ \hline \end{array}$　❹ $\begin{array}{r} 11 \\ \times\ \ 6 \\ \hline \end{array}$　❺ $\begin{array}{r} 20 \\ \times\ \ 2 \\ \hline \end{array}$

きほん 3 くり上がりのある(2けた)×(1けた)の筆算ができますか。

☆59×3の計算をしましょう。

とき方 筆算は、位をたてにそろえて書いて、一の位からじゅんに、かける数の九九を使って計算します。

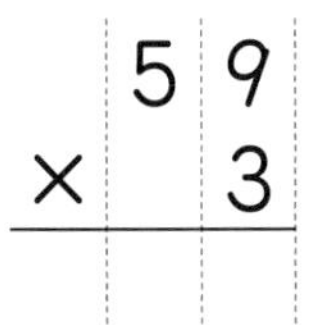

位をたてにそろえて書く。

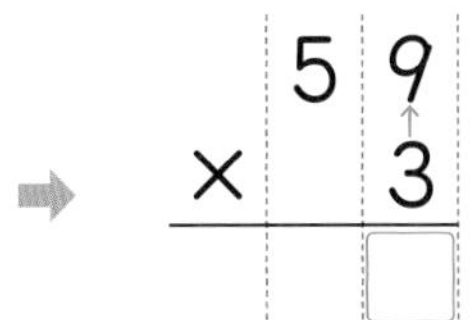

「三九27」の7を一の位に書き、2を十の位にくり上げる。

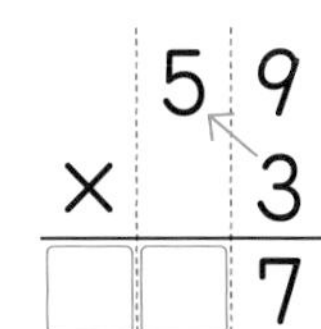

「三五15」
15にくり上げた2をたす。
15+2=17　7を十の位に、1を百の位に書く。

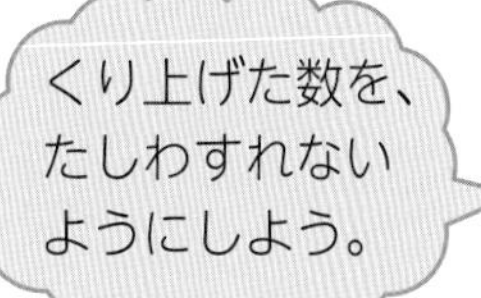

答え 

3 計算をしましょう。 教科書 112ページ2 113ページ3

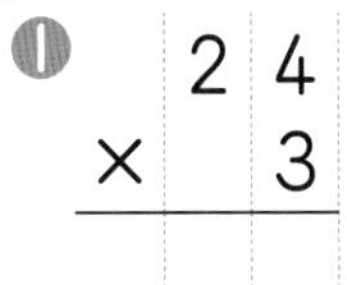

❶ $\begin{array}{r} 24 \\ \times\ \ 3 \\ \hline \end{array}$　❷ $\begin{array}{r} 15 \\ \times\ \ 6 \\ \hline \end{array}$　❸ $\begin{array}{r} 36 \\ \times\ \ 2 \\ \hline \end{array}$　❹ $\begin{array}{r} 31 \\ \times\ \ 9 \\ \hline \end{array}$

❺ $\begin{array}{r} 52 \\ \times\ \ 3 \\ \hline \end{array}$　❻ $\begin{array}{r} 82 \\ \times\ \ 4 \\ \hline \end{array}$　❼ $\begin{array}{r} 49 \\ \times\ \ 5 \\ \hline \end{array}$　❽ $\begin{array}{r} 63 \\ \times\ \ 7 \\ \hline \end{array}$

4 計算をしましょう。 教科書 114ページ4

❶ $\begin{array}{r} 19 \\ \times\ \ 8 \\ \hline \end{array}$　❷ $\begin{array}{r} 37 \\ \times\ \ 3 \\ \hline \end{array}$　❸ $\begin{array}{r} 26 \\ \times\ \ 4 \\ \hline \end{array}$　❹ $\begin{array}{r} 34 \\ \times\ \ 3 \\ \hline \end{array}$

5 1ふくろ28こ入りのチョコレートが8ふくろあります。チョコレートは、全部で何こありますか。 教科書 114ページ8

式

答え（　　　　　）

ポイント かけ算の筆算は、位をたてにそろえて書いて、一の位、十の位のじゅんに、かける数の九九を使って計算します。くり上がりに気をつけましょう。

勉強した日 月 日

3 3けたの数に1けたの数をかける計算

もくひょう
かけられる数が3けたの数になっても筆算ができるようにしよう。

おわったらシールをはろう

きほんのワーク

教科書 上 115～118ページ　答え 19ページ

きほん1 くり上がりのない(3けた)×(1けた)の筆算ができますか。

☆けんさんは213円のおかしを、3こ買います。代金はいくらですか。

とき方 代金をもとめる式は □ ×3です。筆算は、位をたてにそろえて書いて、一の位から、かける数の九九を使って計算します。

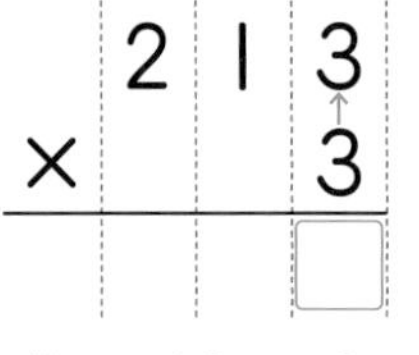

「三三が9」の9を一の位に書く。

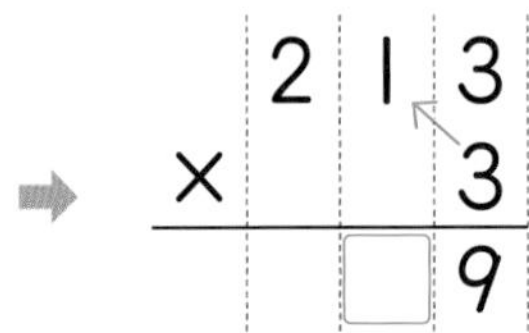

「三一が3」の3を十の位に書く。

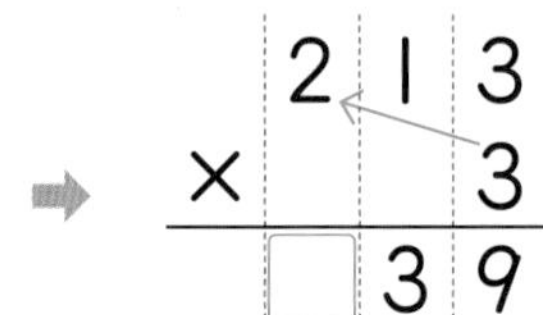

「三二が6」の6を百の位に書く。

(2けた)×(1けた)の計算のときと同じように、一の位からじゅんに計算すればいいね。

答え  円

1 計算をしましょう。 教科書 115ページ1

❶ 131×3
❷ 221×4
❸ 233×3
❹ 314×2

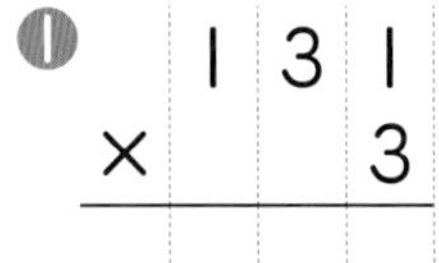

きほん2 くり上がりのある(3けた)×(1けた)の筆算ができますか。

☆265×3の計算をしましょう。

とき方 一の位からじゅんに計算します。くり上げた数をたすことをわすれないようにします。

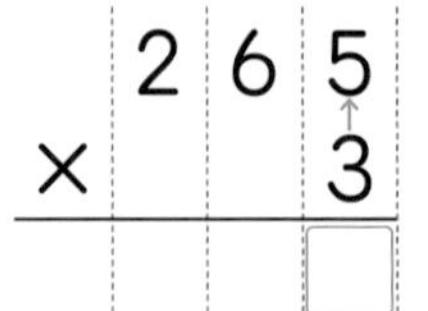

「三五15」の5を一の位に書き、1を十の位にくり上げる。

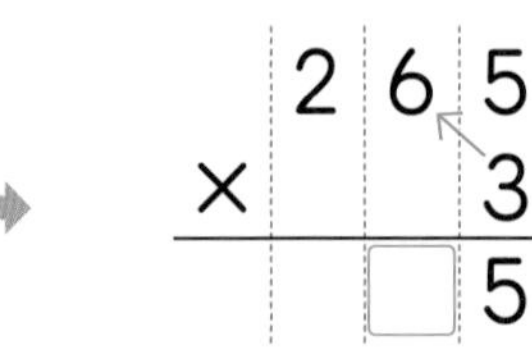

「三六18」の18にくり上げた1をたす。18+1=19

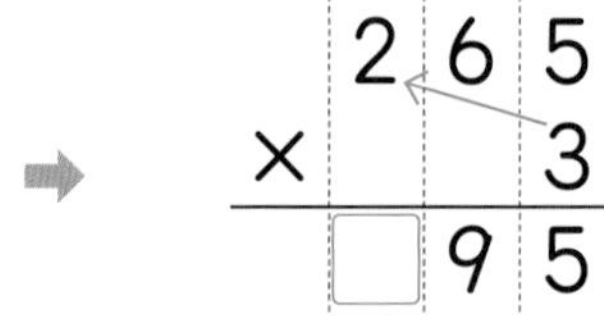

「三二が6」の6にくり上げた1をたす。6+1=7

答え 

2 計算をしましょう。 教科書 117ページ2

❶ 215×4
❷ 379×2
❸ 129×6
❹ 465×2

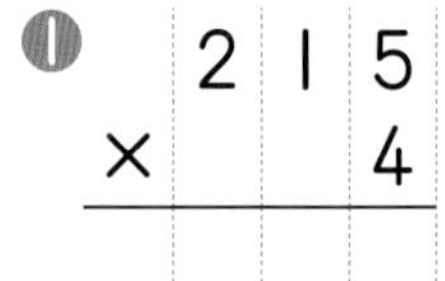
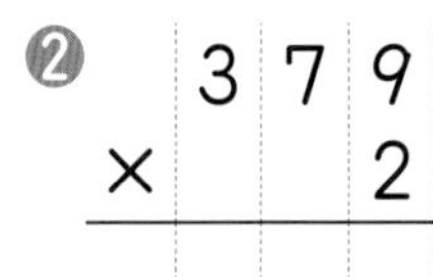
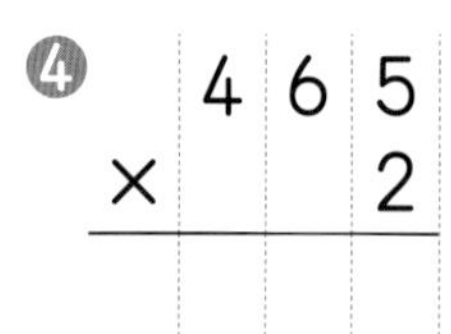

【九九の表②】九九の答えの一の位は、1のだんは「1→9」、9のだんは「9→1」になるよ。3と7のだんもふえたり、へったりしながら1～9の数がでてくるね。

3 計算をしましょう。　教科書 117ページ1

❶ 173 × 9

❷ 245 × 8

❸ 503 × 6

❸は、かけられる数の十の位の数字が0だから、一の位からのくり上がりに気をつけよう。

❹ 369 × 5

❺ 728 × 4

❻ 693 × 8

❼ 487 × 7

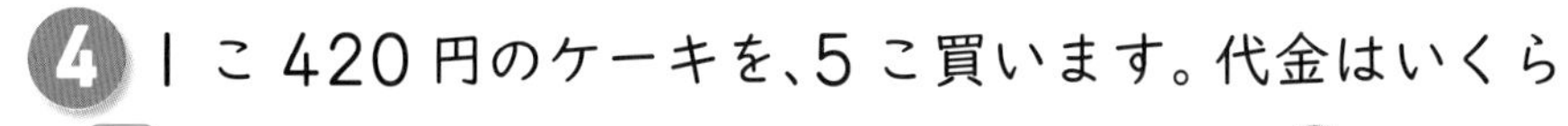
4 1こ420円のケーキを、5こ買います。代金はいくらですか。

式　教科書 117ページ5

答え（　　　　）

きほん3 3つの数のかけ算には、どんなきまりがありますか。

☆ あめを1ふくろに45こずつ入れて、1人に2ふくろずつ配（くば）ります。5人に配るとすると、あめは全部（ぜんぶ）で何こひつようですか。

とき方 《1》1人分のあめの数を先にもとめると、

45×□＝□ だから、あめは全部で

□×□＝□ より、

□ こいります。 ⟶ (45×2)×5
（45×2：1人分のあめの数）

《2》5人分のふくろの数を先にもとめると、

□×5＝□ だから、あめは全部で

45×□＝□ より、

□ こいります。 → 45×(2×5)
（2×5：5人分のふくろの数）

答え □ こ

たいせつ
3つの数のかけ算では、はじめの2つの数を先に計算しても、あとの2つの数を先に計算しても、答えは同じになります。

(45×2)×5＝45×(2×5)
どちらのほうが計算しやすいだろう？

5 くふうして計算をしましょう。　教科書 118ページ6

❶ 80×3×2　　❷ 700×2×4　　❸ 314×5×2

(3けた)×(1けた)の筆算は、(2けた)×(1けた)の筆算のしかたと同じようにします。
くり上がりに注意（ちゅうい）して計算しましょう。

勉強した日 月 日

練習のワーク

教科書 上 106~120、135ページ　答え 20ページ

できた数 /20問中

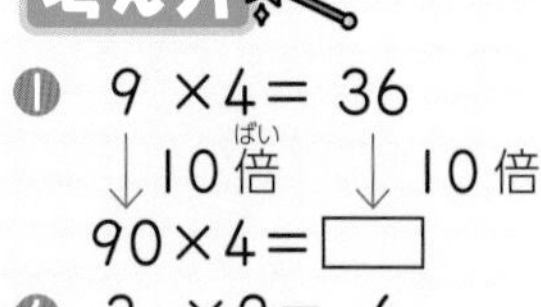

1 何十・何百のかけ算　計算をしましょう。

❶ 90×4　❷ 50×6　❸ 80×9

❹ 300×2　❺ 200×8　❻ 900×4

考え方

❶ 9×4＝36
↓10倍(ばい)　↓10倍
90×4＝□

❹ 3×2＝6
↓100倍　↓100倍
300×2＝□

2 かける数が１けたのかけ算　計算をしましょう。

❶ 92×4　❷ 36×3　❸ 45×8

❹ 28×7　❺ 174×5　❻ 321×5

❼ 590×7　❽ 385×6　❾ 221×7

3 かけ算のきまり　くふうして計算をしましょう。

❶ 97×2×5
(97×2)×5＝97×(2×5)

❷ 500×3×3

3つの数のかけ算では、はじめの2つの数を先に計算しても、あとの2つの数を先に計算しても、答えは同じだね。

4 3けたの数に１けたの数をかけるかけ算　次(つぎ)のかけ算が正しくなるように、□にあてはまる数を書きましょう。□には１～9のうちの１つの数が入り、それぞれの問題(もんだい)では、同じ数を何回使ってもかまいません。

❶
```
   5□□
×    3
□7 9 4
```

❷
```
   □1 3
×     □
 2□□8
```

❸
```
   □0□
×     9
□3□4
```

できるナビ　くり上がりのあるかけ算は、くり上がりのミスに注意(ちゅうい)して計算していくようにしよう。

まとめのテスト

教科書 (上) 106～120ページ　答え 20ページ

時間 20分　とく点 /100点　おわったらシールをはろう

1 よく出る 計算をしましょう。 1つ6〔36点〕

❶ 90×5　❷ 44×2　❸ 14×7

❹ 243×2　❺ 701×8　❻ 319×9

2 1こ68円のおかしを、9こ買います。代金はいくらですか。 1つ8〔16点〕

式

答え（　　　）

3 1しゅうが198mの公園のまわりを4しゅう走ります。全部で何m走りますか。 1つ8〔16点〕

式

答え（　　　）

4 450mL入りのジュースを、6本買います。ジュースは全部で何mLありますか。 1つ8〔16点〕

式

答え（　　　）

5 1まい600円のハンカチをいくつか買います。2まいをセットにしたものを、4人に1セットずつ配るとき、代金はいくらですか。 1つ8〔16点〕

式

答え（　　　）

ふろくの「計算練習ノート」12～15ページをやろう！

チェック
□（2けた）×（1けた）や（3けた）×（1けた）の計算ができたかな？
□大きい数のかけ算の文章題ができたかな？

勉強した日　月　日

1 大きい数のわり算
2 分数とわり算

きほんのワーク

もくひょう
大きい数のわり算や分数をわり算で表せるようになろう。

おわったらシールをはろう

教科書 上 122〜125ページ　答え 21ページ

きほん1　何十の数のわり算ができますか。

☆80このおはじきを、2人で同じ数ずつ分けます。1人分は何こになりますか。

とき方　同じ数ずつ分けるときの答えは、わり算でもとめます。

全部のこ数 ÷ 分ける人数 ＝ 1人分のこ数 だから、式は

80÷□ です。計算は、10をもとに考えると、

10が8÷2＝□で、□こ分だから、

答えは□になります。

8 ÷2＝4
80÷2＝40

答え □こ

1 計算をしましょう。　教科書 122ページ1

❶ 60÷2　❷ 90÷9　❸ 50÷5

きほん2　2けたの数のわり算ができますか。

☆84このおはじきを、2人で同じ数ずつ分けます。1人分は何こになりますか。

とき方　式は 84÷□ です。計算は 84 を 80 と □ に分けて考えます。

84
80　4

80÷2＝□
4÷2＝□
あわせて □

答え □こ

84を10のまとまりと4の位ごとに分けて計算するよ。

2 計算をしましょう。　教科書 123ページ2

❶ 48÷4　❷ 63÷3　❸ 26÷2

❹ 99÷3　❺ 22÷2　❻ 88÷8

さんすうはかせ　何十のわり算は10をもとに考えるといいよ。わられる数が2けたのときは、何十の数と一の位の数に分けて考えよう。

きほん3 「もとの大きさの $\frac{1}{●}$ 」をわり算でもとめることができますか。

☆ リボンの長さは60cmです。60cmの $\frac{1}{3}$ の長さは何cmですか。

とき方 60cmの $\frac{1}{3}$ の長さは、

60cmを □ 等分(とうぶん)した1こ分の長さだから、

式は 60÷□＝□ です。

答え □ cm

等(ひと)しい大きさに分けることを、「等分する」というよ。

3 50cmの $\frac{1}{5}$ の長さは何cmですか。 教科書 124ページ1

式

答え（　　　）

きほん4 もとの大きさがちがうとき、大きさをくらべることができますか。

☆ 赤色の毛糸が63cm、青色の毛糸が66cmあります。それぞれの $\frac{1}{3}$ の長さは同じですか、ちがいますか。

とき方 赤色の毛糸63cmの $\frac{1}{3}$ の長さは、63÷□＝□より、

□ cmです。

青色の毛糸66cmの $\frac{1}{3}$ の長さは、66÷□＝□より、

□ cmです。

答え もとの長さがちがうから、その $\frac{1}{3}$ の長さは □。

4 しおが50g、さとうが55gあります。$\frac{1}{5}$ の重(おも)さはどちらが重いですか。 教科書 125ページ2

式

答え（　　　が重い。）

分数 $\frac{1}{●}$ は●こに分けた1こ分の大きさを表すので、もとの大きさがちがえば、●こに分けた大きさもちがいます。

練習のワーク

教科書 上 122～125ページ　答え 22ページ

できた数　/10問中

おわったら シールを はろう

1 大きい数のわり算　計算をしましょう。

❶ 80÷8　❷ 20÷2　❸ 39÷3

❹ 36÷3　❺ 44÷4　❻ 96÷3

2 大きい数のわり算　88まいのクッキーがあります。4人で同じ数ずつ分けると、1人分は何まいになりますか。

式

答え（　　　　）

3 大きい数のわり算　84まいのカードがあります。このカードを4人で同じ数ずつ分けます。1人分は何まいになりますか。

式

答え（　　　　）

4 分数とわり算　90kgのすなの$\frac{1}{3}$の重さは何kgですか。わり算を使ってもとめましょう。

式

答え（　　　　）

5 分数とわり算　44円の$\frac{1}{4}$の金がくと、40円の$\frac{1}{4}$の金がくは、どちらが何円多いですか。わり算を使ってもとめましょう。

式

答え（　　　　）

できるナビ　大きな数のわり算では、わられる数を何十の数と一の位の数に分けて考えると計算がしやすくなるよ。

まとめのテスト

時間 20分

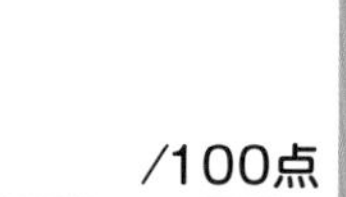

とく点 /100点

おわったらシールをはろう

教科書 上 122～125ページ　答え 22ページ

1 計算をしましょう。 1つ5〔30点〕

❶ 30÷3　❷ 28÷2　❸ 46÷2

❹ 68÷2　❺ 84÷4　❻ 93÷3

2 60cm のリボンがあります。このリボンを、1本の長さが6cm になるように切ります。6cm のリボンは何本できますか。

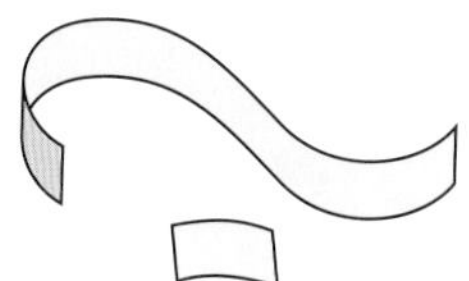

式 1つ10〔20点〕

答え（　　　　）

3 ケーキが86こあります。1箱(はこ)に2こずつケーキを入れていきます。2こずつケーキが入った箱は何箱できますか。1つ10〔20点〕

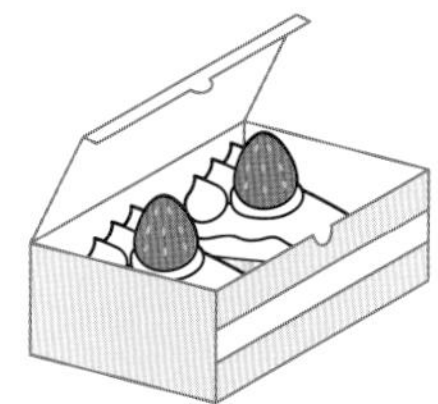

式

答え（　　　　）

4 ひかるさんは、みさきさんからおり紙をもらいました。もらったまい数は、44まいの赤色のおり紙の$\frac{1}{4}$のまい数と、48まいの黄色のおり紙の$\frac{1}{4}$のまい数です。ひかるさんは、赤色と黄色のおり紙を、それぞれ何まいもらいましたか。わり算を使ってもとめましょう。 1つ15〔30点〕

式

答え（赤色のおり紙…　　　　黄色のおり紙…　　　　）

□ 大きい数のわり算が正しくできたかな？

□「もとの数の$\frac{1}{●}$」の分数をわり算で表(あらわ)して計算することができたかな？

勉強した日 月 日

もくひょう
円や球のとくちょうをおぼえ、コンパスを使えるようになろう。

おわったらシールをはろう

1 円
2 球

きほんのワーク

教科書 ㊦ 2～10ページ　答え 23ページ

きほん1 円のとくちょうがわかりますか。

☆ 右の円について答えましょう。

❶ 半径(はんけい)が4cmのとき、直径(ちょっけい)の長さは何cmですか。

❷ 右の円の中にひいた直線で、いちばん長い直線はどれですか。

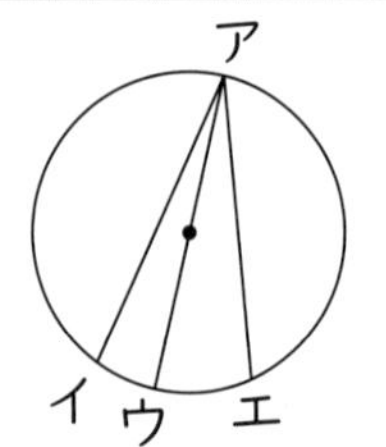

とき方 ❶ 直径の長さは半径の□倍(ばい)で、□cmです。

❷ 円の中にひけるいちばん長い直線が直径だから、直線□です。

たいせつ

1つの点から長さが等(ひと)しくなるようにかいたまるい形を**円**(えん)といい、円の真(ま)ん中(なか)の点を円の**中心**(ちゅうしん)、中心から円のまわりまでひいた直線を、**半径**(はんけい)といいます。また、中心を通るように円のまわりからまわりまでひいた直線を、**直径**(ちょっけい)といいます。直径の長さは、半径の2倍です。

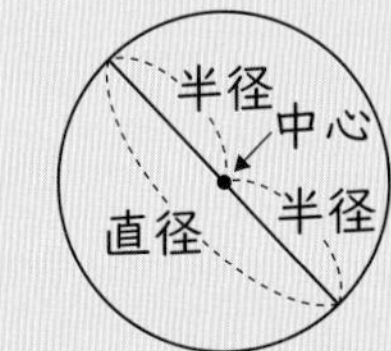

答え ❶ □cm ❷ 直線□

1 □にあてはまる数を書きましょう。　教科書 5ページ3

❶ 半径が7cmの円の直径の長さは□cmです。

❷ 直径が16cmの円の半径の長さは□cmです。

きほん2 コンパスを使って、円がかけますか。

☆ 半径が2cmの円をかきましょう。

とき方 1つの円では、半径はみんな等しい長さなので、円をかくにはコンパスを使(つか)うとべんりです。

〈かき方〉1 2cmの長さにコンパスを開(ひら)く。

2 中心の場所(ばしょ)を決(き)めて、はりをさす。

3 コンパスを回して円をかく。

答え

2 コンパスを使って、次(つぎ)の円をノートにかきましょう。　教科書 7ページ4

❶ 半径が6cmの円　❷ 半径が7cmの円　❸ 直径が8cmの円

円をたて方向(ほうこう)や横(よこ)方向にのばしたり、ちぢめたりした形を「だ円」というよ。

きほん3 コンパスを使って長さをうつしとれますか。

☆とちゅうでおれ曲がった㋐の線と、㋑の直線は、どちらが長いでしょうか。

㋐　㋑

とき方　コンパスを使って、㋐の長さを㋑にうつしとり、長さをくらべます。□のほうが□より長くなります。

答え □

コンパスを使うと、長さをうつしとることができるよ。

3 右の㋐、㋑、㋒の直線の長さをくらべ、長いじゅんに答えましょう。

教科書 8ページ6

㋐　㋑　㋒

(　　　　)

コンパスを使えば、長さをはからなくても、長さをくらべられるのね。

きほん4 球とは、どんな形をいいますか。

☆球（きゅう）の形をしたものをえらびましょう。㋐　㋑　㋒

とき方　どこから見ても円に見える形が 球 です。㋐はまるい形に見えますが、見る場所によって、見える形がちがいます。㋒は真横（まよこ）から見ると長方形に見えます。

答え □

たいせつ

ボールのように、どこから見ても円に見える形を**球**といいます。球を半分に切ったとき、その切り口の、円の中心、半径、直径を、それぞれ球の中心、半径、直径といいます。

直径　中心　半径

4 □にあてはまることばや数を書きましょう。 教科書 9ページ1

❶ 球のどこを切っても、切り口はいつも□になります。

❷ 直径が 12cm の球の半径の長さは□cm です。

❸ 半径が 5cm の球の直径の長さは□cm です。

ポイント 1つの円では、半径や直径の長さはみんな等しいです。また、球はちょうど半分に切ったときの切り口の円がいちばん大きくなります。

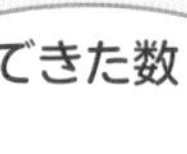

勉強した日　月　日

練習のワーク

教科書 ㊦ 2～13ページ　答え 23ページ

できた数　/9問中

おわったら シールを はろう

1 円と球のとくちょう □にあてはまる数やことばを書きましょう。

❶ 直径(ちょっけい)が 10cm の円の半径(はんけい)の長さは □ cm です。

❷ 1つの円の直径どうしは、円の □ で交わります。

❸ 球(きゅう)を真上(まうえ)から見ると、□ に見えます。

❹ 半径が 10cm の球の直径の長さは □ cm です。

❺ 直径が 18cm の球の半径の長さは □ cm です。

円と球
- 円の直径の長さは半径の2倍(ばい)です。
- 球はどこから見ても円に見えます。
- 球の直径の長さは半径の2倍です。

2 円のとくちょう 下の図について答えましょう。

❶ アの点から 2cm5mm はなれたところにある点を全部(ぜんぶ)答えましょう。

(　　　　)

❷ アの点から 3cm より遠くはなれたところにある点を全部答えましょう。

(　　　　)

イ　ウ　エ　オ　カ　キ　ア　シ　コ　サ　ク　ケ

考え方
アの点を中心にして、❶は半径 2cm5mm の円 ❷は半径 3cm の円をコンパスを使(つか)ってそれぞれかきます。

3 円のとくちょう 右のように、半径 9cm の円の直径の上に等(ひと)しい大きさの円が3こならんでいます。小さい円の直径の長さは何cm ですか。

(　　　　)

4 球のとくちょう 右のように、直径 8cm のボールが3こぴったり入るつつがあります。このつつの高さは何cm ですか。

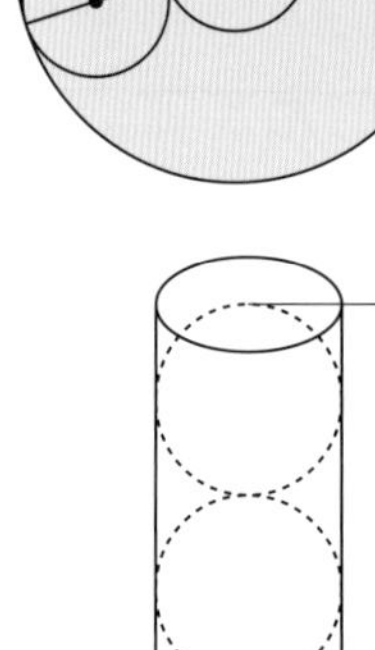

(　　　　)

できるナビ 円や球のとくちょうをおぼえておこう。

時間 20分　とく点 /100点　おわったらシールをはろう

1 右の長方形の中に半径3cmの円を、重(かさ)ならないようにできるだけたくさんかくと、何こかけますか。〔20点〕

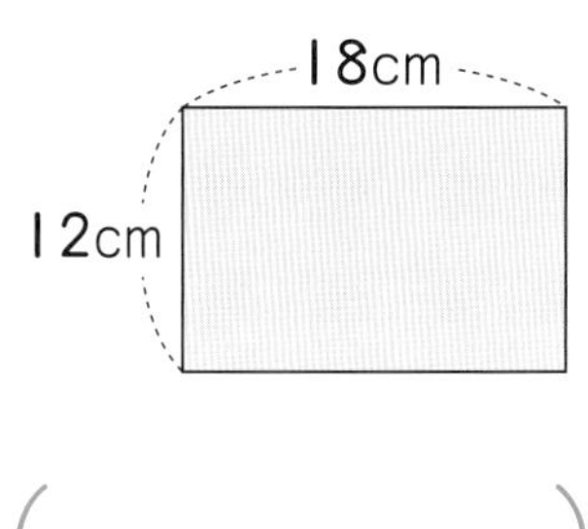

（　　　）

2 右のように、直径4cmの円をならべました。 1つ15〔30点〕

❶ 直線アイの長さは何cmですか。

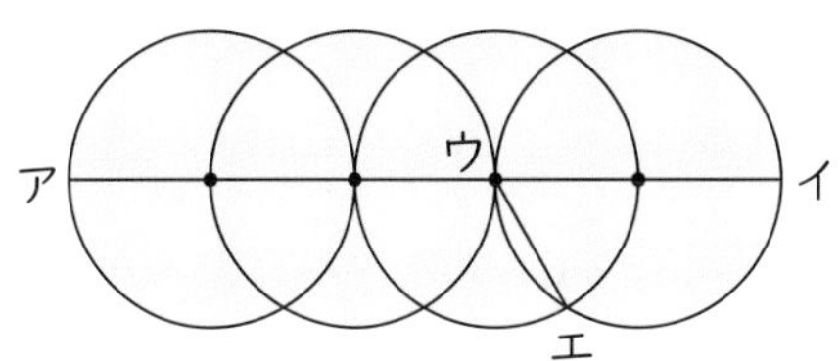

（　　　）

❷ 直線ウエの長さは何cmですか。

（　　　）

3 よく出る 右のように、ボールが6こぴったり入っている箱(はこ)があります。 1つ15〔30点〕

❶ ボールの直径の長さは何cmですか。

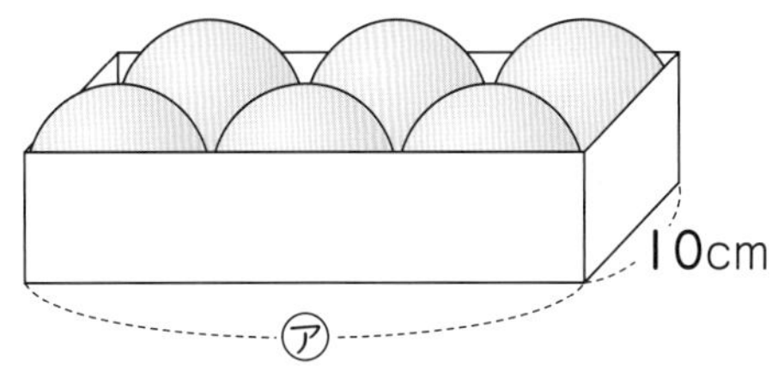

（　　　）

❷ 箱の㋐の長さは何cmですか。

（　　　）

4 コンパスを使って、下の図と同じもようをかきましょう。〔20点〕

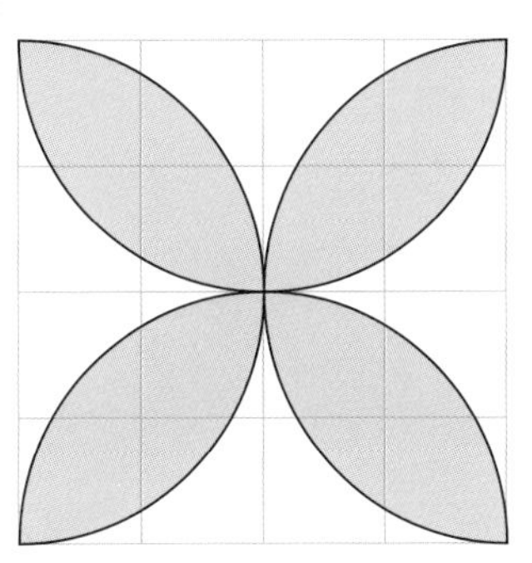

□円と球のとくちょうを理かいできたかな？
□コンパスを正しく使うことができたかな？

勉強した日　　月　　日

1 1より小さい数の表し方

きほんのワーク

もくひょう　1より小さい数のしくみを理かいし、表す方ほうをおぼえよう。

おわったらシールをはろう

教科書 (下) 14〜19ページ　答え 24ページ

きほん1　1Lより少ないかさをLで表せますか。

☆水とうに入っている水のかさを、1Lのますではかったら、右の図のように1Lとあと少し入りました。水とうに入っている水のかさは、何Lですか。

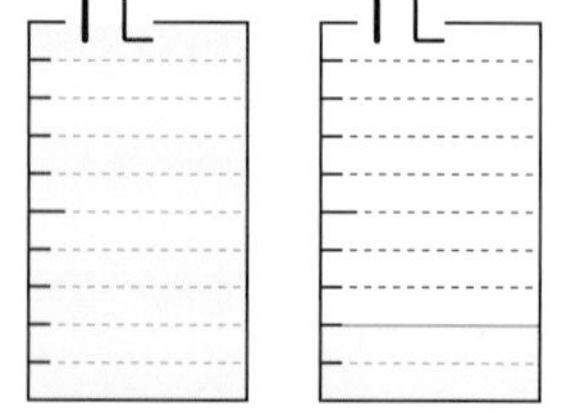

とき方　小さいめもりは、1Lを10等分しているので、0.1Lを表します。あと少しのかさは、0.1Lの□こ分だから、□Lなので、水とうに入っている水のかさは、1Lと0.2Lをあわせて□Lです。

れい点二と読みます。

一点二と読みます。

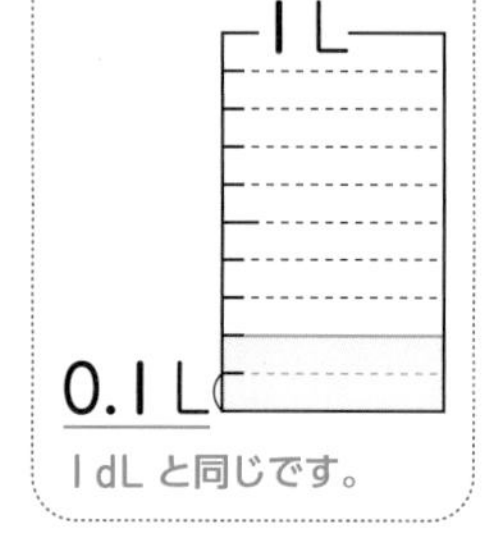

1dLと同じです。

たいせつ　等しい大きさに分けることを「等分する」といいます。1Lを10等分した1こ分のかさを0.1L（れい点一リットル）といいます。1.2や0.4のような数を**小数**といい、「.」を**小数点**といいます。また、0、1、2…のような数を**整数**といます。

答え □L

1 下の図で、水のかさは、それぞれ何Lですか。　教科書 17ページ1

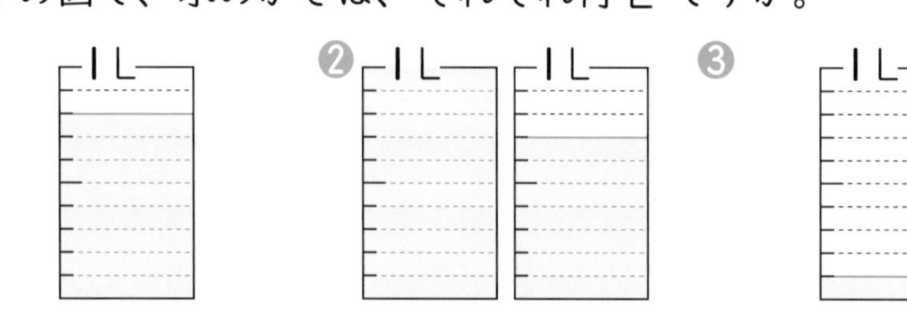

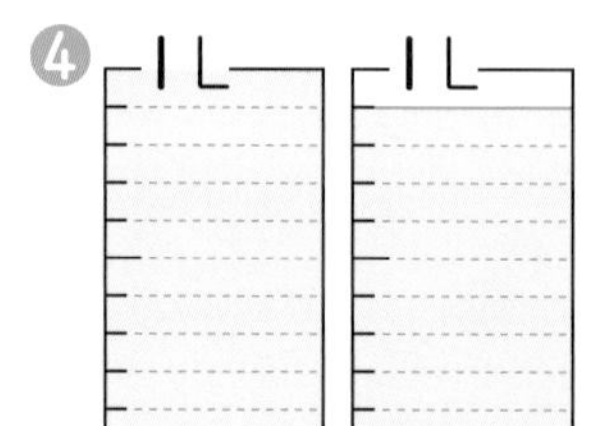

❶（　　）❷（　　）❸（　　）❹（　　）

2 次の数を、整数と小数に分けましょう。　教科書 17ページ5

15	0.3	7	0	4.9	1.6	0.8	2

整数（　　　　）

小数（　　　　）

小数は、1を10等分したものを1つのたんい(0.1)と考えて、それが何こ分あるかで考えるよ。さらに、0.1を10等分した0.01、0.01を10等分した0.001は、4年生で習うよ。

きほん 2 2つのたんいで表された長さを1つのたんいで表せますか。

☆ 下のテープの長さは、何cmですか。

□cm

とき方 1mmは、1cmを10等分した長さだから □ cmです。9mmは、0.1cmの9こ分の長さで □ cmだから、3cmと0.9cmをあわせて □ cmです。

答え □ cm

たいせつ
1cmより短い長さは、0.1cmが何こ分あるかで表すことができます。 1mm=0.1cm

3 左はしから、㋐、㋑、㋒、㋓までの長さは、それぞれ何cmですか。

教科書 18ページ6

㋐（　　）㋑（　　）㋒（　　）㋓（　　）

きほん 3 数直線のよみ方がわかりますか。

☆ ㋐、㋑、㋒、㋓のめもりが表すかさは、それぞれ何Lですか、小数で答えましょう。

0　1　2　3　4　(L)

とき方 上の数直線のいちばん小さい1めもりは、0.1Lだから、0.1Lが何こ分あるかを考えます。㋐は、0から0.1Lが □ こ分で □ Lです。

答え ㋐ □ L　㋑ □ L　㋒ □ L　㋓ □ L

4 下の数直線の㋐、㋑、㋒、㋓の小数を表すめもりに、↑をかきましょう。

㋐ 0.5　㋑ 1.1　㋒ 2.2　㋓ 2.9

教科書 19ページ8

0　1　2　3

5 □にあてはまる数を書きましょう。

教科書 19ページ10

❶ 2.5は、0.1を □ こ集めた数です。

❷ 0.1を32こ集めた数は □ です。

ポイント 数直線を使うと、0.1の何こ分がわかりやすくてべんりです。

勉強した日 月 日

2 小数のしくみ
3 小数のしくみとたし算、ひき算 [その1]

きほんのワーク

もくひょう

小数のしくみをおぼえ、たし算やひき算ができるようになろう。

おわったらシールをはろう

教科書 ㊦ 20〜23ページ　答え 25ページ

きほん 1 小数のしくみがわかりますか。

☆213.8は、100、10、1、0.1をそれぞれ何こあわせた数ですか。

とき方 213.8の2は、百の位(くらい)の数字で100が □ こあることを表(あらわ)しています。同じように考えると、

213.8

200 ……100 が 2 こ
10 …… 10 が □ こ
3 …… 1 が □ こ
0.8…… 0.1が □ こ

です。

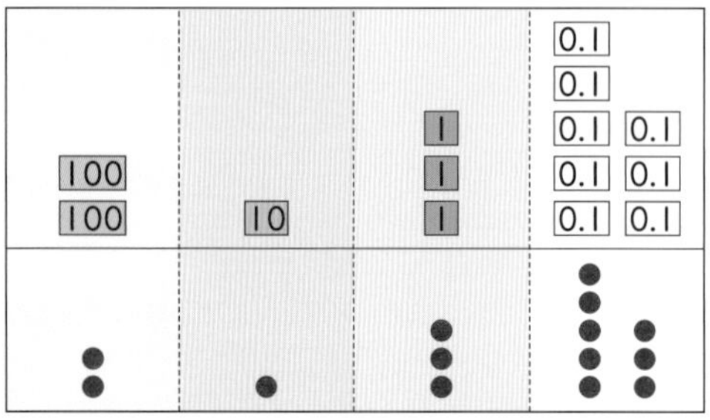

百の位	十の位	一の位	小数第一位
2	1	3 .	8

答え 100 □ こ　10 □ こ　1 □ こ　0.1 □ こ

1 □にあてはまる数を書きましょう。　教科書 20ページ⚠1

62.5は、10を □ こ、1を □ こ、0.1を □ こあわせた数です。

また、62.5の小数第一位の数字は □ です。

きほん 2 小数と整数の大きさをくらべられますか。

☆7.9と8では、どちらが大きいですか。

とき方 《1》7.9と8を数直線に表して、大きさをくらべることができます。

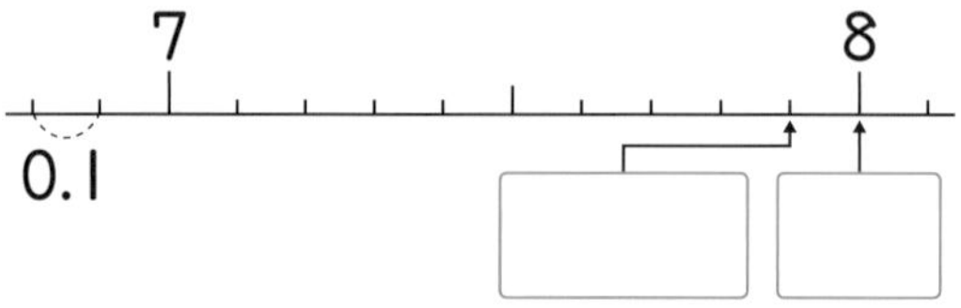

一の位	小数第一位
8	
7 .	9

《2》7.9は0.1が □ こ分、8は0.1が □ こ分です。

答え □ のほうが大きい。

2 1、0.9、0.1、0、1.1を小さいじゅんにならべましょう。　教科書 21ページ⚠2

(　　　　　　　　)

小数点は、整数(せいすう)の位と小数の位のさかいを表す記号(きごう)です。外国では、5・8のように書くこともあって、「ミドルドット」とよばれているよ。

3 □にあてはまる不等号を書きましょう。　教科書 21ページ4

❶ 0.7 □ 0.5　❷ 5.8 □ 6.2　❸ 10.1 □ 10

きほん3 小数のたし算のしかたがわかりますか。

☆ ジュースが大きいびんに0.6 L、小さいびんに0.3 L入っています。あわせて何Lありますか。

とき方 0.1 Lの何こ分かで考えます。

右の図を見ると、

0.6 Lは0.1 Lの □ こ分

0.3 Lは0.1 Lの □ こ分

だから、あわせて0.1 Lの □ こ分です。　**答え** □ L

1L　1L

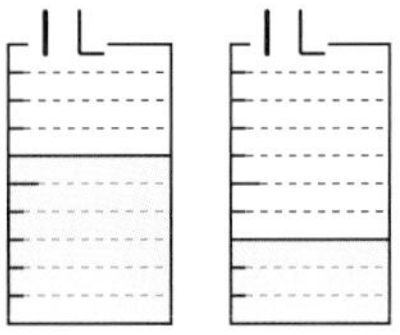

0.1 Lをもとにして、6+3=9から、9こ分と考えればいいんだね。

4 計算をしましょう。　教科書 22ページ2

❶ 0.2+0.8　❷ 0.8+0.8　❸ 0.4+2　❹ 3+0.7

きほん4 小数のひき算のしかたがわかりますか。

☆ ジュースが0.9 Lあります。そのうち、0.3 L飲みました。ジュースは何Lのこっていますか。

とき方 0.1 Lの何こ分かで考えます。右の図を見ると、

0.9 Lは0.1 Lの □ こ分

0.3 Lは0.1 Lの □ こ分

だから、のこりは0.1 Lの □ こ分です。　**答え** □ L

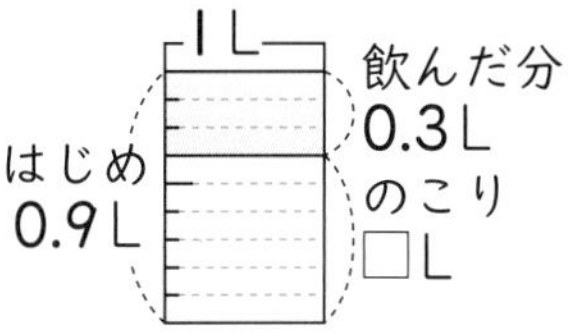

1L　飲んだ分 0.3L　はじめ 0.9L　のこり □L

5 計算をしましょう。

❶ 0.7−0.5　❷ 1−0.9

❸ 2.8−2　❹ 1.5−0.6

0.1の何こ分かを考えて、整数のときと同じように計算するんだね。

ポイント 小数のたし算とひき算は、0.1をもとにすると、整数のときと同じように計算することができます。

勉強した日　月　日

3 小数のしくみとたし算、ひき算 [その2]
4 小数のいろいろな見方
きほんのワーク

もくひょう
小数のたし算とひき算の筆算のしかたをおぼえよう。

おわったらシールをはろう

教科書 ㊦24～27ページ　答え 26ページ

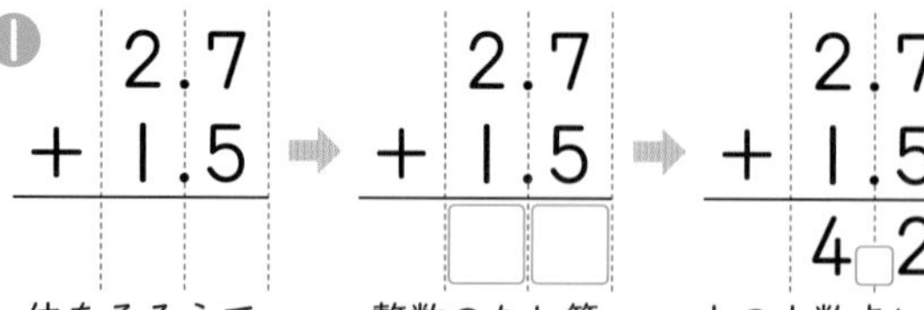

きほん1 小数のたし算とひき算を筆算でできますか。

☆次の計算を、筆算でしましょう。
❶ 2.7＋1.5　❷ 5.4－2.6

とき方 小数のたし算とひき算の筆算も、整数の筆算のときと同じように、位をそろえて書いて、下の位からじゅんに位ごとに計算します。

❶

1	0.1
1 1	0.1 0.1 0.1 0.1 0.1 0.1 0.1
1	0.1 0.1 0.1 0.1 0.1

❶
$$\begin{array}{r} 2.7 \\ +\ 1.5 \\ \hline \end{array} \Rightarrow \begin{array}{r} 2.7 \\ +\ 1.5 \\ \hline \square\ \square \end{array} \Rightarrow \begin{array}{r} 2.7 \\ +\ 1.5 \\ \hline 4\square 2 \end{array}$$

位をそろえて書く。　整数のたし算と同じように計算する。　上の小数点にそろえて、答えの小数点をうつ。

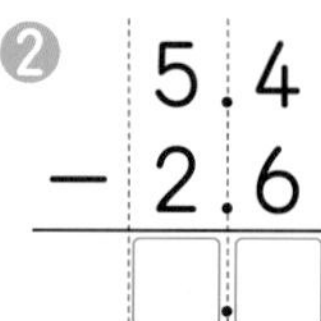

❷
$$\begin{array}{r} 5.4 \\ -\ 2.6 \\ \hline \square.\square \end{array}$$

答え ❶ 　　❷

1 計算をしましょう。　教科書 24ページ3

❶ $\begin{array}{r} 2.4 \\ +\ 4.5 \\ \hline \end{array}$　❷ $\begin{array}{r} 1.5 \\ +\ 3.2 \\ \hline \end{array}$　❸ $\begin{array}{r} 2.6 \\ +\ 3.2 \\ \hline \end{array}$　❹ $\begin{array}{r} 1.4 \\ +\ 5.3 \\ \hline \end{array}$

❺ $\begin{array}{r} 5.8 \\ +\ 2.3 \\ \hline \end{array}$　❻ $\begin{array}{r} 2.5 \\ +\ 6.9 \\ \hline \end{array}$　❼ $\begin{array}{r} 6.7 \\ +\ 1.6 \\ \hline \end{array}$　❽ $\begin{array}{r} 3.9 \\ +\ 2.9 \\ \hline \end{array}$

❾ $\begin{array}{r} 4.7 \\ -\ 3.2 \\ \hline \end{array}$　❿ $\begin{array}{r} 6.8 \\ -\ 4.5 \\ \hline \end{array}$　⓫ $\begin{array}{r} 7.6 \\ -\ 5.1 \\ \hline \end{array}$　⓬ $\begin{array}{r} 5.9 \\ -\ 2.8 \\ \hline \end{array}$

⓭ $\begin{array}{r} 9.2 \\ -\ 5.6 \\ \hline \end{array}$　⓮ $\begin{array}{r} 3.4 \\ -\ 1.9 \\ \hline \end{array}$　⓯ $\begin{array}{r} 3.5 \\ -\ 1.7 \\ \hline \end{array}$　⓰ $\begin{array}{r} 4.2 \\ -\ 2.8 \\ \hline \end{array}$

さんすうはかせ
分数は、1をいくつかに等分したものを1つのたんいと考えて、それのいくつ分かで考えるよ。だから、1mを10等分した$\frac{1}{10}$mは、0.1mと等しくなるね。

きほん2 小数の筆算のしかたがわかりますか。

☆次の計算を、筆算でしましょう。 ❶ 6.8＋2.2 ❷ 4－2.8

とき方 位をそろえて書くことに注意します。

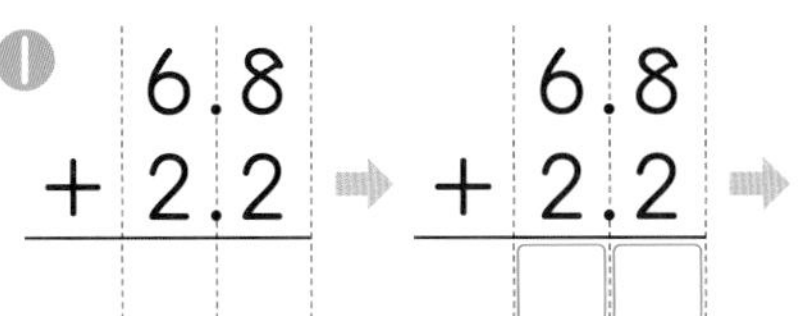

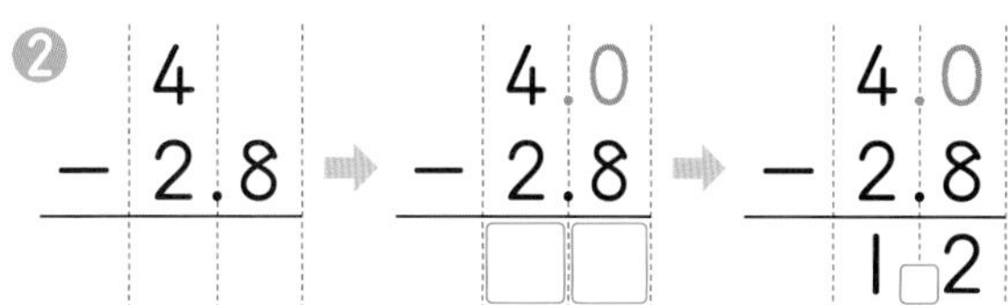

整数のたし算と同じように計算する。

小数第一位が0になったときは0を消す。

4を4.0と考えて計算する。

整数と同じように計算し、小数点をうつ。

答え ❶ [ ] ❷ [ ]

2 計算をしましょう。 教科書 24ページ5

❶ 2.3＋4.7 ❷ 4＋3.5 ❸ 2＋1.9

❹ 8.3－7.5 ❺ 9.7－3.7 ❻ 16－2.4

❻は、位をそろえて書くと、
  1 6
－ 2.4
になるよ。

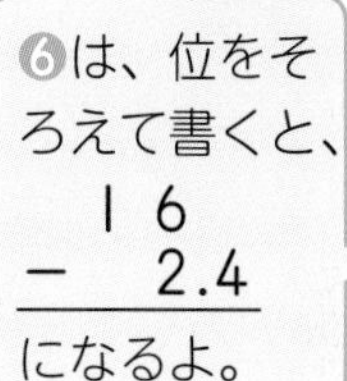

きほん3 小数のいろいろな見方ができますか。

☆2.6＝2＋□の□にあてはまる数をもとめましょう。

とき方 数直線に表してみると、2.6は2と0.1を[ ]こあわせた数だから、2.6＝2＋[ ]です。

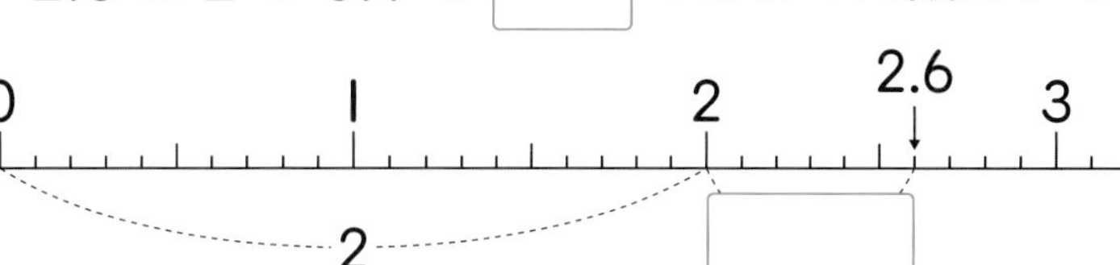

答え [ ]

3 きほん3の数直線を使って、2.6＝3－□の□にあてはまる数をもとめましょう。

教科書 25ページ1

（　　　）

4 7.2はどのような数ですか。□にあてはまる数を書きましょう。 教科書 27ページ1

❶ 7.2は、7と[ ]をあわせた数です。

❷ 7.2は、1を7こと0.1を[ ]こあわせた数です。

❸ 7.2は、0.1を[ ]こ集めた数です。

❹ 7.2＝[ ]－0.8

7.2を7といくつと見たり、0.1の何こ分と考えたり、いろいろな見方ができるね。

ポイント 小数の筆算では、それぞれの位をそろえて位ごとに計算していきます。くり上がりやくり下がりのしくみは、整数のときと同じです。

勉強した日　月　日

練習のワーク

教科書 ㊦ 14〜29ページ　答え 27ページ

できた数　/20問中

おわったらシールをはろう

1 1より小さい数の大きさの表し方　□にあてはまる数を書きましょう。

❶ 1L4dL は、□Lで、これは、0.1Lの□こ分のかさです。

❷ 0.1cm の 58 こ分の長さは□cm です。
58 を 50 と 8 に分けて考えます。
0.1cm の 50 こ分→5cm　0.1cm の 8 こ分→0.8cm

❸ 27cm3mm=□cm
1mm=0.1cm

たいせつ
1dL は、1L を 10 等分(とうぶん)した 1 こ分のかさだから
1dL=0.1L

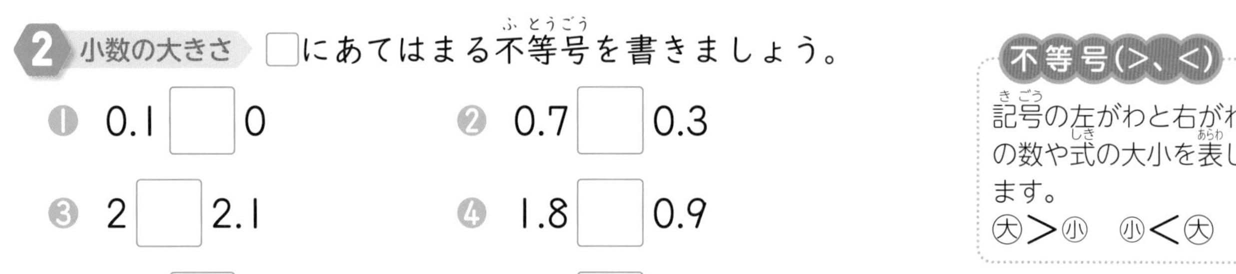

2 小数の大きさ　□にあてはまる不等号(ふとうごう)を書きましょう。

❶ 0.1 □ 0　　❷ 0.7 □ 0.3

❸ 2 □ 2.1　　❹ 1.8 □ 0.9

❺ 5.5 □ 6.1　　❻ 0.8 □ 1

不等号(>、<)
記号(きごう)の左がわと右がわの数や式(しき)の大小を表(あらわ)します。
㊇>㊇小　小<㊇

3 小数のたし算とひき算　計算をしましょう。

❶ 2.5+6　　❷ 6.3+0.7

❸ 4+1.2　　❹ 1.5−0.9

❺ 9.6−4.6　　❻ 12−0.6

答えの小数第一位(しょうすうだいいちい)が0になったときは、0を消(け)すんだね。

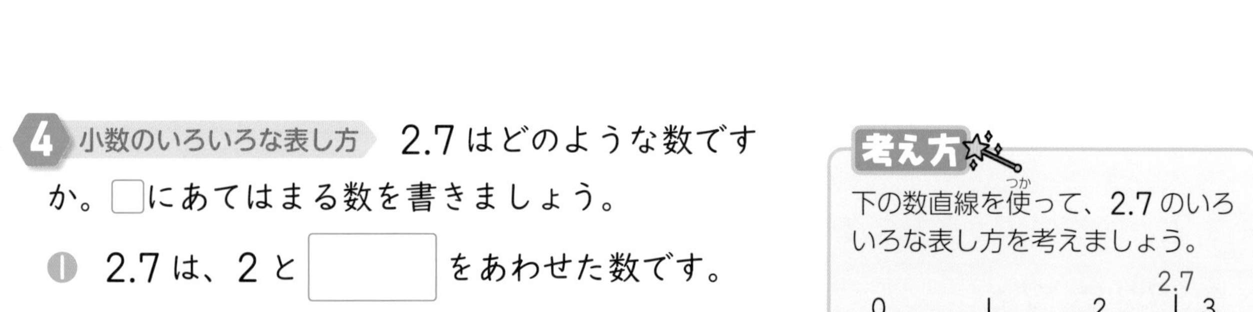

4 小数のいろいろな表し方　2.7 はどのような数ですか。□にあてはまる数を書きましょう。

❶ 2.7 は、2 と□をあわせた数です。

❷ 2.7 は、3 より□小さい数です。

❸ 2.7 は、1 を 2 こと 0.1 を□こあわせた数です。

❹ 2.7 は、0.1 を□こ集(あつ)めた数です。

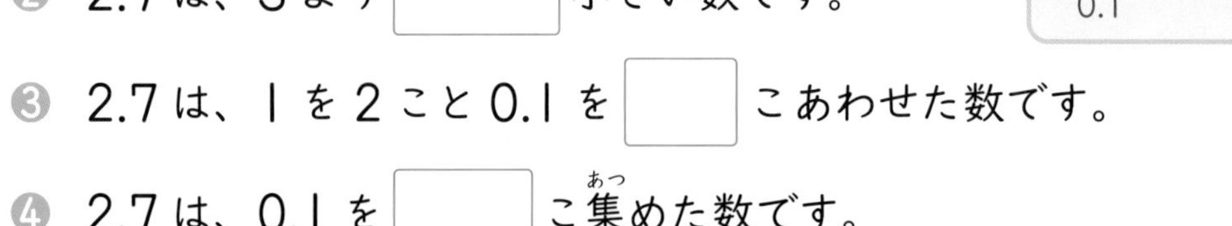

考え方
下の数直線を使(つか)って、2.7 のいろいろな表し方を考えましょう。
0　1　2　2.7　3
0.1

できるナビ　小数のいろいろな見方ができるようにしましょう。

勉強した日　月　日

時間20分

とく点 /100点

おわったらシールをはろう

1 □にあてはまる数を書きましょう。　1つ4〔20点〕

❶ 5と0.2をあわせた数は、□です。

❷ 6より0.3小さい数は、□です。

❸ 1を7こと0.1を9こあわせた数は、□です。

❹ 0.1を35こ集めた数は、□です。

❺ 0.8は、0.1を□こ集めた数です。

2 よく出る 計算をしましょう。　1つ6〔36点〕

❶ 4.7+3.5　❷ 5+3.8　❸ 2.1+0.9

❹ 6.2−4.9　❺ 19−2.8　❻ 4.5−3

3 下の数直線で、㋐～㋒のめもりが表す数を答えましょう。　1つ4〔12点〕

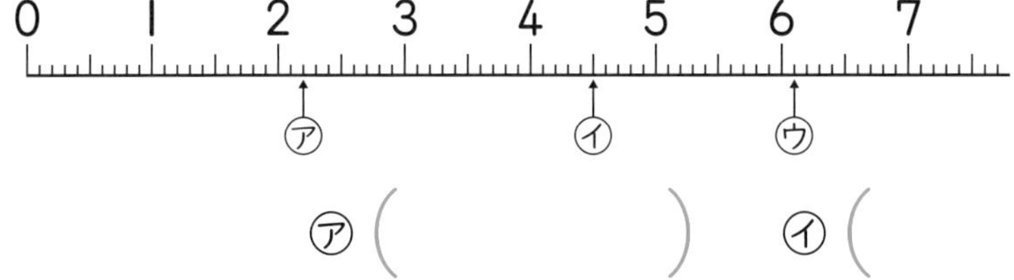

㋐(　　)　㋑(　　)　㋒(　　)

4 7.3cmのテープと49mmのテープがあります。テープはあわせて何cmありますか。　1つ8〔16点〕

式

答え(　　)

5 3.4L入るやかんと、1.8L入る水とうでは、どちらがどれだけ多く入りますか。　1つ8〔16点〕

式

答え(　　)

□小数のしくみが理かいできたかな？
□小数のたし算とひき算が正しくできたかな？

ふろくの「計算練習ノート」17～19ページをやろう！

勉強した日　月　日

1 重さのくらべ方
2 はかりの使い方 [その1]

きほんのワーク

もくひょう
重さを数で表す方ほうを理かいして、重さがはかれるようになろう。

おわったらシールをはろう

教科書 下 30～37ページ　答え 28ページ

きほん1 重さのくらべ方がわかりますか。

☆あさみさんが、同じ重さのつみ木と1円玉をもとにして、たまごとみかんの重さをはかったら、右の表のようになりました。どちらが重いですか。

はかるもの	もとにするもの	
	つみ木	1円玉
たまご	3こ	60こ
みかん	5こ	100こ

とき方 たまごは、つみ木□こ分の重さ、みかんは、つみ木□こ分の重さだから、たまごとみかんでは、□のほうがつみ木□こ分重くなります。みかんのほうが重いことは、1円玉の数でくらべても同じです。

答え □

たいせつ
同じ重さのものが何こあるかを調べると、重さも数で表すことができます。重さのたんいには、グラムがあり、gと書き、重さは、このたんいにした重さ1gが何こ分あるかで表します。

① g ②

1 ノートと筆箱の重さを、同じ重さのつみ木ではかりました。下の図を見て、□にあてはまる数やことばを書きましょう。　教科書 32ページ2

❶ ノートは、つみ木□こ分の重さです。

❷ 筆箱は、つみ木□こ分の重さです。

❸ ノートと筆箱では、□のほうがつみ木□こ分だけ重くなります。

2 1円玉1この重さは1gです。1円玉175ことつりあうチョコレートの重さは何gですか。　教科書 33ページ3

(　　　)

3 1円玉1この重さは1gです。きほん1で、みかんはたまごより何g重いといえますか。　教科書 33ページ3

(　　　)

たまごとみかんは1円玉40こ分の重さのちがいがあるから…と考えればいいね。

7000年ほど前のエジプトでは「てんびんはかり」が使われていて、日本でも江戸時代には両替をするのにはかりが使われていたんだよ。

きほん2 はかりの使い方がわかりますか。

☆ 下のはかりのめもりは、本の重さを表しています。重さは何gですか。

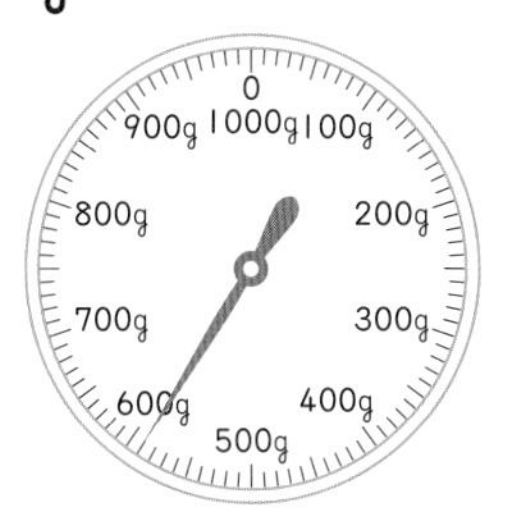

とき方 左のはかりは、いちばん小さい1めもりは10gを表していて、1000gまではかれます。はりは、500gから［　　］めもりめをさしています。

答え ［　　　］g

はかりをよむときは、数直線をよむときと同じようにするといいね。

はかりを使うときの注意

1 はかりを平(たい)らなところにおく。
2 はりが0をさすようにする。
3 めもりは正面(しょうめん)からよむ。

4 次(つぎ)のはかりで、はりのさしている重さは何gですか。

教科書 34ページ1

❶

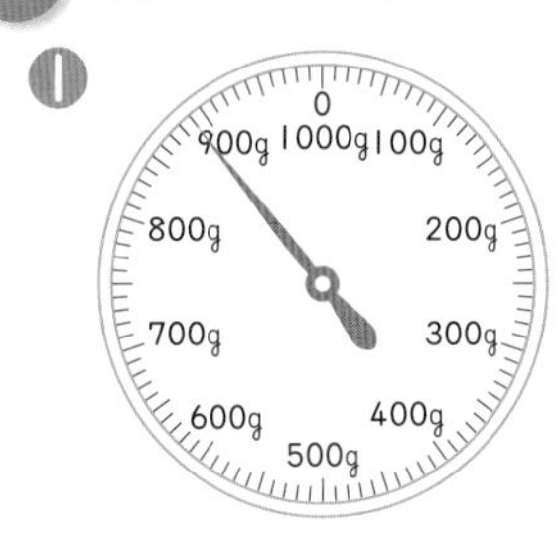

(　　　　　)

❷

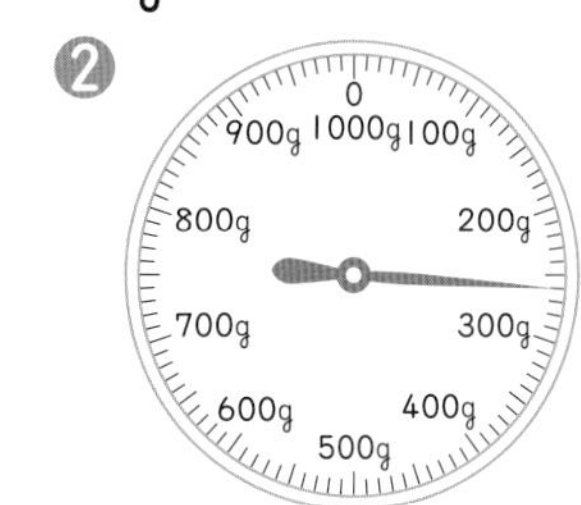

(　　　　　)

きほん3 1000gより重いものをはかれますか。

☆ 下のはかりのめもりは、ランドセルの重さを表しています。重さは何kg何gですか。

とき方 左のはかりは、いちばん小さい1めもりは［　　］gを表していて、［　　］kgまではかれます。ランドセルの重さは1kgより重く、1kgからめもりをよんでいくと、［　　］kg［　　］gとわかります。

答え ［　　］kg［　　］g

たいせつ

重いものの重さを表すときは、キログラムといううたんいを使います。キログラムはkgと書き、1kg＝1000gです。

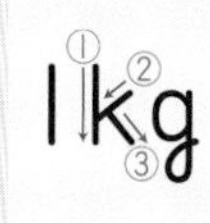

5 次のはかりで、はりのさしている重さは何kg何gですか。

教科書 36ページ2

❶

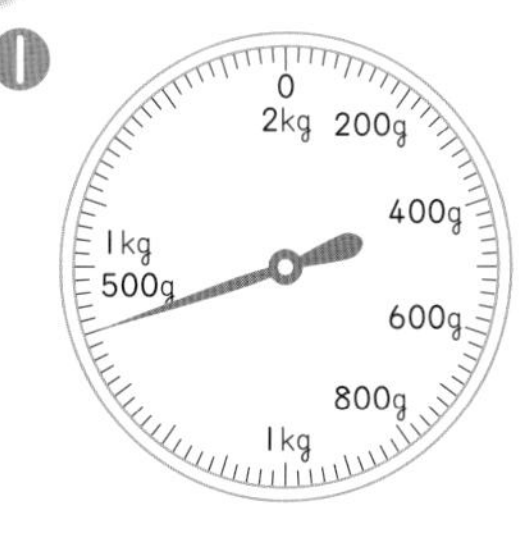

(　　　　　)

❷

(　　　　　)

ポイント はかりを使って、ものの重さを調べるには、いちばん小さい1めもりが表す重さや何kgまではかれるかを知ることが大切です。

勉強した日　月　日

2 はかりの使い方 [その2]

もくひょう・
重さのたんいを理かいして、重さの計算ができるようになろう。

おわったらシールをはろう

きほんのワーク

教科書 ㊦37〜40ページ　答え 28ページ

きほん1 重さのたんいがわかりますか。

☆とおるさんがじゃがいもの重さをはかりではかったら、3kg80gありました。これは何gですか。

とき方　1kgは□gだから、3kgは1000gの3こ分の重さで□gです。3kg80gは3kgより80g多い重さになります。

kg			g
3	0	8	0

答え □g

1 次のはかりで、はりのさしている重さは何kg何gですか。また、何gですか。

教科書 37ページ2

（　　　　、　　　　）

はりのさしている重さは、1kg500gより重いよ。

2 □にあてはまる数を書きましょう。

教科書 37ページ3

❶ 5kg400g=□g　❷ 7kg70g=□g

❸ 1kg129g=□g　❹ 2800g=□kg□g

❺ 3006g=□kg□g　❻ 9030g=□kg□g

きほん2 重さの計算ができますか。

☆重さ600gのかごに、くりを900g入れました。全体の重さは何gになりますか。

とき方　全体の重さは、かごの重さとくりの重さをたしてもとめます。式は、

□g+□g=□gです。

答え □g

ちゅうい
重さも、たし算をしたり、ひき算をしたりすることができます。

さんすうはかせ　1mや1gを1000こ集めると、m(メートル)やg(グラム)に、k(キロ)ということばがついて、それぞれ1km、1kgになるよ。

3 きほん2 でもとめた全体の重さは何kg何gですか。 教科書 38ページ3

（　　　　　）

4 ようこさんの体重(たいじゅう)は27kg200gです。荷物(にもつ)を持(も)ってはかったら、32kg600gになりました。荷物の重さは何kg何gですか。また、何gですか。 教科書 38ページ△5

式

答え（　　　　、　　　　）

きほん3 とても重いものの重さの表し方がわかりますか。

☆ 重さ5000kgのゾウがいます。これは何tですか。

とき方 重さ5000kgのゾウの重さをトンを使(つか)って表すと、1000kg＝1tで、5000kgは1000kgの5こ分だから □ tになります。

答え □ t

たいせつ
とても重いものの重さを表(あらわ)すたんいに、トンがあります。
トンはtと書き、1tは1000kgです。
1t＝1000kg

5 大きなトラックの重さは12000kg、小さなトラックの重さは2000kgです。重さはそれぞれ何tですか。 教科書 39ページ4

12000kg　2000kg

大きなトラック（　　　　）　小さなトラック（　　　　）

6 □にあてはまる数を書きましょう。 教科書 39ページ△7

❶ 7t＝□kg　❷ 3t30kg＝□kg

7 □にあてはまる数を書きましょう。 教科書 40ページ5

❶ 1mmを□こ集めた長さは、1mです。

❷ 1mLを□こ集めたかさは、1Lです。

❸ 1cmを□倍(ばい)した長さは、1mです。

❹ 1mを□倍した長さは、1kmです。

ポイント 長さ1mm →(1000倍) 1m →(1000倍) 1km、かさ1mL →(1000倍) 1L、重さ1g →(1000倍) 1kg のように、1000倍すると、それぞれm(ミリ)がとれたり、k(キロ)がついたりします。

練習のワーク

教科書 ㊦ 30〜42ページ　答え 29ページ

できた数　/7問中

おわったらシールをはろう

1 重さ　てんびんのかたほうに同じ重(おも)さのつみ木をのせて、重さを調(しら)べました。右の表(ひょう)を見て、問題(もんだい)に答えましょう。
└それぞれ、つみ木何こ分の重さになっているかを調べます。

はかるもの	つみ木の数
国語の教科書	7
セロハンテープ	2
筆箱(ふでばこ)	12
じしゃく	7
はさみ	9

❶ いちばん重いものはどれですか。

(　　　　)

❷ いちばん軽(かる)いものはどれですか。

(　　　　)

❸ 重さの同じものは、どれとどれですか。
└つみ木の数が同じものは、重さも同じになります。

(　　　　)

❹ つみ木１こが１円玉30ことつりあいました。セロハンテープの重さは、何gですか。１円玉１この重さは１gです。

(　　　　)

１円玉１この重さは１gだから、つみ木１こは30gになるね。

2 はかり　入れ物(もの)の重さをはかったら、右の図のようになりました。この入れ物にさとうを入れてはかると980gになりました。何gのさとうを入れましたか。
└さとうの重さ＝全体(ぜんたい)の重さ－入れ物の重さ

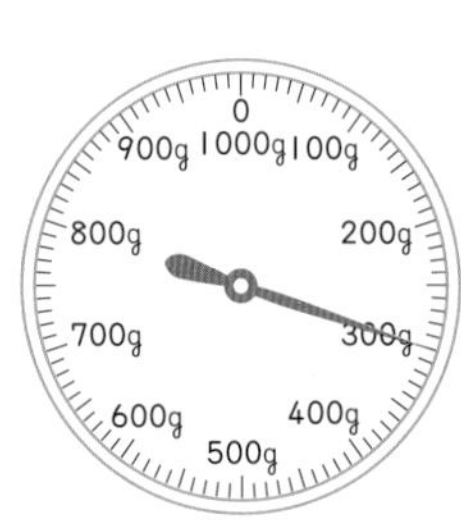

はかりの使い方
1 平(たい)らなところにおく。
2 はりが0をさすようにする。
3 めもりは正面(しょうめん)からよむ。

式

答え(　　　　)

3 重さのたんい　(　)にあてはまる重さのたんいを書きましょう。

❶ たけしさんの体重(たいじゅう)　28(　　　　)

❷ トラックの重さ　3(　　　　)

重さのたんい
1kg＝1000g　1t＝1000kg

できるナビ　はかりのいちばん小さいめもりが何gを表(あらわ)しているかに気をつけて、はかりを使(つか)っていろいろなものの重さをはかってみよう。

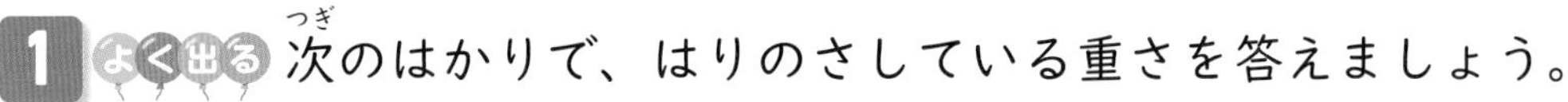

1 よく出る 次のはかりで、はりのさしている重さを答えましょう。 1つ5〔20点〕

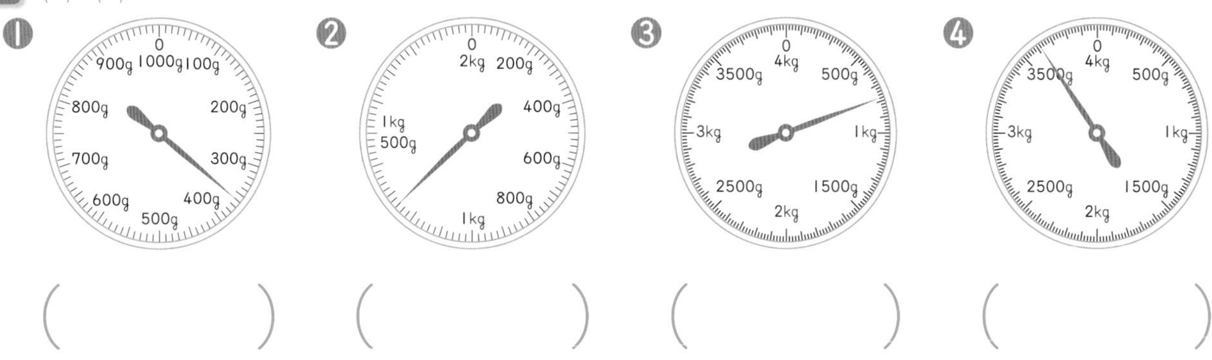

(　　　) (　　　) (　　　) (　　　)

2 2900g、3kg、3900g、3kg90g を、重いじゅんに左から書きましょう。 〔12点〕

(　　　　　　　　　　)

3 □にあてはまる数を書きましょう。 1つ5〔40点〕

❶ 4kg=□g　❷ 1kg800g=□g

❸ 7000g=□kg　❹ 2180g=□kg□g

❺ 8020g=□kg□g　❻ 4kg60g=□g

❼ 1kg5g=□g　❽ 5t=□kg

4 重さ 400g の入れ物に、みかんを 2kg300g 入れました。全体の重さは何kg何g ですか。 1つ7〔14点〕

式

答え (　　　)

5 かばんに本を入れて重さをはかったら、1kg ありました。本の重さは 350g です。かばんの重さは何g ですか。

式 1つ7〔14点〕

答え (　　　)

ふろくの「計算練習ノート」22ページをやろう！

□ はかりのはりがさしている重さを正しくよめたかな？
□ 重さのいろいろなたんいのかんけいが理かいできたかな？

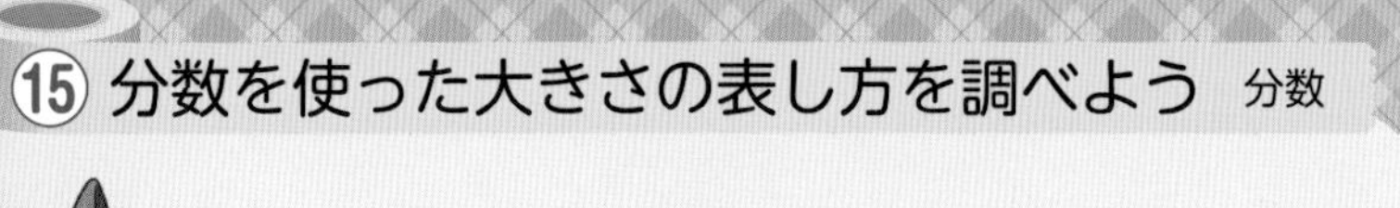

勉強した日 月 日

1 等分した長さやかさの表し方

もくひょう

1mや1Lを等分した何こ分の大きさを分数で表そう。

おわったらシールをはろう

きほんのワーク

教科書 下 44〜48ページ　答え 30ページ

きほん1 1mを等分した長さの表し方がわかりますか。

☆ 色をぬったところの長さは、何mですか。

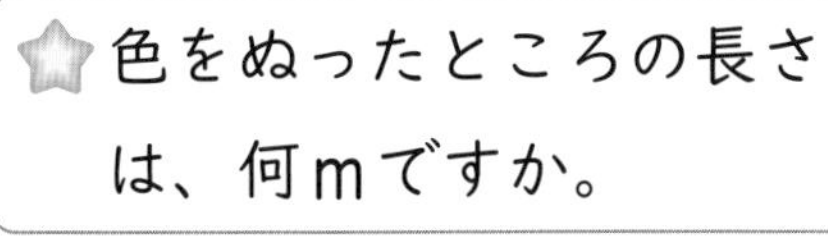
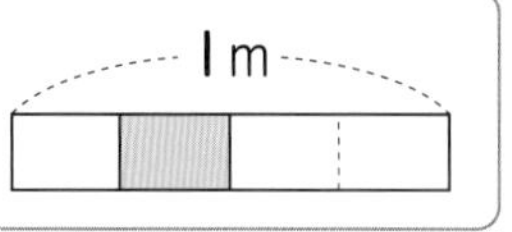

とき方 1mを4等分した1こ分の長さなので、□mです。

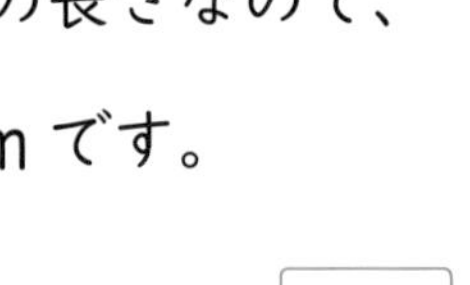

答え □m

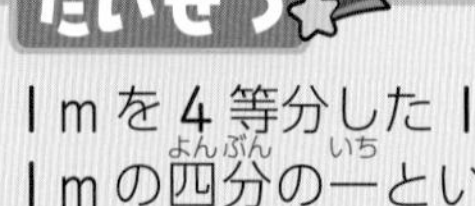

たいせつ

1mを4等分した1こ分の長さを、1mの四分の一といいます。また、1mの$\frac{1}{4}$の長さを$\frac{1}{4}$mと書き、「四分の一メートル」と読みます。$\frac{1}{4}$mは、その4こ分で1mになる長さです。

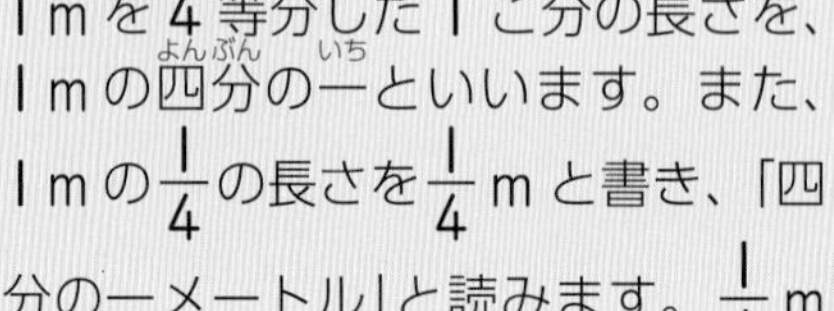
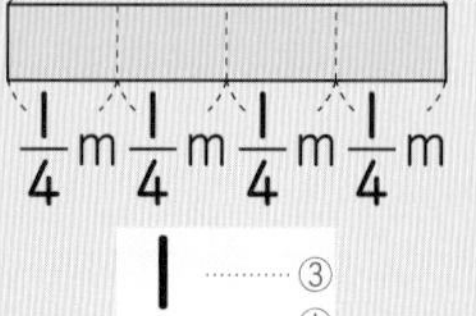

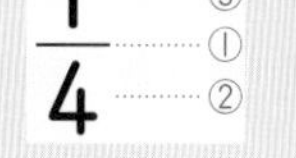

1 色をぬったところの長さは、何mですか。

教科書 46ページ⚠1

❶ 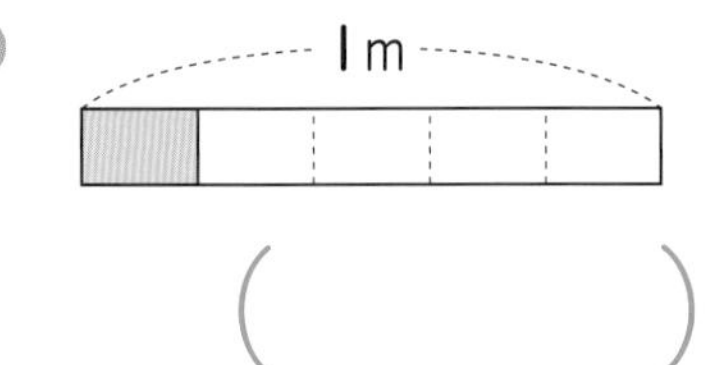
（　　　）

❷ 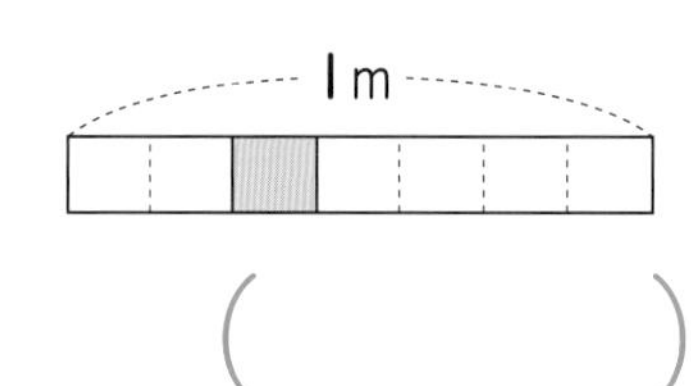
（　　　）

きほん2 1mを等分した長さの○こ分の長さがわかりますか。

☆ 1mのテープを4等分した3こ分の長さは、何mですか。

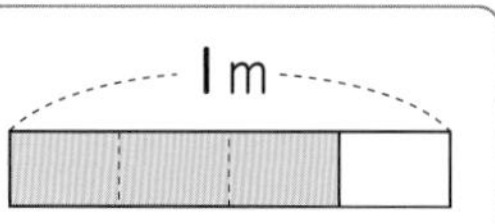

とき方 1mを4等分した3こ分の長さなので、□mです。

答え □m

たいせつ

1mを4等分した3こ分の長さを、1mの$\frac{3}{4}$（四分の三）といい、1mの$\frac{3}{4}$の長さを$\frac{3}{4}$mと書き、「四分の三メートル」と読みます。1mを何等分かした長さの、何こ分と考えて表します。

2 色をぬったところの長さは、▨の何こ分の長さで、何mですか。

教科書 47ページ⚠3

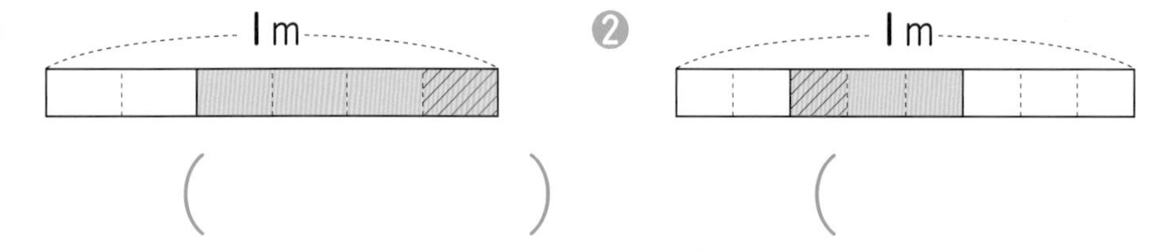

❶ 1m
（　　　）

❷ 1m
（　　　）

さんすうはかせ　分数は1の大きさを等分するので、1より小さいいろいろな大きさを表すことができるんだよ。

3 次の長さの分だけ、左はしから色をぬりましょう。 教科書 47ページ4

❶ $\frac{5}{9}$m　1m

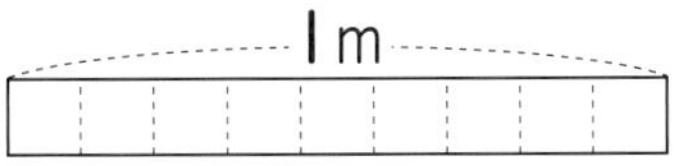

❷ $\frac{2}{8}$m　1m

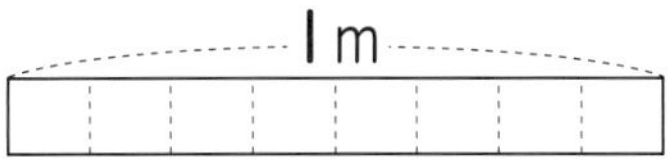

きほん3　1Lを等分したかさやその○こ分のかさがわかりますか。

☆ 下の図の水のかさは、何Lですか。

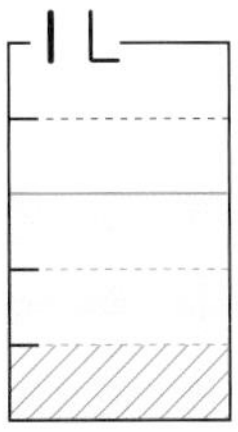

1L

とき方 左の図の1Lのますの1めもりは、1Lを□等分したかさなので、□Lを表しています。

図の水のかさは、1めもりのかさの□こ分で、□Lです。

答え □L

▨は1Lのますを5等分した1こ分のかさだね。

たいせつ

$\frac{1}{4}$や$\frac{3}{5}$のような数を、**分数**(ぶんすう)といい、4や5を**分母**(ぶんぼ)、1や3を**分子**(ぶんし)といいます。

$\frac{1}{4}$　1…分子　4…分母

4 水のかさは、1めもりの何こ分で、何Lですか。 教科書 48ページ3

❶ 1L　(　　　　)

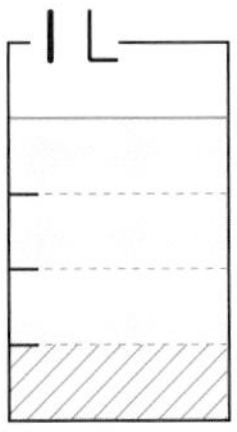

❷ 1L　(　　　　)

それぞれの1めもりは何Lと考えればいいかな。

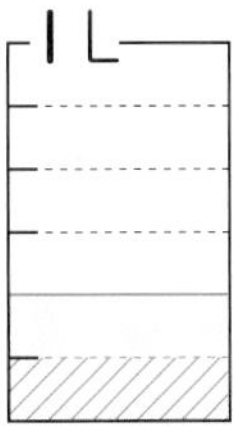

5 $\frac{1}{7}$Lの4こ分だけ色をぬります。㋐、㋑のどちらのますを使(つか)うかえらび、えらんだますに色をぬりましょう。また、色をぬったところのかさは何Lですか。 教科書 48ページ3

㋐ 1L

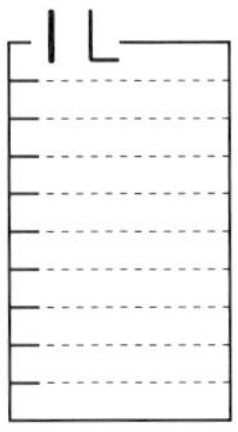

㋑ 1L

(　　　　)

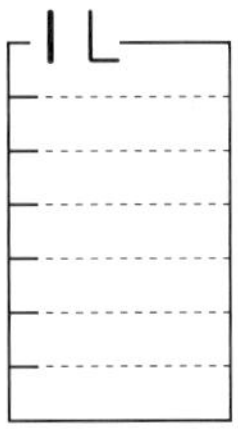

6 次の分数の分母、分子は、それぞれいくつですか。 教科書 48ページ5

❶ $\frac{1}{6}$
分母(　　　　)
分子(　　　　)

❷ $\frac{7}{8}$
分母(　　　　)
分子(　　　　)

❸ $\frac{2}{5}$
分母(　　　　)
分子(　　　　)

ポイント 分母と分子をまちがえないようにしましょう。分母は1を何等分しているかを表し、分子はそれの何こ分かを表しています。

勉強した日　月　日

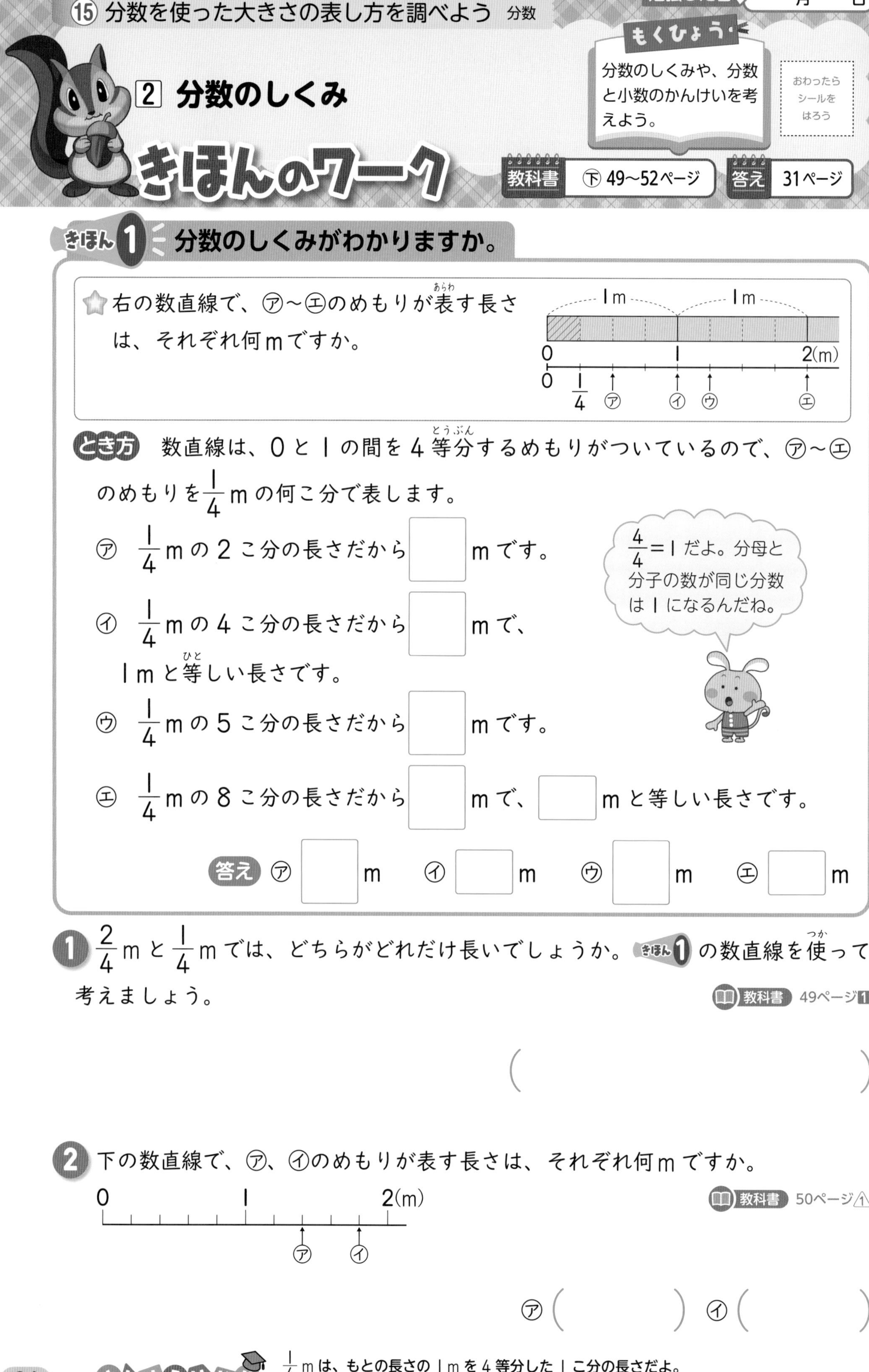

2 分数のしくみ

きほんのワーク

もくひょう
分数のしくみや、分数と小数のかんけいを考えよう。

おわったらシールをはろう

教科書 ㊦49～52ページ　答え 31ページ

きほん1 分数のしくみがわかりますか。

☆ 右の数直線で、㋐～㋓のめもりが表す長さは、それぞれ何mですか。

とき方　数直線は、0と1の間を4等分するめもりがついているので、㋐～㋓のめもりを$\frac{1}{4}$mの何こ分で表します。

㋐ $\frac{1}{4}$mの2こ分の長さだから □ mです。

㋑ $\frac{1}{4}$mの4こ分の長さだから □ mで、1mと等しい長さです。

㋒ $\frac{1}{4}$mの5こ分の長さだから □ mです。

㋓ $\frac{1}{4}$mの8こ分の長さだから □ mで、□ mと等しい長さです。

答え ㋐ □ m　㋑ □ m　㋒ □ m　㋓ □ m

1 $\frac{2}{4}$mと$\frac{1}{4}$mでは、どちらがどれだけ長いでしょうか。きほん1の数直線を使って考えましょう。

教科書 49ページ1

(　　　　　　　　)

2 下の数直線で、㋐、㋑のめもりが表す長さは、それぞれ何mですか。

教科書 50ページ⚠1

㋐(　　　　)　㋑(　　　　)

さんすうはかせ
$\frac{1}{4}$mは、もとの長さの1mを4等分した1こ分の長さだよ。
1mではないある長さの$\frac{1}{4}$とはちがう長さになることを理かいしよう。

きほん2 もとにする大きさと分数のかんけいがわかりますか。

☆色をぬったところの長さが$\frac{4}{6}$mになっているテープは、㋐、㋑のどちらですか。

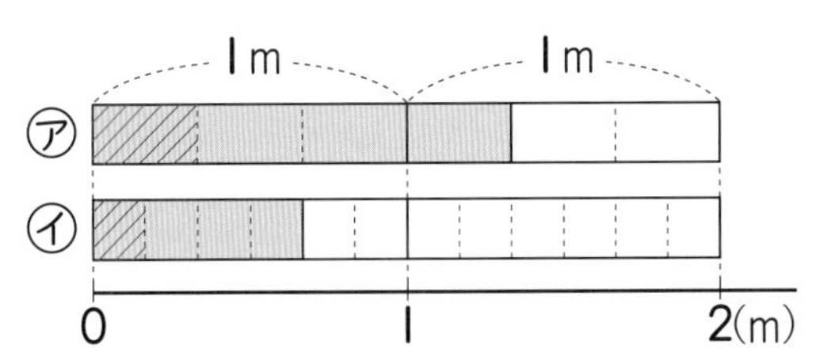

とき方 ㋐の色をぬったところの長さは、1mを3等分した長さの□mの4こ分の長さだから、□mです。

㋑の色をぬったところの長さは、1mを6等分した長さの□mの4こ分の長さだから、□mです。

答え □

3 色をぬったところの長さを、分数で表しましょう。 

教科書 51ページ2

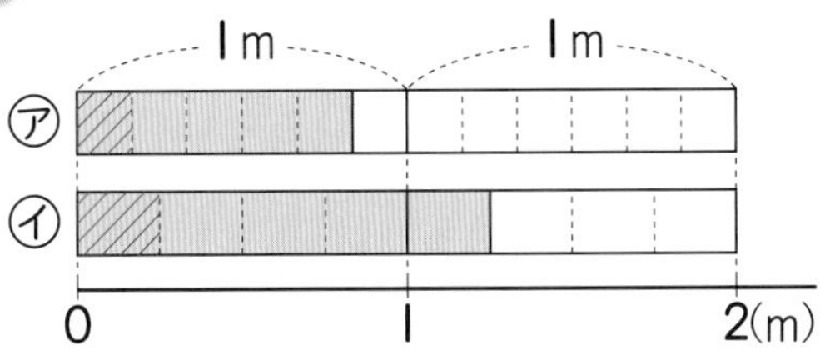

分数の長さを表すときは、1mをもとの長さにするよ。

㋐(　　　) ㋑(　　　)

きほん3 分数と小数のかんけいがわかりますか。

☆下の数直線の□にあてはまる数を、❶～❸は分数で、❹～❻は小数で答えましょう。

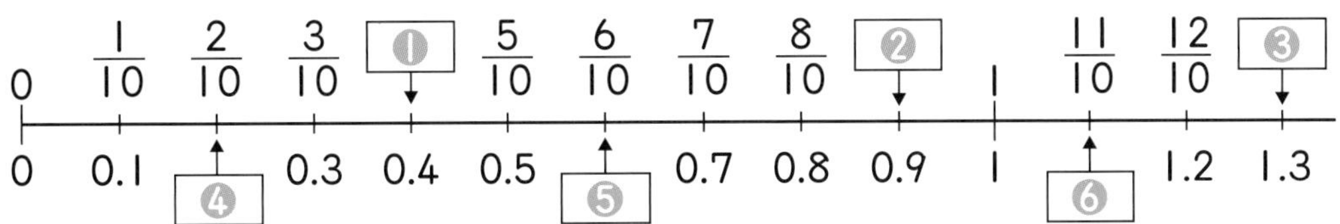

とき方 それぞれ$\frac{1}{10}$や0.1の何こ分かを考えます。

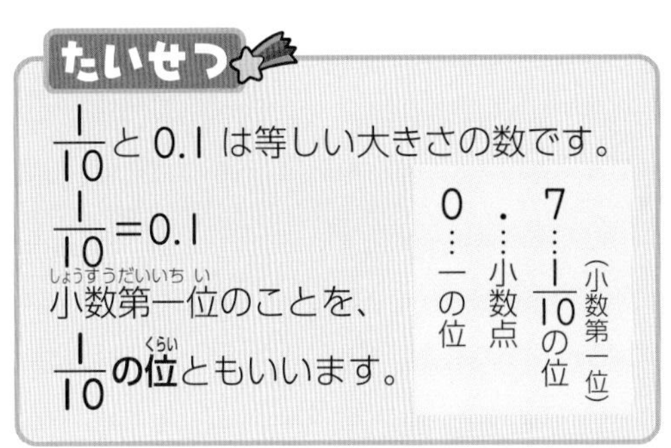

4 □にあてはまる等号や不等号を書きましょう。

教科書 52ページ3

❶ $\frac{5}{10}$ □ 0.6　　❷ $\frac{8}{10}$ □ 0.8　　❸ $\frac{11}{10}$ □ 1

ポイント $\frac{1}{10}$と0.1は、ともに1を10等分した1こ分の大きさなので、$\frac{1}{10}$=0.1です。分数や小数で表された数の大きさをくらべられるようにしましょう。

月　日

3 分数のしくみとたし算、ひき算

もくひょう
分数のたし算とひき算が、できるようになろう。

おわったらシールをはろう

教科書 ㊦53～54ページ　答え 32ページ

きほん 1 分数のたし算ができますか。

☆ジュース $\frac{2}{10}$ L と $\frac{5}{10}$ L をあわせると何 L になりますか。

とき方 $\frac{1}{10}$ L の何こ分かで考えて、たし算をします。

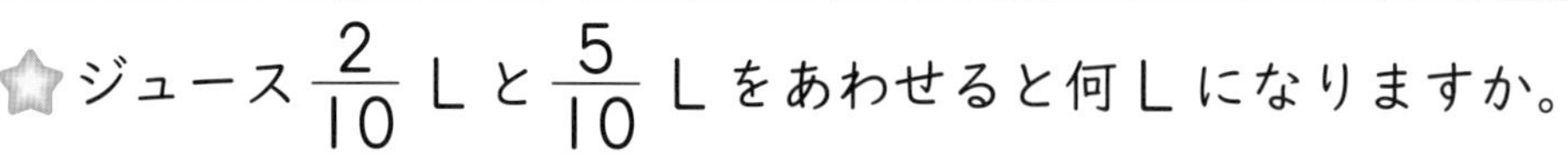

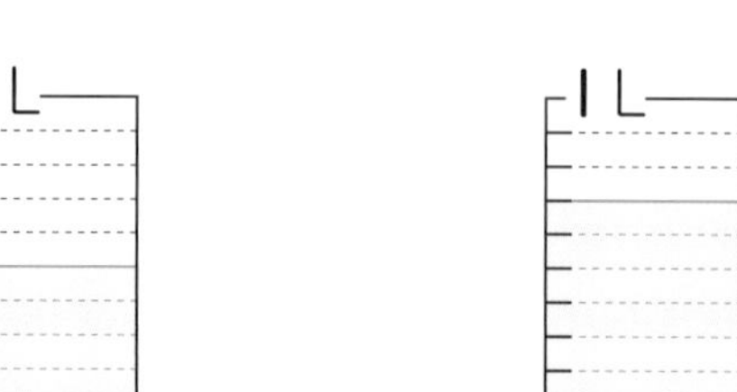

$\frac{1}{10}$ L の □ こ分　$\frac{1}{10}$ L の □ こ分　$\frac{1}{10}$ L の □ こ分

$\frac{□}{10} + \frac{□}{10} = \frac{□}{10}$

答え □ L

1 $\frac{4}{8}$ m のリボンと $\frac{3}{8}$ m のリボンがあります。リボンはあわせて何 m ありますか。

式

教科書 53ページ1

答え（　　　）

2 計算をしましょう。　教科書 53ページ⚠1

❶ $\frac{1}{7}+\frac{2}{7}$　❷ $\frac{3}{6}+\frac{2}{6}$　❸ $\frac{3}{5}+\frac{1}{5}$

❹ $\frac{5}{9}+\frac{4}{9}$　❺ $\frac{4}{10}+\frac{6}{10}$

分母と分子の数が同じ分数は、1と同じ大きさになるよ。

さんすうはかせ　分数で、分子が分母より大きいときは 1 より大きい数を表していて、「仮分数」というよ。1 より小さい分数は「真分数」というんだ。

きほん 2 分数のひき算ができますか。

☆ジュースが $\frac{6}{7}$ L あります。$\frac{4}{7}$ L 飲(の)むと、のこりは何 L になりますか。

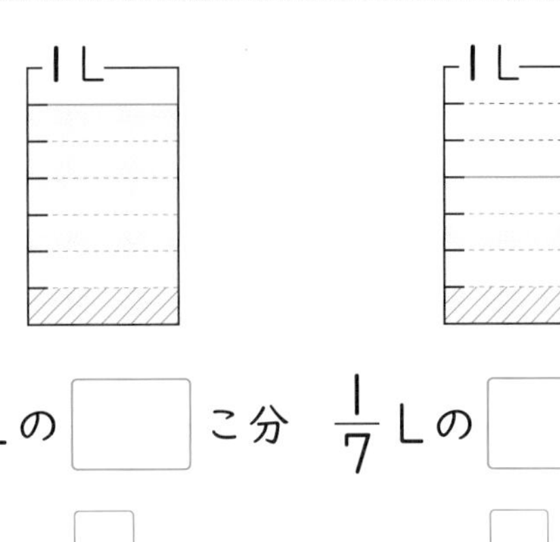

とき方　右のように、$\frac{1}{7}$ L をもとにして考えて、ひき算をします。

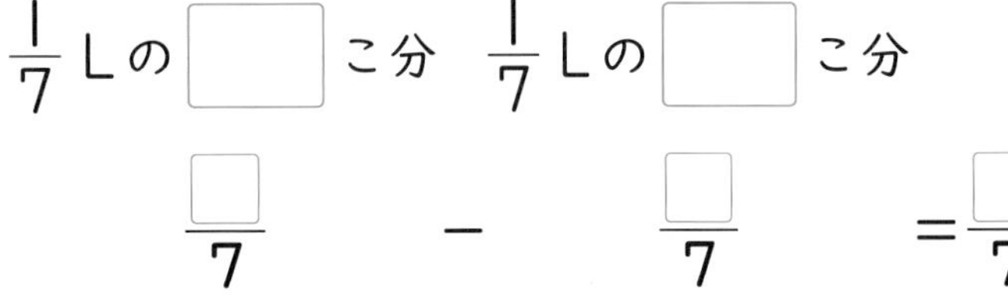

答え □ L

 $\frac{7}{9}$ m のリボンから $\frac{5}{9}$ m のリボンを切り取(と)りました。のこりは何 m ですか。

教科書 54ページ2

式

答え（　　　　）

4 オレンジジュースが 1 L、りんごジュースが $\frac{2}{3}$ L あります。かさのちがいは何 L ですか。

教科書 54ページ2

式

答え（　　　　）

5 計算をしましょう。

教科書 54ページ△2

❶ $\frac{5}{6}-\frac{3}{6}$　❷ $\frac{4}{5}-\frac{2}{5}$　❸ $\frac{7}{8}-\frac{5}{8}$

❹ $1-\frac{1}{3}$　❺ $1-\frac{2}{4}$

❻ $1-\frac{2}{7}$　❼ $1-\frac{1}{2}$

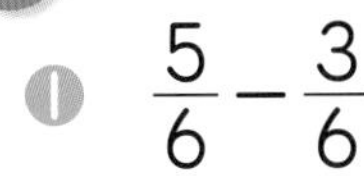

分母が同じ分数のたし算やひき算は、もとにする分数の何こ分かを考えるので、分母はそのままで、分子どうしをたしたり、ひいたりします。

勉強した日　月　日

練習のワーク

できた数　/18問中

おわったらシールをはろう

教科書 ㊦44～56ページ　答え 32ページ

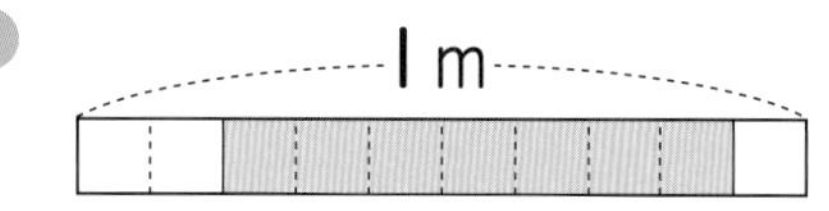

1 等分した大きさの表し方 色をぬったところの長さやかさを、分数で表しましょう。

❶ （　　）

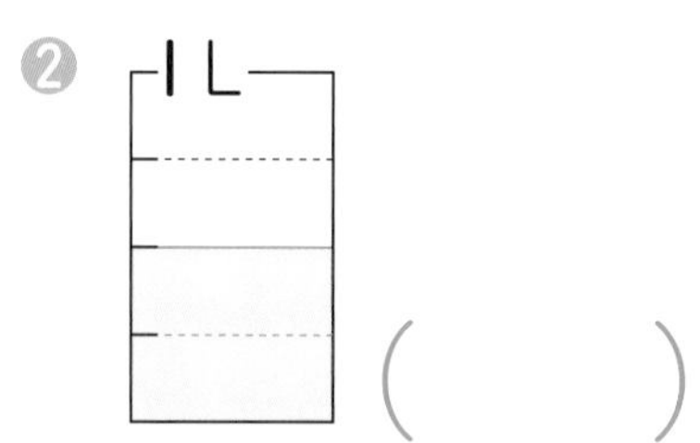

❷ 1L （　　）

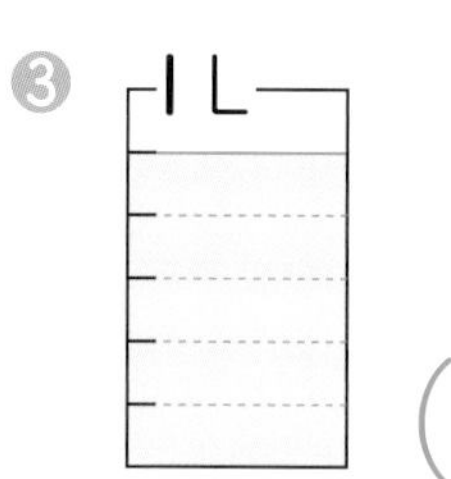

❸ 1L （　　）

❶は、1mを10等分した何こ分の長さかを考え、❷❸は、1Lを何等分した何こ分のかさかを考えるよ。

2 分数の大きさの表し方 □にあてはまる数を書きましょう。

❶ $\frac{4}{6}$は$\frac{1}{6}$の□こ分です。

❷ □mは$\frac{1}{8}$mの5こ分の長さです。

❸ $\frac{1}{3}$の□こ分は$\frac{2}{3}$です。

❹ $\frac{1}{10}$Lの□こ分のかさは1Lです。

分母と分子が等しいとき、1になります。

❺ $\frac{1}{6}$の7こ分は□です。

分母より分子のほうが大きいとき、1より大きい分数を表します。

❻ $\frac{1}{8}$の10こ分は□です。

3 分数と小数 □にあてはまる等号や不等号を書きましょう。

分母が10の分数の大きさを考えよう。

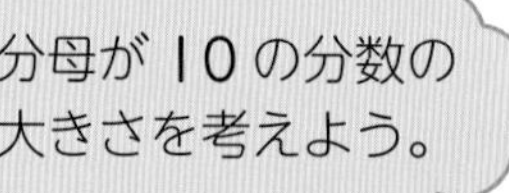

❶ $\frac{4}{10}$ □ 0.4　❷ $\frac{9}{10}$ □ 1　❸ $\frac{3}{10}$ □ 3

4 分数のたし算・ひき算 計算をしましょう。

❶ $\frac{2}{5}+\frac{2}{5}$　❷ $\frac{2}{9}+\frac{3}{9}$　❸ $\frac{1}{8}+\frac{7}{8}$

❹ $\frac{6}{7}-\frac{2}{7}$　❺ $\frac{3}{4}-\frac{2}{4}$　❻ $1-\frac{1}{10}$

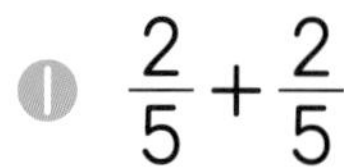

分けた大きさを、分数で表せるようになり、分数のたし算やひき算ができるようになろう。

時間20分　とく点　/100点　おわったらシールをはろう

1 次の長さやかさを、分数で表しましょう。　1つ6〔12点〕

❶ 1mを10等分した5こ分の長さ　(　　　)

❷ 1Lを3等分した1こ分のかさ　(　　　)

2 次の数は、$\frac{1}{9}$の何こ分ですか。　1つ5〔15点〕

❶ $\frac{5}{9}$　(　　　)　❷ $\frac{10}{9}$　(　　　)　❸ 1　(　　　)

3 よく出る 下の数直線を見て答えましょう。　1つ7〔35点〕

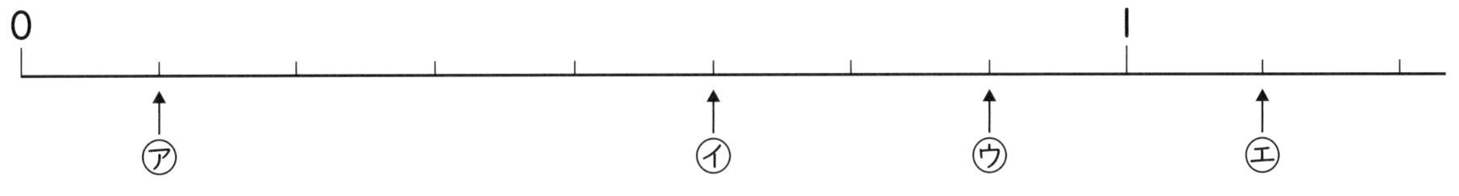

❶ ㋐～㋓のめもりが表す分数は、それぞれいくつですか。

㋐(　　　)　㋑(　　　)　㋒(　　　)　㋓(　　　)

❷ $\frac{6}{8}$と$\frac{4}{8}$では、どちらがどれだけ大きいですか。

(　　　)

4 □にあてはまる等号や不等号を書きましょう。　1つ6〔18点〕

❶ 0.4 □ $\frac{5}{10}$　❷ 0 □ $\frac{1}{10}$　❸ $\frac{9}{10}$ □ 0.9

5 だいちさんのテープの長さは$\frac{4}{7}$m、かおりさんのテープの長さは$\frac{2}{7}$mです。

❶ だいちさんとかおりさんのテープはあわせて何mですか。　1つ5〔20点〕

式

答え(　　　)

❷ だいちさんとかおりさんのテープの長さのちがいは、何mですか。

式

答え(　　　)

ふろくの「計算練習ノート」20～21ページをやろう！

□分数の表し方が理かいできたかな？
□分数のたし算とひき算が正しくできたかな？

勉強した日　月　日

□を使って場面を式に表そう

きほんのワーク

もくひょう
わからない数を□として、式に表し、計算できるようになろう。

おわったらシールをはろう

教科書　下 58〜62ページ　答え 34ページ

きほん1 わからない数を□として、たし算の式に表せますか。

☆植え木ばちが25こならんでいます。新しく何こか買ったので、はちは全部で32こになりました。買ったはちの数を□こととして、たし算の式に表し、□にあてはまる数をもとめましょう。

とき方　ことばの式や図に表して考えます。

はじめにあった数 ＋ 買った数 ＝ 全部の数

式は、［　　］ ＋ □ ＝ ［　　］ となります。

右の図より、□はひき算でもとめます。

32−25＝［　　］

答え［　　］

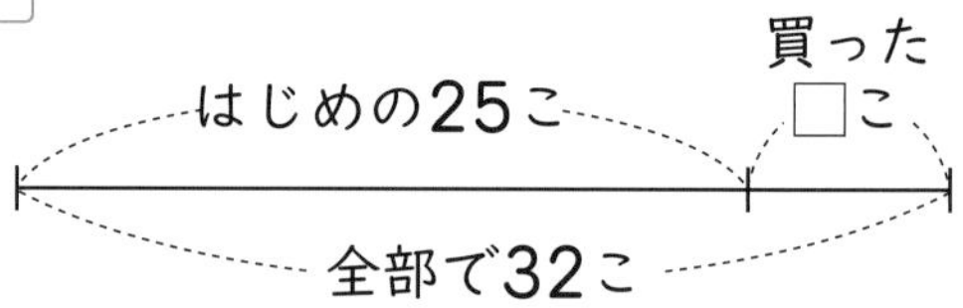

はじめの25こ　買った□こ
全部で32こ

1 バスに14人乗っています。バスていで何人か乗ってきたので、全部で22人になりました。

教科書 59ページ1

❶ バスていで乗った人数を□人として、たし算の式に表しましょう。

(　　　　　　)

❷ □にあてはまる数をもとめましょう。

式

答え(　　　　)

きほん2 わからない数を□として、ひき算の式に表せますか。

☆なつこさんは、おはじきを何こか持っています。友だちに19こあげたら、のこりは46こになりました。はじめに持っていた数を□こととして、ひき算の式に表し、□にあてはまる数をもとめましょう。

とき方　ことばの式や図に表して考えます。

持っていた数 − あげた数 ＝ のこりの数

式は、□ − ［　　］ ＝ ［　　］ となります。

右の図より、□はたし算でもとめます。

19＋46＝［　　］

答え［　　］

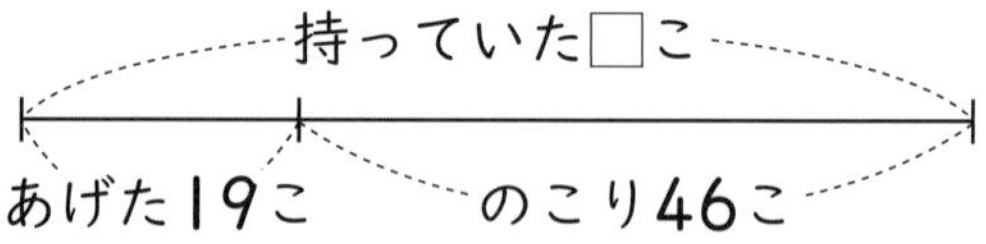

持っていた□こ
あげた19こ　のこり46こ

さんすうはかせ　□を使った式で、□にあてはまる数をもとめる計算を「逆算」というよ。意味を考えながら、□のもとめ方を考えていけば、まちがえないよ。

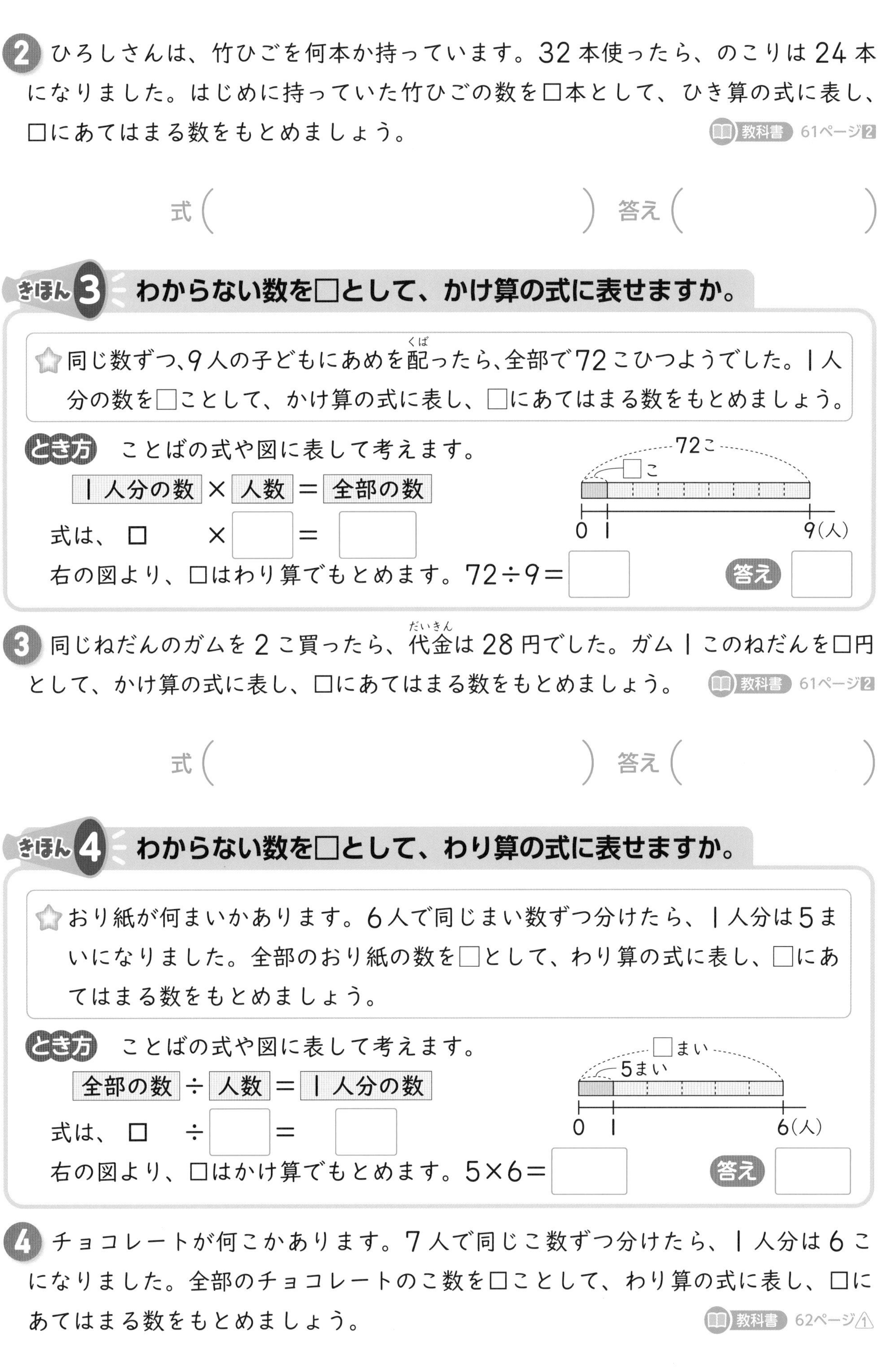

2 ひろしさんは、竹ひごを何本か持っています。32 本使ったら、のこりは 24 本になりました。はじめに持っていた竹ひごの数を□本として、ひき算の式に表し、□にあてはまる数をもとめましょう。

教科書 61ページ2

式（　　　　　　　　）　答え（　　　　　）

きほん 3 わからない数を□として、かけ算の式に表せますか。

☆同じ数ずつ、9 人の子どもにあめを配（くば）ったら、全部で 72 こひつようでした。1 人分の数を□ことして、かけ算の式に表し、□にあてはまる数をもとめましょう。

とき方 ことばの式や図に表して考えます。

1 人分の数 × 人数 ＝ 全部の数

式は、□　×［　］＝［　］

右の図より、□はわり算でもとめます。72÷9＝［　］　**答え**［　］

3 同じねだんのガムを 2 こ買ったら、代金（だいきん）は 28 円でした。ガム 1 このねだんを□円として、かけ算の式に表し、□にあてはまる数をもとめましょう。

教科書 61ページ2

式（　　　　　　　　）　答え（　　　　　）

きほん 4 わからない数を□として、わり算の式に表せますか。

☆おり紙が何まいかあります。6 人で同じまい数ずつ分けたら、1 人分は 5 まいになりました。全部のおり紙の数を□として、わり算の式に表し、□にあてはまる数をもとめましょう。

とき方 ことばの式や図に表して考えます。

全部の数 ÷ 人数 ＝ 1 人分の数

式は、□　÷［　］＝［　］

右の図より、□はかけ算でもとめます。5×6＝［　］　**答え**［　］

4 チョコレートが何こかあります。7 人で同じこ数ずつ分けたら、1 人分は 6 こになりました。全部のチョコレートのこ数を□ことして、わり算の式に表し、□にあてはまる数をもとめましょう。

教科書 62ページ⚠1

式（　　　　　　　　）　答え（　　　　　）

ポイント わからない数があるときは、その数を□として式に表すことができます。ことばの式や、図をかくと考えやすくなります。

教科書 ㊦ 58～63ページ　答え 34ページ

1 □を使った式　わからない数を□として、〔 〕の中の計算の式に表し、□にあてはまる数をもとめましょう。

❶ けんさんは、きのうまでに、箱を 58 箱作りました。今日も何箱か作ったので、箱は全部で 73 箱になりました。〔たし算〕

式（　　　　）

答え（　　　　）

❷ お金を何円か持って買い物に行きました。300 円の本を買ったら、のこりのお金は 500 円になりました。〔ひき算〕

式（　　　　）　答え（　　　　）

❸ 同じ本数ずつの 3 つの花たばを作ったら、花を全部で 27 本使いました。〔かけ算〕

式（　　　　）

答え（　　　　）

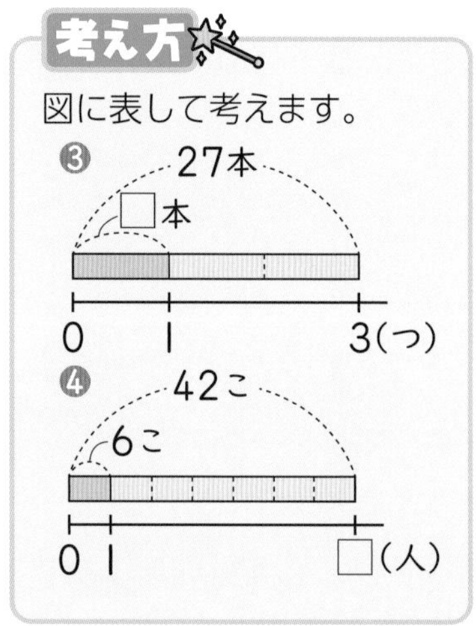

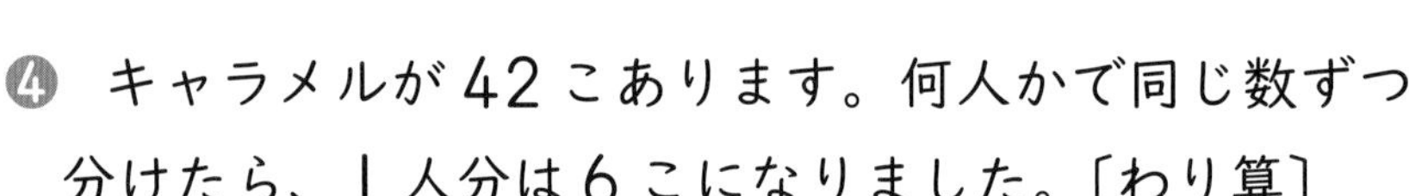

❹ キャラメルが 42 こあります。何人かで同じ数ずつ分けたら、1 人分は 6 こになりました。〔わり算〕

式（　　　　）

答え（　　　　）

❺ 同じ人数ずつの 9 つのはんをつくったら、45 人全員をあまることなく分けることができました。〔かけ算〕

式（　　　　）

答え（　　　　）

❻ 64 cm のテープがあります。同じ長さに切り分けると、1 本の長さは 8 cm でした。〔わり算〕

式（　　　　）

答え（　　　　）

できるナビ　□を使って式に表してから、□にあてはまる数をもとめるようにしよう。

勉強した日　月　日

教科書 ㊦ 58〜63ページ　答え 35ページ

とく点　/100点

おわったらシールをはろう

1 わからない数を□として、〔　〕の中の計算の式に表し、□にあてはまる数をもとめましょう。　1つ10〔100点〕

❶ れいぞう庫に、たまごが何こか入っています。今日、母が10こ買ってきたので、たまごは全部で23こになりました。〔たし算〕

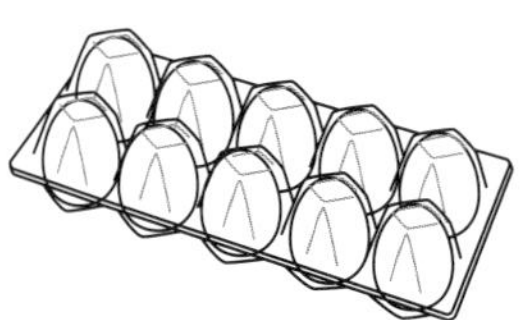

式（　　　　）　答え（　　　　）

❷ 画用紙が400まいありました。図工の時間に何まいか使ったので、のこりが314まいになりました。〔ひき算〕

式（　　　　）　答え（　　　　）

❸ 牛にゅうが何mLかあります。150mL飲んだら、のこりが550mLになりました。〔ひき算〕

式（　　　　）　答え（　　　　）

❹ 同じ数ずつ4人にみかんを配ったら、みかんは全部で36こひつようでした。〔かけ算〕

式（　　　　）　答え（　　　　）

❺ 1まい9円の色紙を何まいか買ったら、代金は54円でした。〔かけ算〕

式（　　　　）　答え（　　　　）

ふろくの「計算練習ノート」23ページをやろう！

□ わからない数を□として、□を使った式で表すことができたかな？
□ □にあてはまる数をもとめることができたかな？

勉強した日　　月　　日

1 何十をかける計算
2 2けたの数をかける計算 [その1]

もくひょう・
2けたの数をかける計算が筆算でできるようになろう。

おわったらシールをはろう

教科書 ㊦ 64～69ページ　答え 36ページ

きほん 1 何十をかけるかけ算の答えがわかりますか。

☆計算をしましょう。 ❶ 6×30　❷ 14×20

とき方 ❶ 6×3 ＝ □
↓10倍　↓10倍
6×30＝ □

6×30の答えは、6×3の答えの10倍(ばい)だから、18の右に0を1こつけた数になります。

❷ 14×2 ＝ □
↓10倍　↓10倍
14×20＝ □

14×20も同じように、14×2の答えの10倍と考えます。

答え ❶ □　❷ □

1 計算をしましょう。　教科書 65ページ1 66ページ2

❶ 2×40　❷ 7×50　❸ 8×90

❹ 42×20　❺ 36×20　❻ 18×40

❼ 20×30　❽ 80×40　❾ 60×70

❼の20×30は2×3の(10×10=)100倍と考えてもいいね。

2 ドーナツが3こずつ入った箱(はこ)が40箱あります。ドーナツは、全部(ぜんぶ)で何こありますか。　教科書 65ページ1

式

答え (　　　　)

3 1本76円のえん筆(ぴつ)を20本買います。代金(だいきん)はいくらですか。　教科書 66ページ2

76×2の10倍と考えるんだね。

式

答え (　　　　)

筆算(ひっさん)は、13世紀(せいき)のイタリアの商人(しょうにん)フィボナッチがアラビアからの本をもとにした本『計算書』を出したのが始(はじ)まりだよ。18世紀ごろまでは計算の速(はや)さをきそっていたそうだよ。

きほん 2 (2けた)×(2けた)の筆算ができますか。

☆計算をしましょう。 ❶ 13×32 ❷ 45×39

とき方 これまでのかけ算の筆算と同じように、一の位(くらい)から計算します。

❶

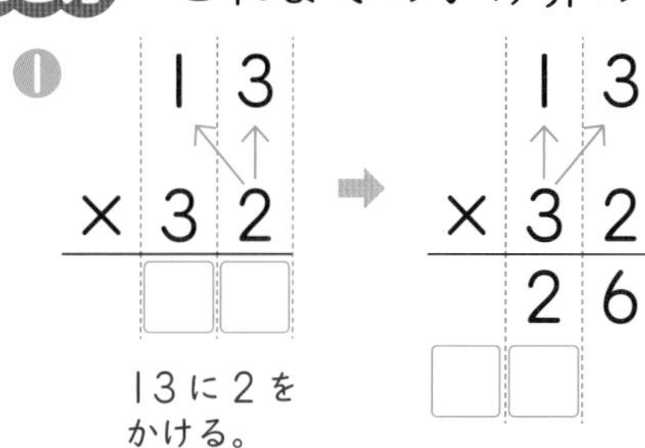

13×32の計算

32を30と2に分けて計算します。

13×32< 13×30=390, 13× 2= 26

あわせて 416

13 × 32 = 26 …13×2, 390 …13×30, 416

❷

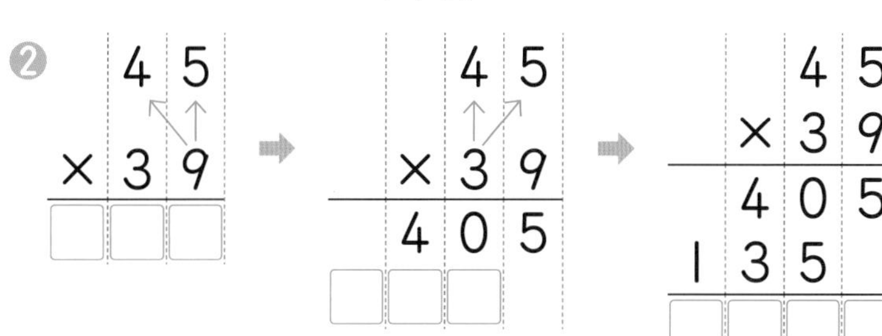

答え ❶ ❷

4 計算をしましょう。 教科書 67ページ1 69ページ2

❶ 23×12 ❷ 24×31 ❸ 82×59

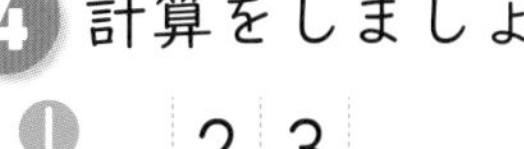

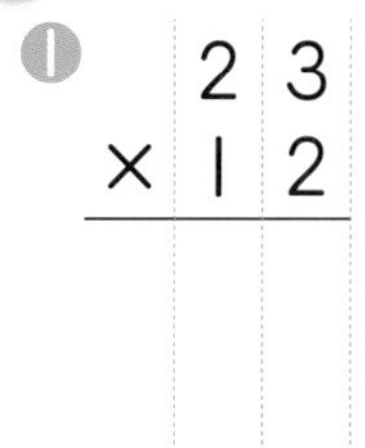

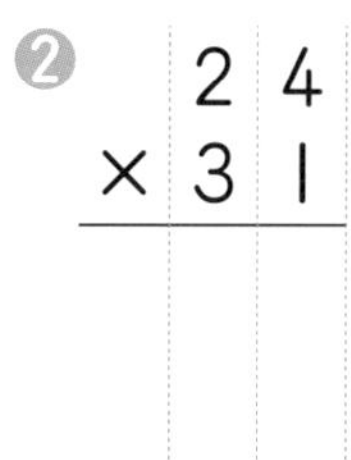

❹ 15×63 ❺ 14×39 ❻ 46×45

5 色紙を1人に28まいずつ35人に配(くば)ります。色紙は、全部で何まいひつようですか。 教科書 69ページ2

式

答え（　　）

ポイント かける数が2けたのかけ算の筆算は、これまでのかけ算の筆算と同じように、一の位から計算します。筆算のしくみをよく理かいすることが大切です。

2 2けたの数をかける計算 [その2]
3 暗算

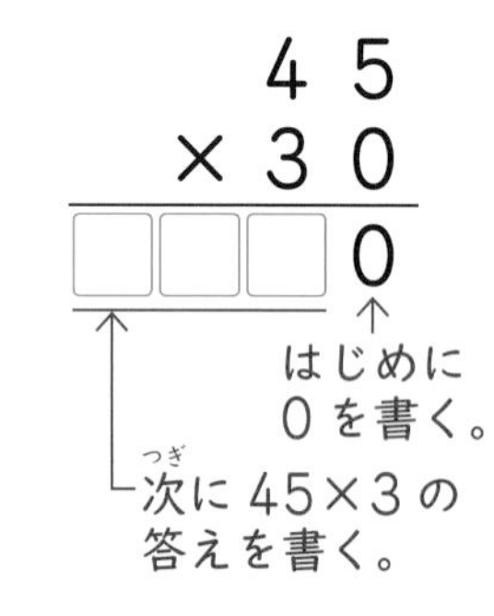

きほんのワーク

教科書 ㊦70〜72ページ　答え 36ページ

きほん 1 何十をかけるときのかけ算のくふうができますか。

☆45×30の筆算のしかたをくふうしましょう。

とき方　どんな数に0をかけても答えは0だから、45×0の答えの0をはじめに書いて、その左に45×3の答えを書くことができます。

```
    4 5
  × 3 0
    0 0   ← 45×0
□□□0     ← 45×30
□□□□     ← 0+1350
```

⇨

```
    4 5
  × 3 0
□□□0
```

はじめに0を書く。
次に45×3の答えを書く。

答え □

1 くふうして計算しましょう。　教科書 70ページ4

❶ 23×30　❷ 54×60

❸ 36×40　❹ 97×80

0をかける計算を書かずにはぶいて、かんたんにすることができるね。

きほん 2 かけられる数が1けたのときのかけ算のくふうができますか。

☆6×47の筆算のしかたをくふうしましょう。

とき方　かける数とかけられる数を入れかえて計算することができます。

```
      6
  × 4 7
    4 2  ← 6×7
□□0      ← 6×40
□□□
```

⇨

```
    4 7
  ×   6
□□□
```

答え 

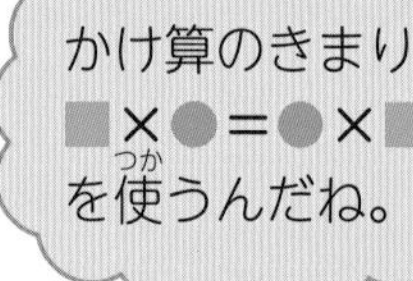

2 くふうして計算しましょう。　教科書 70ページ5

❶ 4×85　❷ 7×29　❸ 6×34

さんすうはかせ　今の筆算の形になるまでには、「倍加法→鎧戸法→電光法→改良電光法」などのように、できるだけかんたんに表せるようにくふうされてきたんだよ。

きほん3 （3けた）×（2けた）の筆算ができますか。

☆463×57の計算をしましょう。

とき方 位(くらい)をそろえて書いて、一の位からじゅんに、位ごとに計算します。

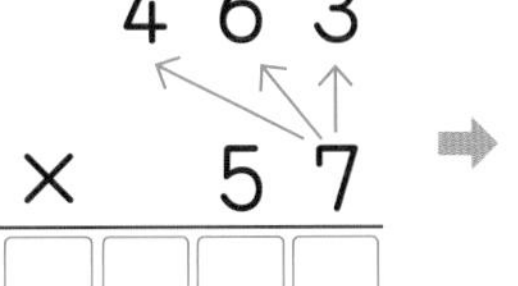

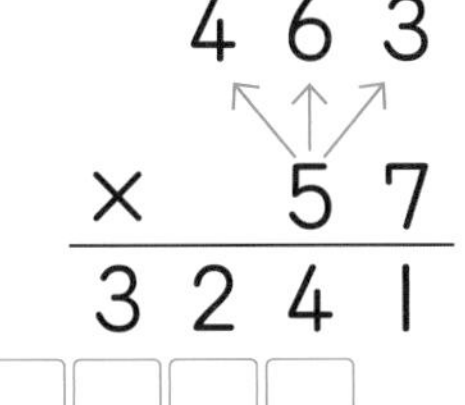

463
× 57
3241
2315

3 計算をしましょう。　教科書 71ページ4

❶
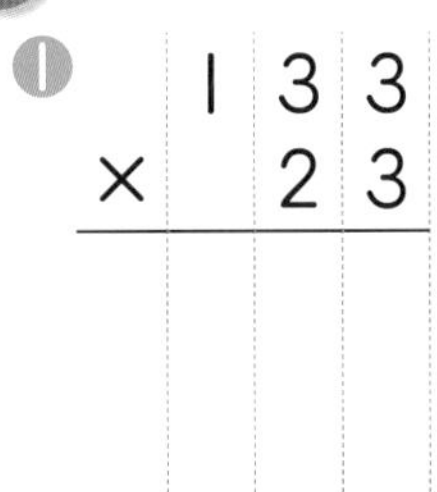

❷
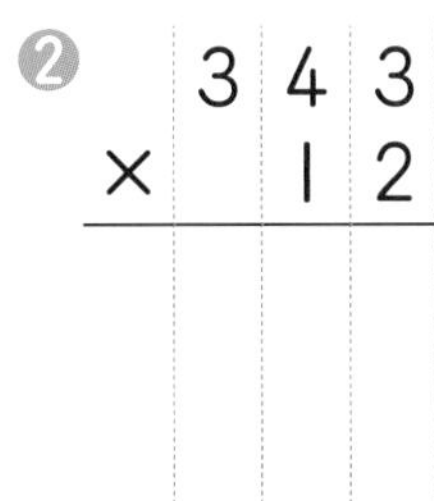

❸

❹ 417 × 52

❺ 832 × 69

❻ 605 × 84

きほん4 暗算で計算できますか。

☆暗算(あんざん)でしましょう。 ❶ 45×2　❷ 25×16

とき方 ❶ 45を□と5に分けて計算します。

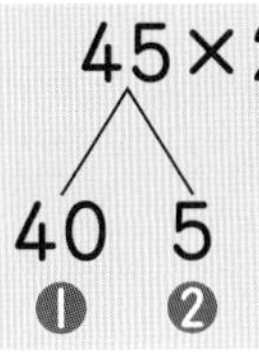

❶ 40×2＝□
❷ 5×2＝□
あわせて□

❷ 25×4＝100をもとに考えます。
25×16＝25×4×□
＝100×□
＝□

答え ❶□ ❷□

4 暗算でしましょう。　教科書 72ページ1

❶ 42×2　❷ 160×5　❸ 32×25

ポイント （3けた）×（2けた）の筆算も、一の位から計算します。計算のくふうをすると、計算がしやすくなることがあります。

練習のワーク①

教科書 ㊦ 64〜74ページ　答え 37ページ

できた数 /19問中

おわったら シールを はろう

1 何十をかける計算　計算をしましょう。

❶ 3×60
3×60 は、3×6 の 10 倍(ばい)だから、3×6 の答えの右に、0 を 1 こつけます。

❷ 50×30
50×30 は、5×3 の (10×10=) 100 倍だから、5×3 の答えの右に、0 を 2 こつけてもとめることもできます。

❸ 5×70

❹ 48×20

❺ 62×90

❻ 60×50

2 2けたの数をかける計算　計算をしましょう。

❶ 24 × 32

❷ 93 × 47

❸ 82 × 65

❹ 29 × 30

❺ 329 × 73

❻ 419 × 28

❼ 706 × 84

❽ 304 × 50

3 筆算のしかたのくふう　あめを、1 人に 4 こずつ 32 人の子どもに配(くば)ります。あめは、全部(ぜんぶ)で何こひつようですか。

式

答え（　　　　）

かける数とかけられる数を入れかえて計算することができるね。

4 暗算　暗算(あんざん)でしましょう。

❶ 25×28　❷ 12×5　❸ 25×32　❹ 330×2

できるナビ　けた数の多いかけ算でも、筆算(ひっさん)が正しくできるようにしよう。

教科書 ㊦ 64〜74ページ　答え 37ページ

できた数 /6問中

おわったら シールを はろう

1 何十をかける計算　長いすが50こあります。1この長いすに6人ずつすわると、全部で何人すわれますか。

式

考え方 式は 1この長いすにすわる人数 × 長いすの数 ＝ 全部の人数 と考えます。

答え（　　　）

2 2けたの数をかける計算　みゆきさんのクラスの34人に、おり紙を1人に4まいずつ配ります。おり紙は、全部で何まいひつようですか。

式

かけ算のきまりを使って、計算のしかたをくふうできるよ。

答え（　　　）

3 2けたの数をかける計算　1両の長さが21mの車両を11両つないだ電車があります。電車全体の長さは何mになりますか。ただし、つなぎめの長さは考えないものとします。

式

答え（　　　）

4 (3けた)×(2けた)の計算　1こ115円のオレンジを12こ買います。代金はいくらですか。

式

答え（　　　）

5 暗算　125×8＝1000です。このことを使って、次の計算を暗算でしましょう。

❶ 125×16

125×16
＝125×8×2
と考える。

❷ 24×125

24×125
＝125×24
＝125×8×3

できるナビ　かけ算のきまり「■×●＝●×■」や計算のくふうを身につけて暗算に強くなろう。

勉強した日 月 日

まとめのテスト❶

時間 20分

とく点 /100点

おわったら シールを はろう

教科書 ㊦ 64〜74ページ　答え 38ページ

1 よく出る 計算をしましょう。　1つ8〔64点〕

❶ 27×52　❷ 87×18　❸ 54×25　❹ 76×40

❺ 368×42　❻ 452×85　❼ 103×34　❽ 608×60

2 えん筆(ぴつ)を1ダースずつ38人の子どもに配(くば)ります。えん筆は、全部(ぜんぶ)で何本ひつようですか。　1つ6〔12点〕

式

答え（　　　　）

3 1パック2こ入りのプリンのねだんは88円です。このプリン24こ分の代金(だいきん)はいくらですか。　1つ6〔12点〕

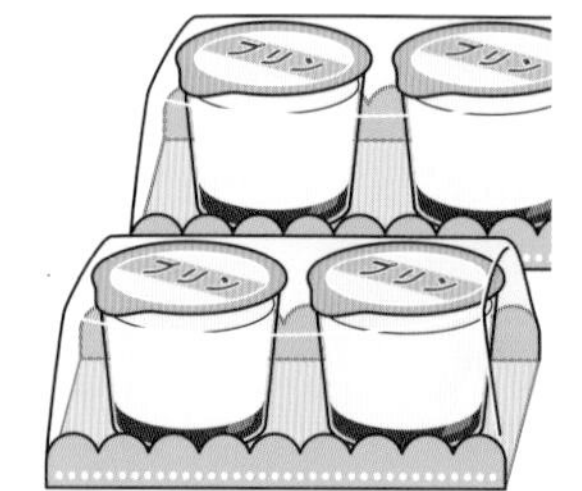

式

答え（　　　　）

4 1本120円のボールペンを15本買います。2000円出すと、おつりはいくらですか。　1つ6〔12点〕

式

答え（　　　　）

□ 2けたの数をかける筆算(ひっさん)が正しくできたかな？
□ 問題(もんだい)にあう、かけ算の式(しき)を考えられたかな？

勉強した日　月　日

時間 20分

とく点 /100点

おわったら シールを はろう

1 よく出る 計算をしましょう。 1つ5〔45点〕

❶ 35×16　❷ 57×34　❸ 88×25

❹ 432×12　❺ 265×48　❻ 329×73

❼ 800×36　❽ 703×54　❾ 508×90

2 くふうして計算しましょう。 1つ5〔15点〕

❶ 37×60　❷ 79×40　❸ 5×86

3 リボンでかざりを作ります。1このかざりを作るのに、リボンを53cm使(つか)います。かざりを27こ作るには、リボンは何m何cmひつようですか。 1つ10〔20点〕

式

答え（　　　）

4 まゆみさんのクラスの32人が水族館(すいぞくかん)に行きます。入場りょうは1人440円です。入場りょうは全部でいくらですか。 1つ10〔20点〕

式

答え（　　　）

ふろくの「計算練習ノート」24～27ページをやろう！

□（2けた）×（2けた）、（3けた）×（2けた）の計算が正しくできたかな？
□ かけ算をくふうして計算することができたかな？

勉強した日　月　日

学びのワーク　倍の計算

おわったら シールを はろう

教科書 ㊦76〜79ページ　答え 39ページ

きほん1　かけ算を使って、倍の計算ができますか。

☆妹のリボンの長さは160cmで、まりなさんのリボンの長さは、妹のリボンの長さの2倍(ばい)です。まりなさんのリボンの長さは何cmですか。

とき方　まりなさんのリボンの長さは、妹のリボンの長さをもとにすると2つ分だから、

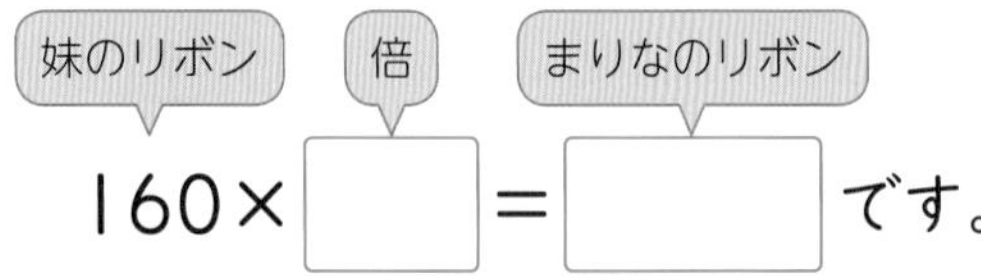

160×□＝□です。

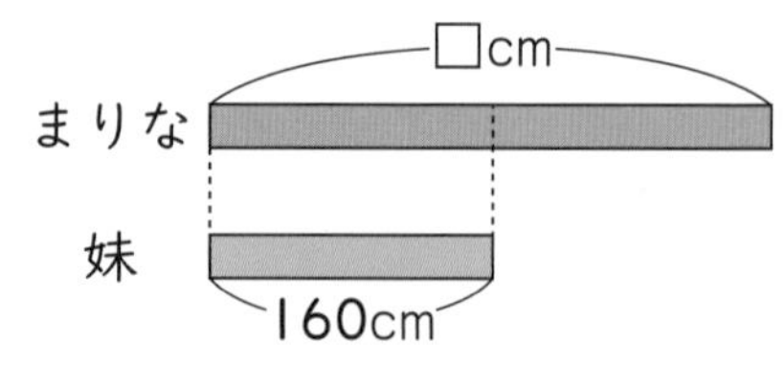

答え □cm

たいせつ
もとにする大きさの○倍の大きさをもとめるときは、かけ算を使(つか)います。

1 ゆきさんは、物語(ものがたり)の本を読んでいます。きのうは14ページ読みました。今日はきのうの2倍読みました。今日は何ページ読みましたか。 教科書 76ページ1

式

答え（　　　）

きほん2　何倍かをもとめるには、どんな計算をしますか。

☆切手を、やすおさんは28まい、弟は7まい持(も)っています。やすおさんの切手のまい数は、弟の切手のまい数の何倍ですか。

とき方　7を何倍すると、28になるか考えます。7×□＝28だから、□にあてはまる数はわり算を使ってもとめます。

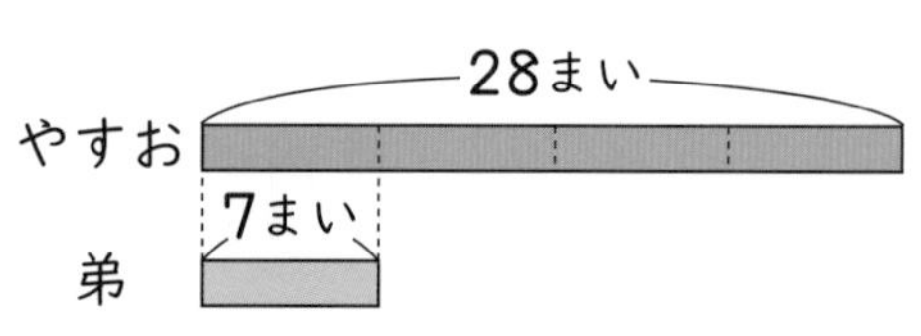

28÷□＝□　答え □倍

たいせつ
何倍かをもとめるときは、わり算を使います。

7×□＝28の□にあてはまる数をもとめるには…。

もとにする大きさの○倍の大きさをもとめるときは「かけ算」、何倍かをもとめるときは「わり算」を使うよ。ちがいを理かいしよう。

2 チョコレート１このねだんは45円で、ガム１このねだんは９円です。チョコレート１このねだんは、ガム１このねだんの何倍ですか。

教科書 78ページ2

式

答え（　　　　）

3 赤色のおり紙が42まい、青色のおり紙が６まいあります。赤色のおり紙のまい数は、青色のおり紙のまい数の何倍ですか。

教科書 78ページ2

式

答え（　　　　）

きほん3 もとにする大きさがもとめられますか。

☆えんとつの高さは電柱の高さの４倍で、32mです。電柱の高さは何mですか。

とき方 えんとつの高さは電柱の高さをもとにすると□倍です。このことを、電柱の高さを□mとして、かけ算の式に表してみると、□×4＝32になります。

□にあてはまる数はわり算を使ってもとめます。

□＝32□4＝□

答え □m

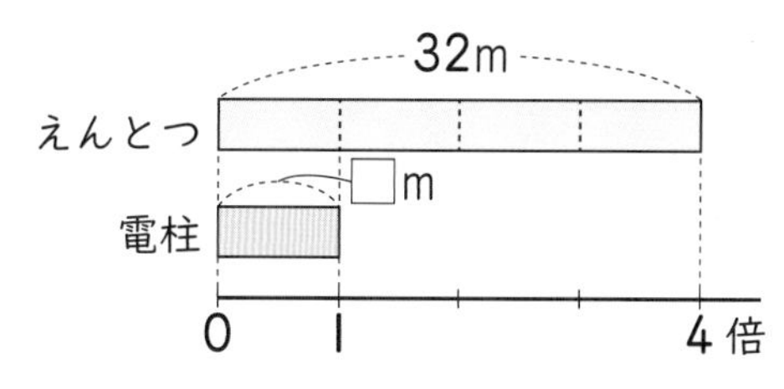

たいせつ
もとにする大きさをもとめるときは、□を使ってかけ算の式に表すと考えやすくなります。

4 姉は48まいのカードを持っています。姉の持っているカードのまい数は、妹の持っているカードのまい数の８倍です。妹の持っているカードのまい数は何まいですか。

教科書 79ページ3

妹の持っているまい数を□まいとして、□を使ったかけ算の式に表してみよう。

式

答え（　　　　）

ポイント ○倍の大きさをもとめるのか、何倍かをもとめるのかを問題をよく読んで式を考えましょう。

勉強した日 月 日

もくひょう

三角形の名前をおぼえよう。また、三角形をかけるようになろう。

おわったらシールをはろう

1 二等辺三角形と正三角形

きほんのワーク

教科書 ㊦80～87ページ 答え 39ページ

きほん1 二等辺三角形や正三角形がわかりますか。

☆ 右の㋐～㋔の三角形の中から、二等辺三角形と正三角形をえらびましょう。

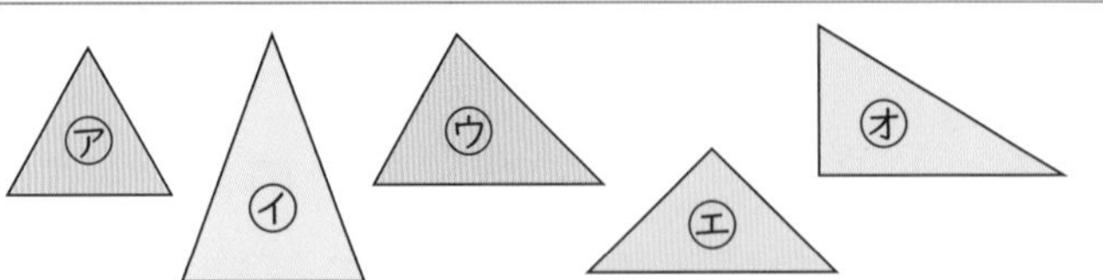

とき方 ㋐～㋔の三角形の辺の長さをコンパスで調べます。

2つの辺の長さが等しい…□、□

3つの辺の長さがどれも等しい…□

辺の長さがみんなちがう…□、□

たいせつ

2つの辺の長さが等しい三角形を**二等辺三角形**といい、3つの辺の長さがどれも等しい三角形を**正三角形**といいます。また、直角のある二等辺三角形を直角二等辺三角形といいます。

直角

答え 二等辺三角形 □ と □

正三角形 □

1 下の図で、二等辺三角形と正三角形をえらびましょう。 教科書 81ページ1

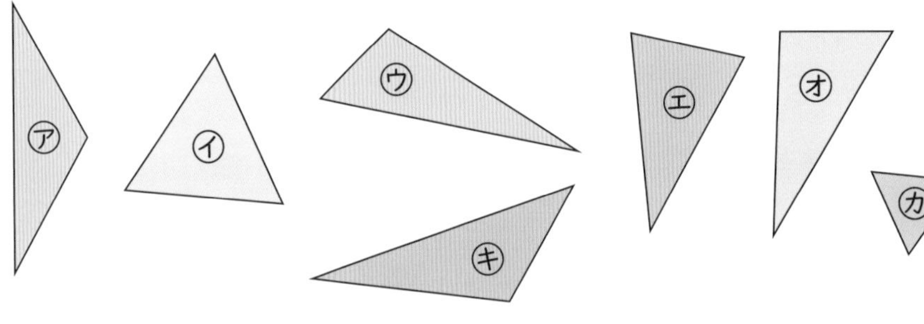

辺の長さをくらべるには、コンパスを使うといいね。

二等辺三角形（　　　　）

正三角形（　　　　）

2 次の三角形の名前を答えましょう。 教科書 81ページ1

❶ 6cmのひご2本、3cmのひご1本でできる三角形（　　　　）

❷ 6cmのひご3本でできる三角形（　　　　）

さんすうはかせ 【三角形の中心はどこ？】あつさの同じ三角形の紙板があって、この紙板でくるくる回るコマを作ろうとすると、どこを「じく」にすればよいでしょう。 （答えは106ページ）

きほん2 二等辺三角形や正三角形のかき方がわかりますか。

☆辺の長さが2cm、4cm、4cmの二等辺三角形をかきましょう。

とき方 じょうぎとコンパスを使って、次のようにしてかきます。

1 2cmの辺をかく。

2 コンパスに4cmの長さをうつしとり、2cmの辺のかたほうのはしの点を中心にして円をかく。

3 2cmの辺のもう1つのはしの点を中心に同じように円をかく。

4 2と3の交わった点と2cmの辺の両(りょう)はしの点をむすぶ。

答え

3 次の三角形をかきましょう。

教科書 83ページ2 84ページ3

❶ 辺の長さが4cm、3cm、3cmの二等辺三角形

❷ 1辺(へん)の長さが3cmの正三角形

❸ 辺の長さが5cm、5cm、3cmの二等辺三角形

4 下の円とその中心を使って、二等辺三角形を1つかきましょう。

教科書 85ページ4

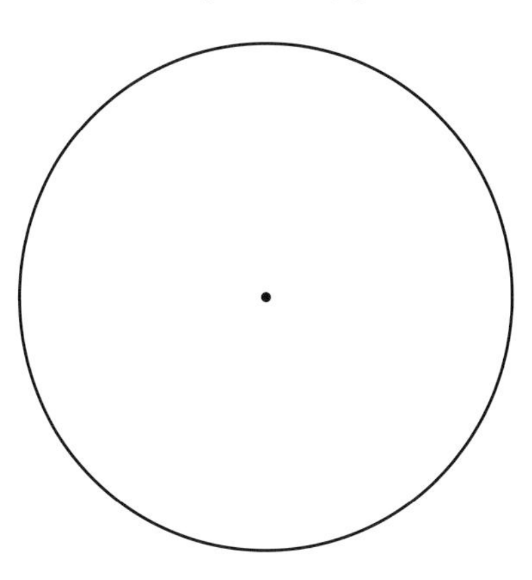

1つの円では、半径(はんけい)の長さはみんな同じだから、中心と円のまわりの点2つをむすぶと二等辺三角形になるんだね。

ポイント 二等辺三角形や正三角形を見つけるときは、三角形の大きさやおかれているいちにかんけいなく、辺の長さだけに注目(ちゅうもく)します。

勉強した日　　月　　日

2 三角形と角

もくひょう
角の大きさをくらべることができるようにしよう。

おわったらシールをはろう

きほんのワーク

教科書 下 88〜91ページ　答え 40ページ

きほん 1　角の大きさをくらべることができますか。

☆ 下の三角じょうぎのあといの角の大きさは、どちらが大きいですか。

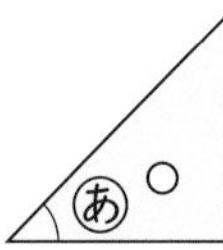

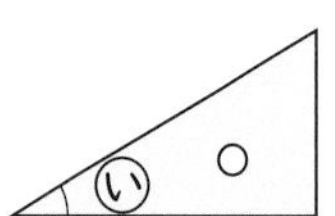

とき方　2つの三角じょうぎを重ねて、角の大きさをくらべます。

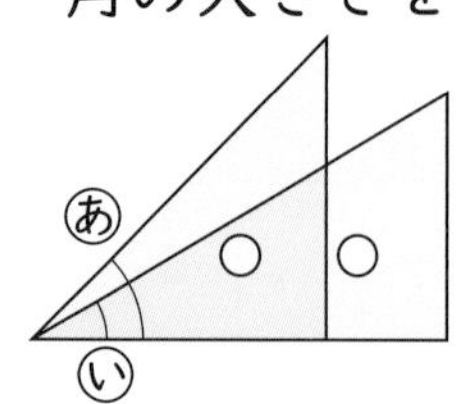

[　　] の角のほうが [　　] の角より大きくなっています。

たいせつ
1つのちょう点からでている2つの辺がつくる形を、**角**といいます。角をつくっている辺の開きぐあいを、**角の大きさ**といいます。角の大きさは、辺の長さにかんけいなく、辺の開きぐあいだけで決まります。

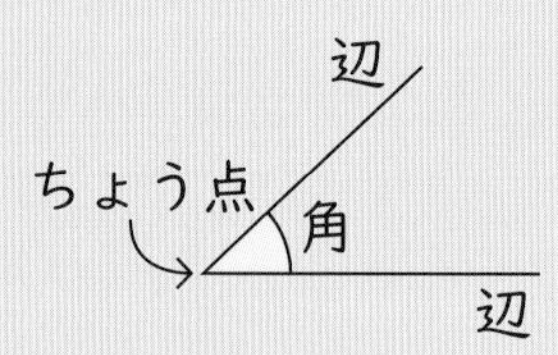

答え [　　] の角

1 右の図のように、三角じょうぎを重ねました。　教科書 88ページ1

❶ いちばん小さい角はあ〜かのどの角ですか。　(　　　　)

❷ 直角になっている角はあ〜かのどの角とどの角ですか。　(　　　　)

❸ いの角と等しい大きさの角はあ〜かのどの角ですか。　(　　　　)

❹ 次の角はどちらが大きいですか。大きいほうを○でかこみましょう。

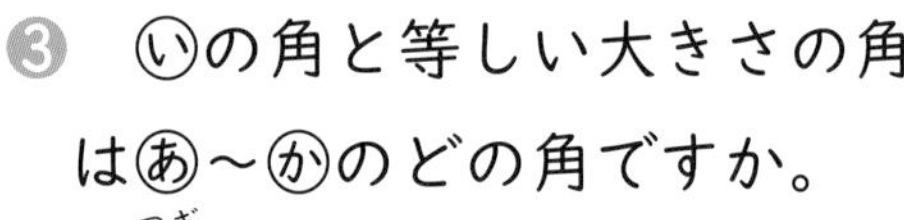

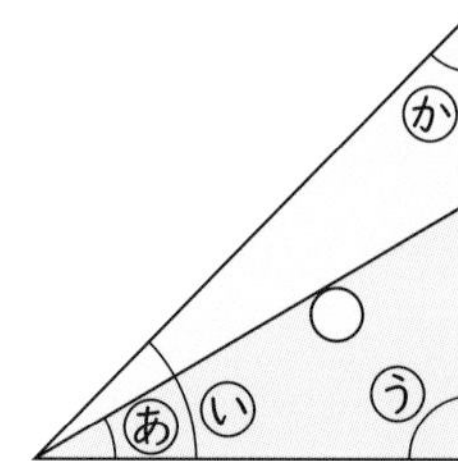

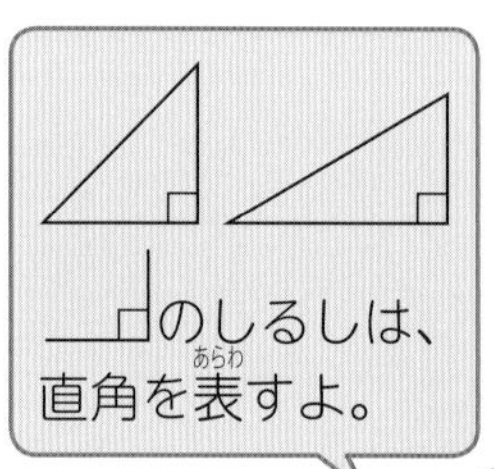

2 下のあ〜おの角の大きさをくらべて、大きいじゅんに書きましょう。

教科書 89ページ△1

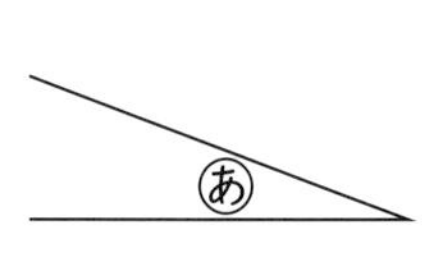

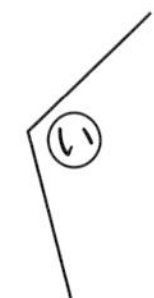

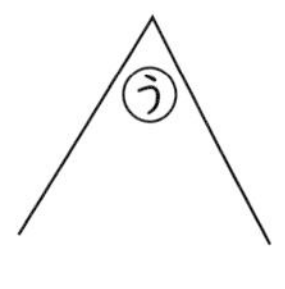

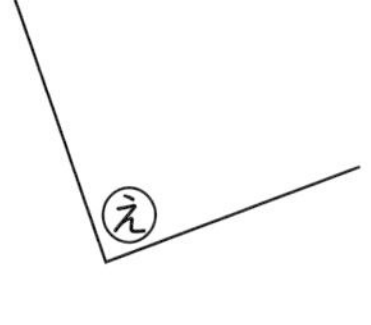

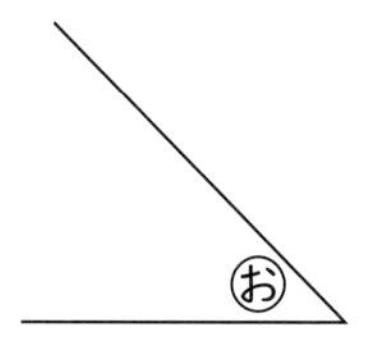

(　　　　　　　　　　)

さんすうはかせ　三角形のちょう点から向かい合う辺の真ん中の点をむすんだ線が1つに交わった点を「重心」といって、これが三角形の中心で、コマの「じく」になるよ。

きほん2　二等辺三角形や正三角形の角の大きさがわかりますか。

☆ 右の㋐と㋑の三角形の角の大きさについて答えましょう。

❶ ㋑と等しい大きさの角はどの角ですか。

❷ ㋓と等しい大きさの角はどの角ですか。

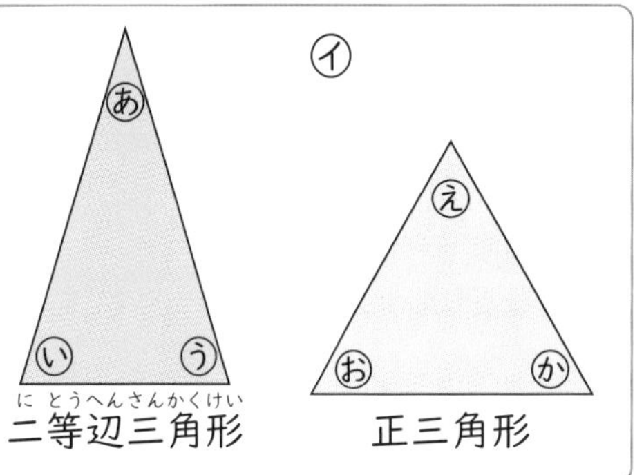

とき方　㋐は二等辺三角形なので、いと□の2つの角の大きさが等しくなっています。㋑は正三角形なので、えと□と□の3つの角の大きさがすべて等しくなっています。

たいせつ

二等辺三角形では、2つの角の大きさが等しくなっています。正三角形では、3つの角の大きさがすべて等しくなっています。

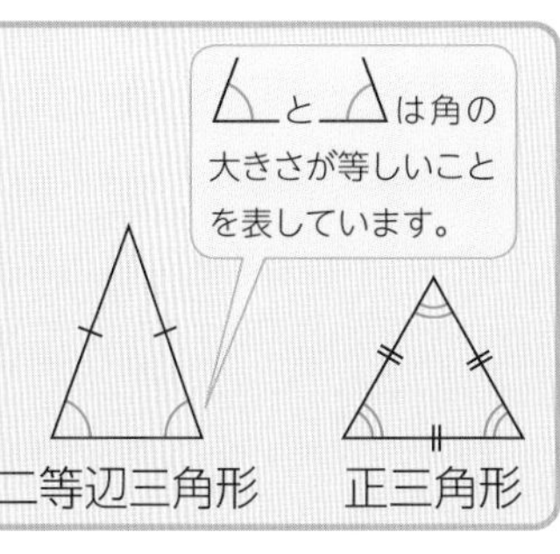

答え　❶ □の角　❷ □の角と□の角

3 下の図のように、三角じょうぎを2まいならべると、それぞれ何という三角形ができますか。

教科書 91ページ2

❶ （　　　）

❷ 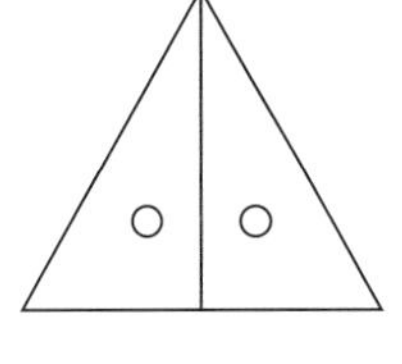 （　　　）

❸ 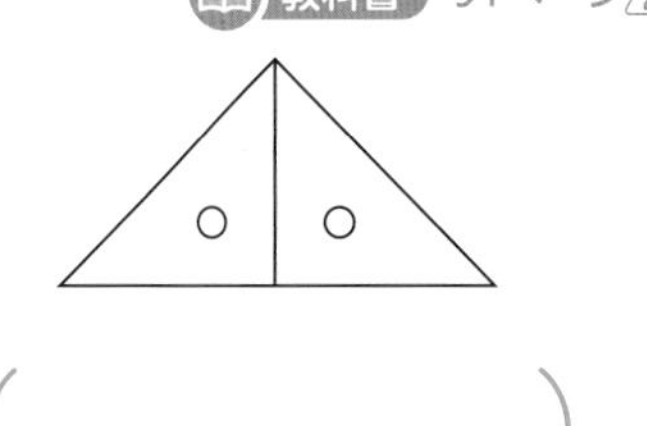 （　　　）

きほん3　二等辺三角形や正三角形を使って、いろいろな形が作れますか。

☆ 右の㋐の正三角形を3まいしきつめて㋑の形を作るには、どのようにしきつめればよいですか。

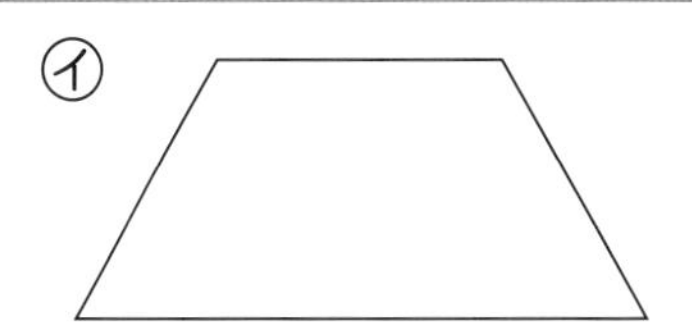

とき方　㋐の正三角形をすきまなくならべます。

答え　上の図に記入

4 下の図は、それぞれ何という名前の三角形をならべたものですか。

教科書 91ページ

❶ 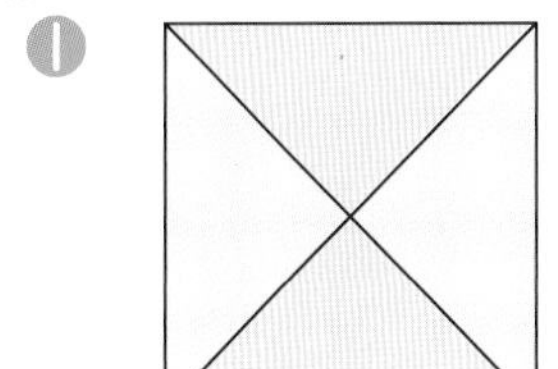 （　　　）

❷ 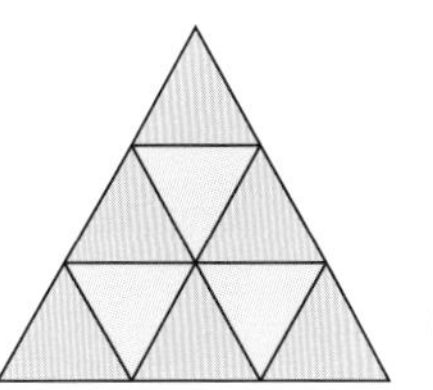 （　　　）

ポイント　二等辺三角形や正三角形をすきまなくならべて、もようを作ることができます。いろいろなもようを作ってみましょう。

練習のワーク

勉強した日 月 日

できた数 /9問中

おわったらシールをはろう

教科書 下 80〜93ページ 答え 40ページ

1 いろいろな三角形 下の三角形を調べ、二等辺三角形には○を、正三角形には△を、どちらでもないものには×をつけましょう。

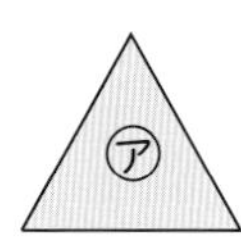

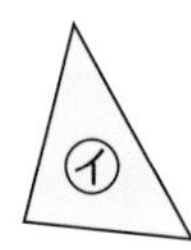

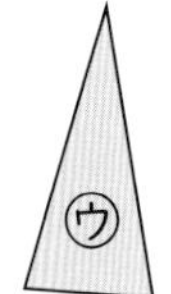

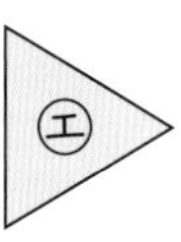

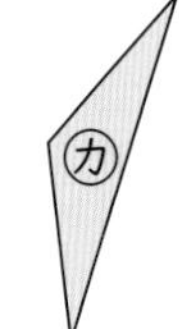

たいせつ
二等辺三角形…2つの辺の長さが等しい三角形
正三角形…3つの辺の長さがどれも等しい三角形

2 正三角形のかき方 右の円の半径は2cmで、アの点は中心です。この円とその中心を使って、1辺の長さが2cmの正三角形を1つかきましょう。

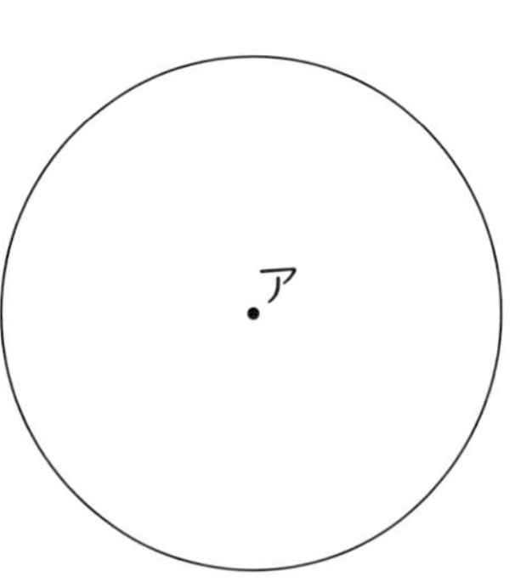

正三角形のかき方
(れい) 円のまわりにイの点をかき、コンパスを使って、ウの点を決めます。

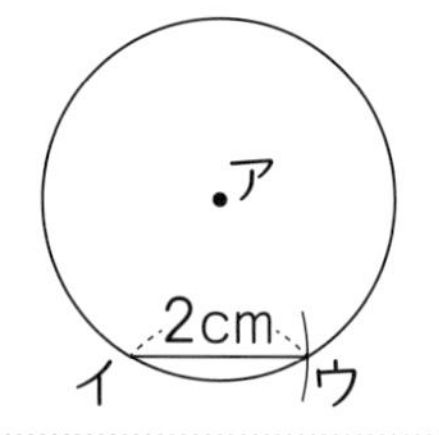

3 角の大きさ 下のあ〜えの角の大きさをくらべて、大きいじゅんに書きましょう。

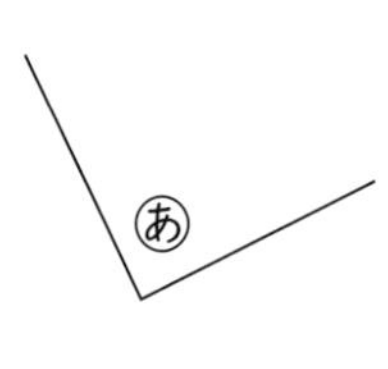

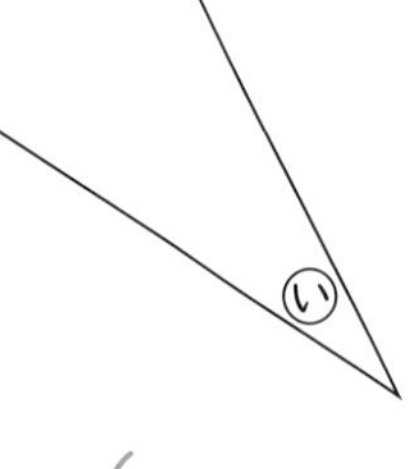

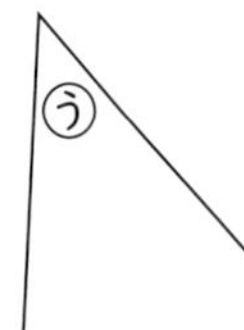

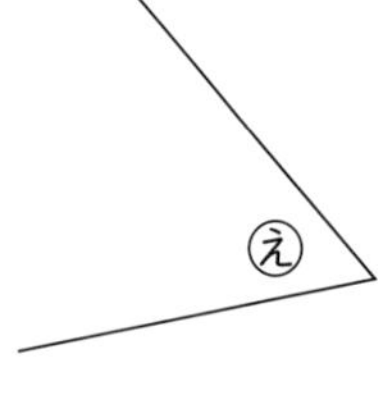

( )

三角じょうぎの角より大きいか小さいかでくらべることができるね。

4 二等辺三角形のしきつめ 右の図のアの二等辺三角形をしきつめて、イの二等辺三角形を作ります。アの二等辺三角形は何まいひつようですか。

向きにも注意しましょう。

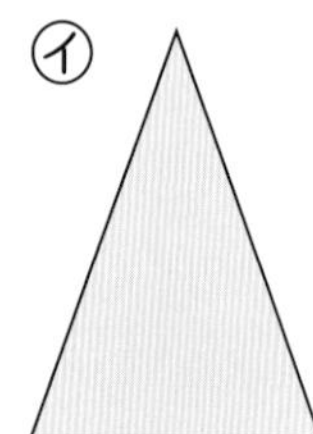

( )

できるナビ 二等辺三角形や正三角形のとくちょうが言えるようにきちんとおぼえておこう。

1 次(つぎ)の三角形の名前を答えましょう。また、三角形をノートにかきましょう。

1つ11〔22点〕

❶ 辺の長さが10cm、7cm、7cmの三角形　(　　　　)

❷ どの辺の長さも9cmの三角形　(　　　　)

2 下の図のように、長方形の紙を2つにおって点線のところで切ります。広げた形は、何という三角形になりますか。

1つ10〔30点〕

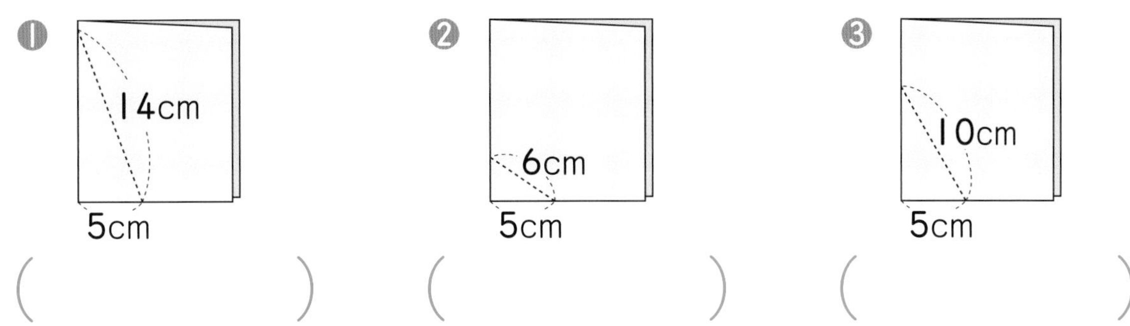

❶ (　　　　)　❷ (　　　　)　❸ (　　　　)

3 三角じょうぎを使って、下の㋐〜㋒、㋕〜㋗の角の大きさを調べ、□にあてはまる数を書きましょう。

1つ8〔24点〕

❶ ㋒の角の大きさは、㋑の角の□こ分。

❷ ㋐の角の大きさは、㋑の角の□こ分。

❸ ㋕の角の大きさは、㋖の角の□こ分。

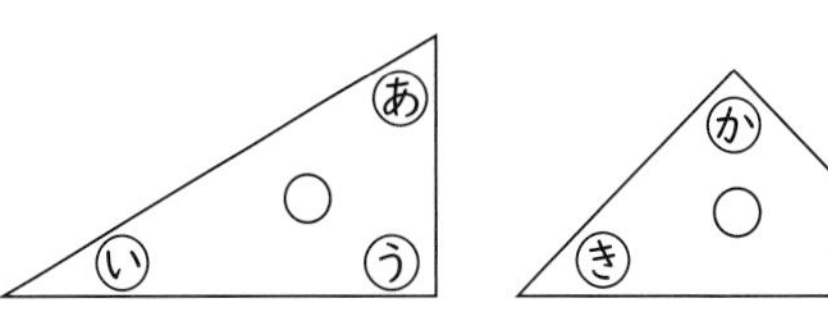

4 下の図のように、半径の長さが等しい3つの円をかきました。

1つ8〔24点〕

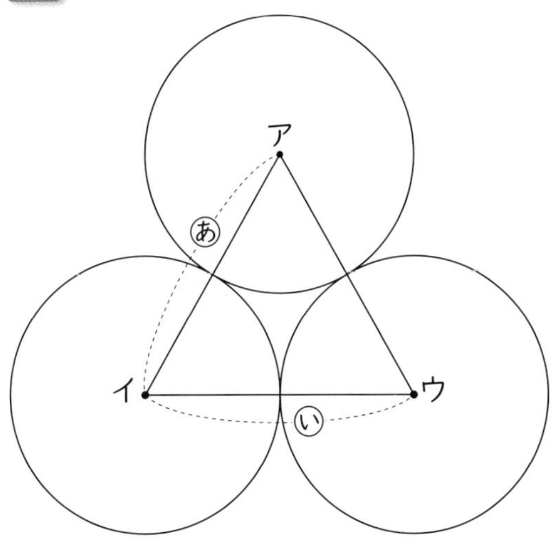

❶ それぞれの円の中心ア、イ、ウをむすんでできる三角形の名前を答えましょう。

(　　　　)

❷ 円の半径を2cmとするとき、図の㋐、㋑の長さは何cmですか。

㋐ (　　　　)

㋑ (　　　　)

□ 二等辺三角形と正三角形のとくちょうはおぼえたかな？
□ 三角じょうぎのそれぞれの角の大きさのかんけいを使えたかな？

勉強した日　月　日

もくひょう

そろばんを使って数を表したり、計算ができるようになろう。

おわったら シールを はろう

そろばん
きほんのワーク

教科書 ㊦95～97ページ　答え 41ページ

きほん 1　そろばんに入れた数のよみ方がわかりますか。

☆右のそろばんに入れた数はいくつですか。数字で書きましょう。

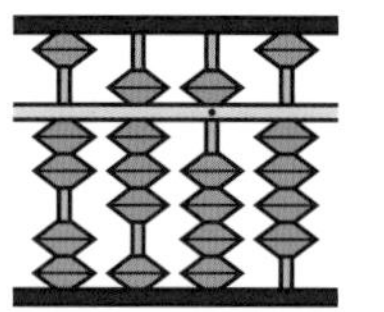

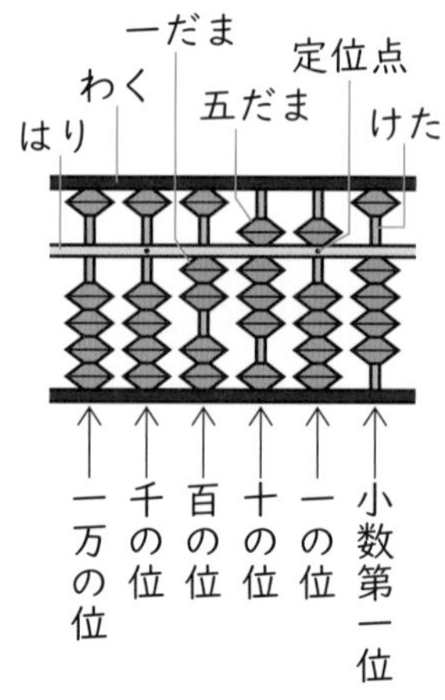

とき方　定位点のあるけたを一の位として、そこからじゅんに位取りをします。

百の位の数は［　］、十の位の数は［　］、一の位の数は［　］、小数第一位の数は［　］なので、このそろばんに入れた数は、［　］です。

答え［　］

1 そろばんに入れた数はいくつですか。数字で書きましょう。　教科書 95ページ

❶ （　　　）

❷ （　　　）

1、2、3、4の入れ方と取り方

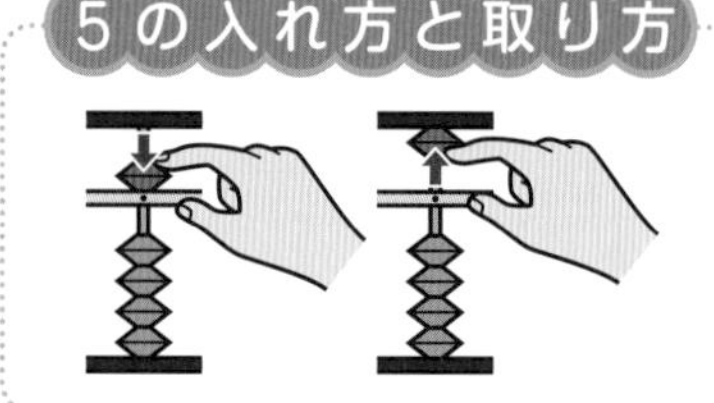

5の入れ方と取り方

きほん 2　そろばんを使って、たし算ができますか。

☆そろばんを使って、54＋32の計算をしましょう。

とき方　大きい位の数から計算していきます。

54を入れる。

32の30をたすには、十の位の一だまを3こ入れる。

32の2をたすには、一の位の五だまを入れて、一だまを3こ取る。

7の入れ方と取り方

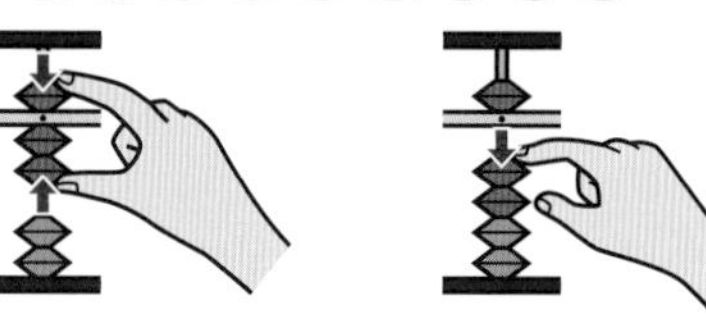

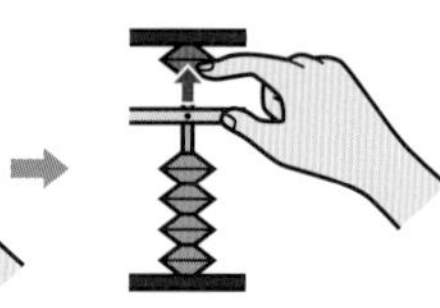

答え［　］

さんすうはかせ　そろばんは世界中にいろいろあり、今のこっているいちばん古いそろばんは、紀元前300年ごろの「サラミスのそろばん」といわれているものだよ。

2 そろばんを使って、計算をしましょう。 教科書 96ページ

❶ 27+52　❷ 32+14　❸ 70+27　❹ 16+83

きほん3 そろばんを使って、ひき算ができますか。

☆ そろばんを使って、54－32の計算をしましょう。

とき方 大きい位の数から計算していきます。

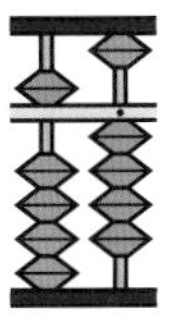

54を入れる。

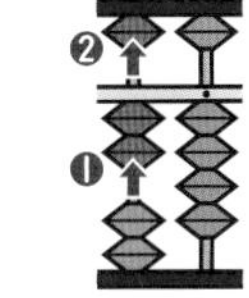

32の30をひくには、十の位の一だまを2こ入れて、五だまを取る。

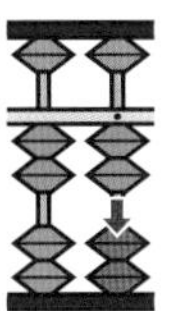

32の2をひく。

答え

3 そろばんを使って、計算をしましょう。 教科書 96ページ

❶ 48－23　❷ 65－14　❸ 96－52　❹ 80－37

きほん4 そろばんを使って、小数や大きい数の計算ができますか。

☆ そろばんを使って、計算をしましょう。

❶ 1.4+0.3　❷ 7万+9万

とき方 ❶は14+3と同じように、❷は7+9と同じように計算します。

❶

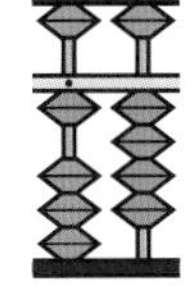

1.4を入れる。

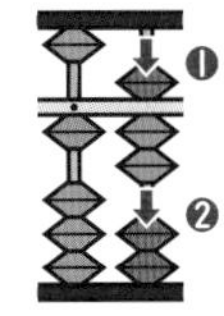

0.3をたすには、小数第一位の五だまを入れて、一だまを2こ取る。

❷

7万を入れる。

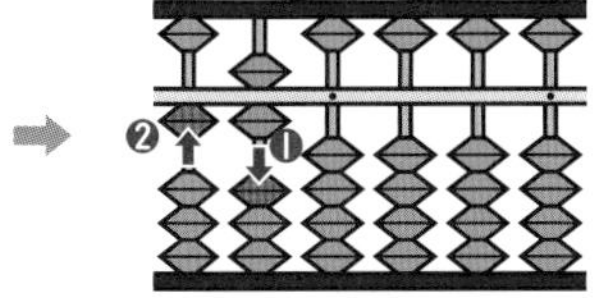

9万をたすには、一万の位の一だまを1こ取り、十万の位の一だまを1こ入れる。

答え ❶ ❷

4 そろばんを使って、計算をしましょう。 教科書 97ページ

❶ 0.6+1.7　❷ 3.4－1.9　❸ 8万+4万　❹ 7万－3万

ポイント 正しい数の入れ方、取り方をおぼえましょう。そろばんのたし算、ひき算は大きい位からじゅんに計算していきます。小数や大きい数の計算もできるようになりましょう。

練習のワーク

教科書 ㊦95～97ページ　答え 42ページ

できた数　/20問中

おわったら シールを はろう

1 そろばんについて □にあてはまることばを書きましょう。

そろばんに 426.8 という数を入れるときは、定位点に注意して、□の位、□の位、□の位、□のじゅんに、4、2、6、8 を入れます。

定位点のどれかを一の位と決めて、そこからじゅんに位取りをするよ。

2 そろばんのよみ方 次のそろばんに入れた数はいくつですか。数字で書きましょう。

❶ 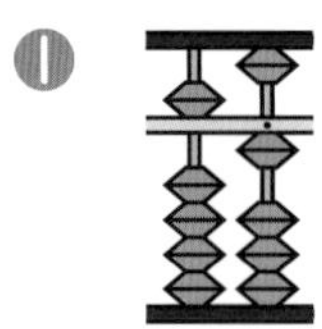（　　　）

❷ （　　　）
十の位は 0 になっています。

❸ （　　　）
百の位と一の位は 0 になっています。

❹ （　　　）
定位点の 1 つ右は、小数第一位です。

数のよみ方
そろばんは、一だま 1 こで 1 を表し、五だま 1 こで 5 を表します。

3 そろばんを使った計算 そろばんを使って、計算をしましょう。

❶ 53＋42　❷ 28＋43　❸ 95－72

❹ 86－47　❺ 6.7＋8.1　❻ 2.6＋3.4
67＋81 と同じように計算します。

❼ 4.3－2.4　❽ 7－2.8　❾ 3 万＋8 万
3＋8 と同じように計算します。

❿ 5 万＋7 万　⓫ 9 万－3 万　⓬ 7 万－4 万

できるナビ　そろばんを使って数を表したり、正しく計算ができるようにしよう。

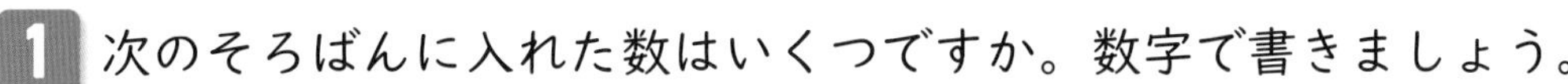

1 次のそろばんに入れた数はいくつですか。数字で書きましょう。 1つ5〔10点〕

❶ 

千の位は０に
なっています。

（　　　）

❷ 

（　　　）

2 そろばんを使って、計算をしましょう。 1つ5〔60点〕

❶ 35＋14　❷ 62＋33　❸ 24＋71

❹ 47＋83　❺ 96＋25　❻ 57＋67

❼ 89－27　❽ 55－23　❾ 86－53

❿ 77－34　⓫ 63－17　⓬ 91－43

3 そろばんを使って、計算をしましょう。 1つ5〔30点〕

❶ 0.4＋0.9　❷ 1.2－0.7　❸ 7.1－3.8

❹ 6万＋5万　❺ 7万＋3万　❻ 8万－4万

□ そろばんに入れた数を数字で表すことができたかな？
□ そろばんを使って、たし算やひき算が正しくできたかな？

勉強した日　月　日

学びのワーク 間の数に注目して

●図を使って考える

おわったら シールを はろう

教科書 ㊦98～99ページ　答え 42ページ

きほん1 直線の間の数に目をつけた問題の考え方がわかりますか。

☆道にそって、14mごとに木が植えてあります。あゆみさんは、1本めから6本めまで走ります。あゆみさんは、何m走ることになりますか。

とき方 木を●として、図をかいて考えます。

●—●—●—●—●—●
14m 14m 14m 14m 14m

木の数は6本、木と木の間の数は□つだから、走る長さは、

14×□＝□より、□mになります。　答え □m

1 道にそって、8mごとに木が植えてあります。たかしさんは、1本めから7本めまで走ります。　教科書 98ページ1

❶ 木と木の間の数を答えましょう。

式

答え（　　　）

❷ たかしさんは、何m走ることになりますか。

式

答え（　　　）

2 10人の子どもが、それぞれ15mずつ間をあけて、横に1列にならびました。いちばん左の子どもから、いちばん右の子どもまでのきょりは、何mですか。

式

教科書 98ページ1

答え（　　　）

さんすうはかせ 等しい間かくで木やはたがならんでいるとき、木などの数とその間の数のかんけいから全体の長さを考える問題を「植木算」ともいうよ。

きほん 2 まるい形の間の数に目をつけた問題の考え方がわかりますか。

☆まるい形をした池のまわりに、木が14mごとに、6本植えてあります。この池のまわりを1しゅうすると、何mになりますか。

とき方 木を●として、図をかいて考えます。

木の数は6本、木と木の間の数は［　］なので、池のまわりを1しゅうすると、

14×［　］＝［　］より、

［　］mになります。

答え  m

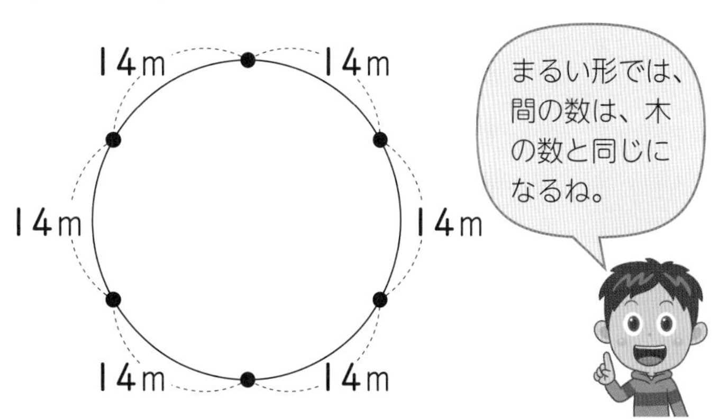

3 まるい形をした池のまわりに、がいとうが8mごとに、7本立っています。 教科書 99ページ2

❶ がいとうとがいとうの間の数を答えましょう。

（　　　　）

❷ この池のまわりを1しゅうすると、何mになりますか。

式

答え（　　　　）

4 運動場（うんどうじょう）に大きな円をかき、15mごとにはたを10本立てました。この円のまわりを1しゅうすると、何mになりますか。 教科書 99ページ2

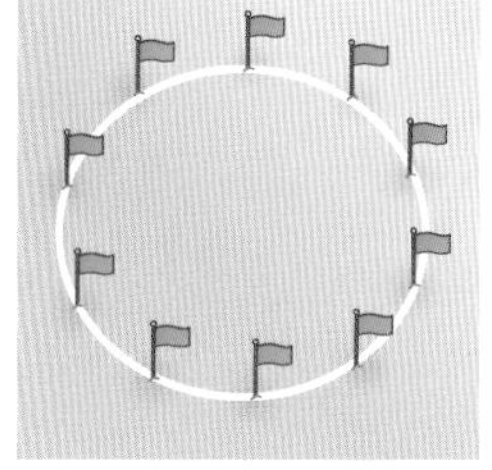

式

答え（　　　　）

ポイント 間の数が木の数よりも1つ少なくなる場合と、間の数と木の数が同じになる場合のちがいに気をつけることが大切です。

1 ㋐〜㋕のめもりが表す数はいくつですか。 1つ5〔30点〕

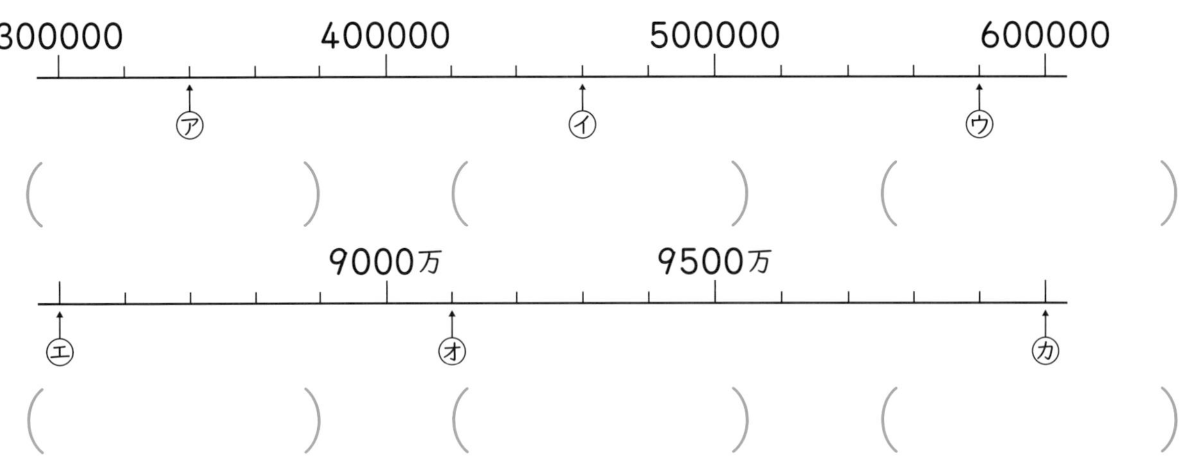

( ) ( ) ( )

( ) ( ) ( )

2 計算をしましょう。 1つ5〔45点〕

❶ 649+821　❷ 4621+2393　❸ 902−368

❹ 6375−4927　❺ 35×8　❻ 42×7

❼ 74×28　❽ 436×3　❾ 506×4

3 計算をしましょう。あまりがあるときは、あまりも出しましょう。 1つ5〔25点〕

❶ 28÷7　❷ 52÷6　❸ 42÷2

❹ 38÷5　❺ 75÷9

チェック
□数直線に表された大きい数が理かいできたかな？
□大きい数のたし算、ひき算、かけ算、わり算が正しくできたかな？

1 9cm のピンクのリボンと 27cm の水色のリボンがあります。 1つ8〔32点〕

❶ ピンクのリボンの 8 倍(ばい)の長さは何cm ですか。

式

答え（　　　　　）

❷ 水色のリボンの長さは、ピンクのリボンの長さの何倍ですか。

式

答え（　　　　　）

2 □にあてはまる数を書きましょう。 1つ6〔30点〕

❶ 1 を 2 こと、0.1 を 9 こあわせた数は □ です。

❷ 43.7 は 10 を □ こ、1 を □ こ、0.1 を □ こあわせた数です。

❸ 1.4 L は、0.1 L を □ こ集(あつ)めたかさです。

❹ $\frac{1}{9}$ m の □ こ分の長さは、1 m です。

❺ $\frac{1}{3}$ の 8 こ分は □ です。

3 下の数直線の、□にあてはまる分数と、⬚にあてはまる小数を書きましょう。 1つ5〔20点〕

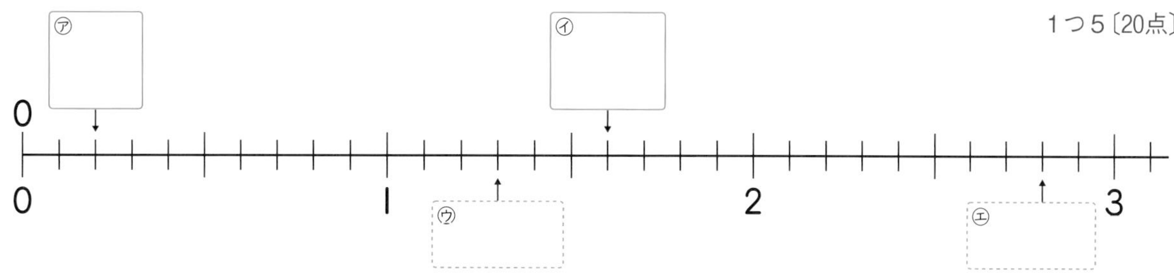

4 □にあてはまる等号(とうごう)や不等号(ふとうごう)を書きましょう。 1つ6〔18点〕

❶ 0.6 □ $\frac{7}{10}$　❷ 1.3 □ 0.9　❸ 1 □ $\frac{10}{10}$

□ 倍の計算が正しくできたかな？
□ 小数と分数のしくみが理かいできたかな？

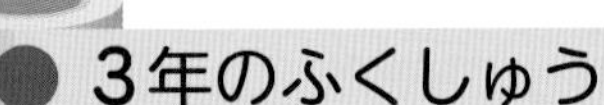

勉強した日　月　日

まとめのテスト③

教科書 ㊦100～104ページ　答え 43ページ

時間 20分　とく点 /100点　おわったらシールをはろう

1 計算をしましょう。　1つ4〔48点〕

❶ $7.2+4.6$　❷ $3.8+5.2$　❸ $4.7+2.9$　❹ $8+6.5$

❺ $2.8-0.6$　❻ $3-1.7$　❼ $9.1-6.3$　❽ $8-2.7$

❾ $\frac{5}{9}+\frac{3}{9}$　❿ $\frac{8}{10}+\frac{2}{10}$　⓫ $\frac{3}{5}-\frac{2}{5}$　⓬ $1-\frac{1}{6}$

2 次の円を□の中にかきましょう。　1つ10〔20点〕

❶ 半径が 1cm5mm の円

❷ 直径が 4cm の円

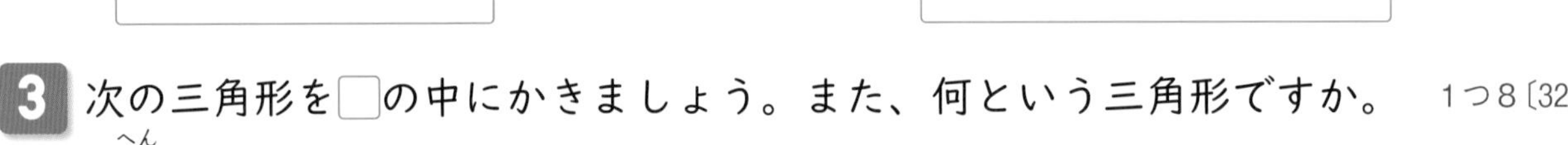

3 次の三角形を□の中にかきましょう。また、何という三角形ですか。　1つ8〔32点〕

❶ 辺の長さが 2.5cm、2.5cm、2.5cm の三角形

名前（　　　　）

❷ 辺の長さが 3cm5mm、3cm、3cm の三角形

名前（　　　　）

チェック
□小数、分数のたし算やひき算が正しくできたかな？
□円や三角形が正しくかけたかな？

勉強した日  月　日

まとめのテスト④

教科書 ㊦ 100～104ページ　答え 44ページ

とく点　/100点

おわったらシールをはろう

1 右のように、箱に同じ大きさのボールがぴったり入っています。　1つ15〔30点〕

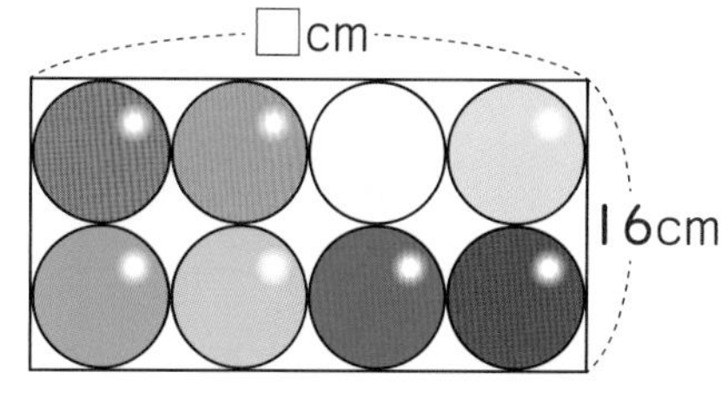

❶ ボールの直径は何cmですか。

(　　　　　)

❷ 図の□にあてはまる数を書きましょう。

(　　　　　)

2 □にあてはまる数を書きましょう。　1つ7〔42点〕

❶ 1分10秒=□秒

❷ 2km300m=□m

❸ 4.7cm=□cm□mm

❹ 5570g=□kg□g

❺ 1t=□kg

❻ 6.8L=□L□dL

3 はりのさしている重さを答えましょう。　1つ7〔14点〕

❶

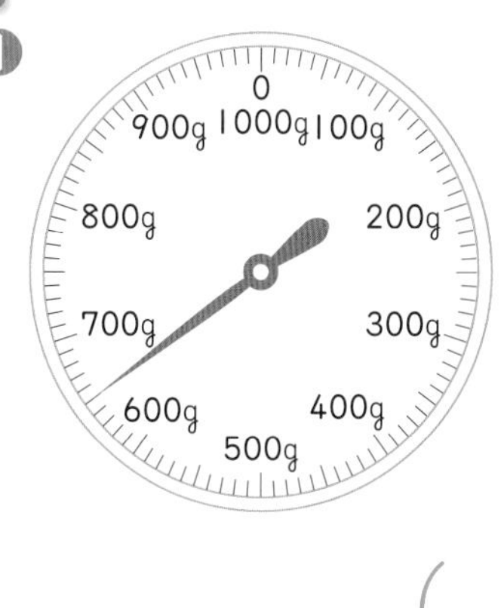

(　　　　　)

❷

0
2kg
200g
400g
1kg 500g
600g
800g
1kg

(　　　　　)

4 3時30分から45分後の時こくと、45分前の時こくをもとめましょう。　1つ7〔14点〕

45分後の時こく (　　　　　)

45分前の時こく (　　　　　)

チェック
□ 球のとくちょうが理かいできたかな？
□ 同じ大きさを、いろいろなたんいで表すことができたかな？

まとめのテスト⑤

教科書 ㊦ 100〜104ページ　答え 44ページ

1 右の地図を見て、答えましょう。 1つ10〔40点〕

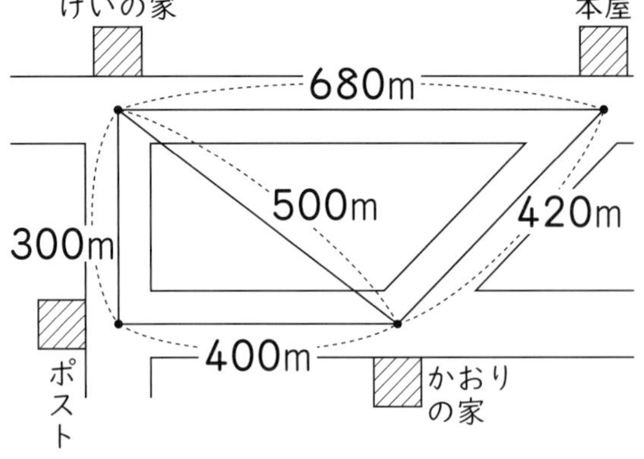

❶ けいさんの家からかおりさんの家までの道のりは、ポストの前を通るときと本屋の前を通るときでは、何m ちがいますか。

式

答え（　　　）

❷ けいさんの家からかおりさんの家までの、長いほうの道のりときょりのちがいは何m ですか。

式

答え（　　　）

2 下の表(ひょう)は、まゆみさんの組の人たちのすきな動物(どうぶつ)を調(しら)べてまとめたものです。 1つ20〔60点〕

❶ この表をぼうグラフに表(あらわ)しましょう。

すきな動物調べ

しゅるい	人数(人)
うさぎ	3
パンダ	8
犬	9
ライオン	5
その他(た)	4

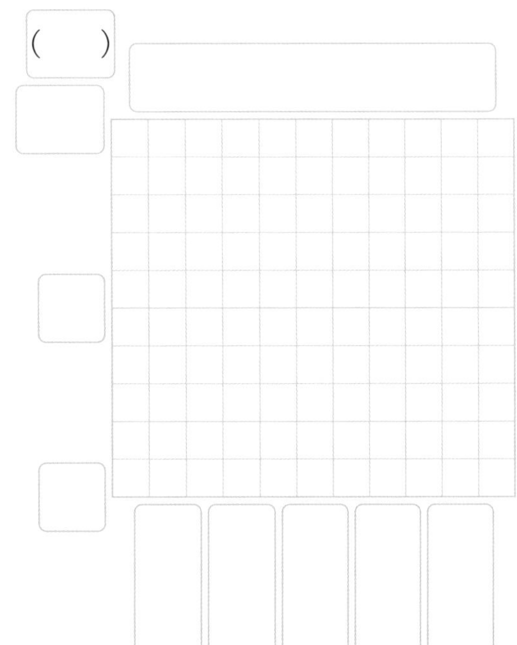

❷ グラフの１めもりは、何人を表していますか。

（　　　）

❸ すきな人数がいちばん多い動物のしゅるいは何ですか。

（　　　）

ふろくの「計算練習ノート」28〜29ページをやろう！

□道のりときょりのちがいが理かいできたかな？
□ぼうグラフを正しくかくことができたかな？

●勉強した日　　月　　日

実力判定テスト

夏休みのテスト②

時間 30分

名前　　とく点　　/100点

おわったらシールをはろう

教科書 上 8～81ページ　答え 45ページ

1 計算をしましょう。　1つ3〔12点〕

❶ 7×10　（　　）
❷ 0×0　（　　）
❸ 0÷9　（　　）
❹ 8÷8　（　　）

2 計算をしましょう。　1つ3〔12点〕

❶ 416+247　（　　）
❷ 2437+5624　（　　）
❸ 964−387　（　　）
❹ 1002−614　（　　）

3 □にあてはまる数を書きましょう。　1つ4〔12点〕

❶ 4×2=□×4
❷ 85秒=□分□秒
❸ 1分45秒=□秒

4 プールにいた時間は1時間50分、公園にいた時間は40分です。あわせて何時間何分ですか。　〔6点〕

（　　）

5 875まいの画用紙のうち、658まいを使いました。あと何まいのこっていますか。　1つ4〔8点〕

式

答え（　　）

6 ドーナツが27こあります。　1つ5〔20点〕

❶ 1人に3こずつ分けると、何人に分けられますか。

式

答え（　　）

❷ 9人に同じ数ずつ分けると、1人分は何こになりますか。

式

答え（　　）

7 みきさんの家から学校までのきょりは何mですか。また、みきさんの家から学校までの道のりは何km何mですか。　1つ5〔10点〕

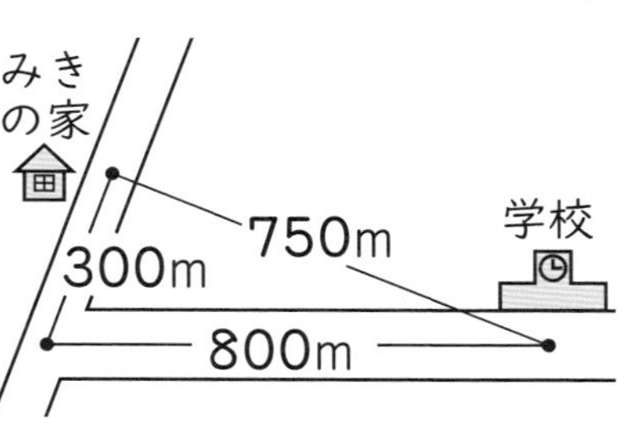

きょり（　　）　道のり（　　）

8 右の2つの表は、あゆみさんたちが、校門の前の道を10分間に通った乗用車とトラックの数を調べたものです。　1つ10〔20点〕

車調べ(南行き)

しゅるい	台数(台)
乗用車	23
トラック	13

車調べ(北行き)

しゅるい	台数(台)
乗用車	14
トラック	7

❶ 上の2つの表を、右の1つの表にまとめましょう。

車調べ　(台)

	南行き	北行き	合計
乗用車	あ	え	き
トラック	い	お	く
合計	う	か	け

❷ 10分間に、校門の前を通った乗用車とトラックの台数は合計何台ですか。

（　　）

夏休みのテスト①

時間30分　名前　とく点　/100点　おわったらシールをはろう

教科書　上8～81ページ　答え　45ページ

1 計算をしましょう。　1つ3〔9点〕

❶ 2×10　❷ 0×9　❸ 8×0

(　　)　(　　)　(　　)

2 □にあてはまる数を書きましょう。　1つ4〔8点〕

❶ 9×3＝9×4－□

❷ 10×7 ＜ 2×7＝□ ／ □×7＝□　あわせて□

3 かずやさんは、午後3時50分から、午後4時35分まで、公園で遊(あそ)びました。公園で遊んだ時間は何分ですか。　〔6点〕

(　　)

4 計算をしましょう。　1つ3〔9点〕

❶ 36÷9　❷ 64÷8　❸ 4÷1

(　　)　(　　)　(　　)

5 56cmのリボンがあります。　1つ4〔16点〕

❶ 同じ長さずつ8本に切ると、1本の長さは何cmになりますか。

式

答え(　　)

❷ 7cmずつに切ると、何本になりますか。

式

答え(　　)

6 計算をしましょう。　1つ4〔16点〕

❶ 368＋782　❷ 5342＋559

(　　)　(　　)

❸ 700－408　❹ 8546－2738

(　　)　(　　)

7 みなこさんは、3568円のスカートを買うために5000円さつを出しました。おつりはいくらですか。　1つ4〔8点〕

式

答え(　　)

8 □にあてはまる数を書きましょう。　1つ4〔8点〕

❶ 6km50m＝□m

❷ 2078m＝□km□m

9 まゆみさんのはんの人のちょ金を調(しら)べました。右の表(ひょう)を、ぼうグラフに表(あらわ)しましょう。　〔20点〕

みんなのちょ金

名前	金がく(円)
まゆみ	800
りょう	300
ゆうた	500
よしみ	900

0　(円)

●勉強した日　　月　　日

実力判定テスト

冬休みのテスト①

時間 30分

名前　　とく点　　/100点

おわったらシールをはろう

教科書　上 82〜125ページ、下 2〜42ページ　答え 46ページ

1 数字で書きましょう。 1つ3〔9点〕

❶ 七千二百五万千六十四
(　　　)

❷ 1000万を10こ集めた数
(　　　)

❸ 52600を10でわった数
(　　　)

2 計算をしましょう。 1つ3〔18点〕

❶ 40×6 (　　　)　❷ 900×5 (　　　)

❸ 42×8 (　　　)　❹ 521×7 (　　　)

❺ 90÷9 (　　　)　❻ 62÷2 (　　　)

3 1辺が12cmの正方形の中に、円がぴったり入っています。この円の半径の長さをもとめましょう。 〔5点〕

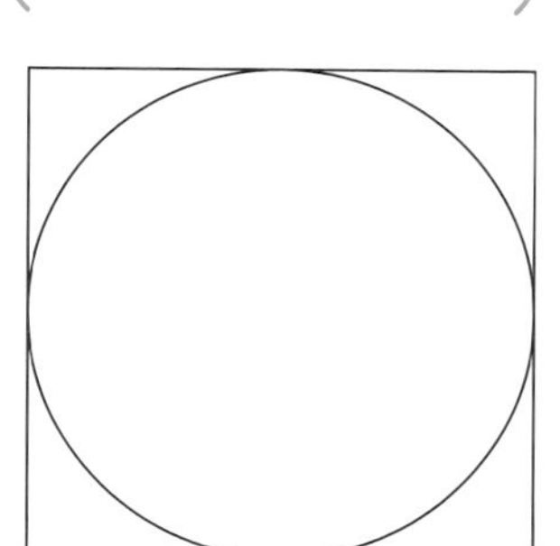

(　　　)

4 □にあてはまる数を書きましょう。 1つ4〔12点〕

❶ 4.3は、0.1を□こ集めた数です。

❷ 8.2は、1を□こと、0.1を□こあわせた数です。

❸ 7より0.9小さい数は□です。

5 計算をしましょう。 1つ3〔12点〕

❶ 0.9+2.2 (　　　)　❷ 3.6+5 (　　　)

❸ 8.2−4.9 (　　　)　❹ 7−6.3 (　　　)

6 □にあてはまる数を書きましょう。 1つ4〔16点〕

❶ 8kg=□g

❷ 2t=□kg

❸ 2kg500g=□g

❹ 6450g=□kg□g

7 計算をして、答えのたしかめもしましょう。 1つ3〔18点〕

❶ 38÷6　答え(　　　)　たしかめ(　　　)

❷ 48÷9　答え(　　　)　たしかめ(　　　)

❸ 71÷9　答え(　　　)　たしかめ(　　　)

8 28人の子どもがかんらん車に乗ります。1台のゴンドラに6人ずつ乗るとすると、みんなが乗るには、ゴンドラは何台あればよいですか。

式　1つ5〔10点〕

答え(　　　)

●勉強した日　月　日

実力判定テスト 冬休みのテスト②

時間 30分

名前　　とく点　／100点

おわったらシールをはろう

教科書 ㊤82～125ページ、㊦2～42ページ　答え 46ページ

1 下の数直線の㋐～㋓のめもりが表す数を答えましょう。　1つ3〔12点〕

7000万　㋐　8000万　㋑　9000万　㋒　㋓

㋐（　　）　㋑（　　）

㋒（　　）　㋓（　　）

2 計算をしましょう。　1つ3〔18点〕

❶ 60×8（　　）　❷ 700×7（　　）

❸ 37×4（　　）　❹ 389×6（　　）

❺ 80÷2（　　）　❻ 33÷3（　　）

3 くふうして計算しましょう。　1つ4〔12点〕

❶ 296×5×2（　　）

❷ 70×3×3（　　）

❸ 400×2×3（　　）

4 右のように、半径が3cmのボールが6こぴったり入る箱があります。この箱のたてと横の長さはそれぞれ何cmですか。　1つ4〔8点〕

たて（　　）　横（　　）

5 □にあてはまる数を書きましょう。　1つ3〔6点〕

❶ □mは、12mの3こ分の長さです。

❷ 16kgは、□kgの4こ分の重さです。

6 はりのさしている重さを答えましょう。　1つ4〔8点〕

❶（　　）　❷（　　）

7 計算をしましょう。　1つ4〔16点〕

❶ 5.7+3.6（　　）　❷ 2+4.7（　　）

❸ 3.4−1.8（　　）　❹ 4.8−3（　　）

8 計算をして、答えのたしかめもしましょう。　1つ3〔12点〕

❶ 25÷6　答え（　　）　たしかめ（　　）

❷ 52÷7　答え（　　）　たしかめ（　　）

9 39mの長さのロープを4mずつに切ります。4mの長さのロープは、何本できて、何mあまりますか。　1つ4〔8点〕

式

答え（　　）

●勉強した日　月　日

実力判定テスト

学年末のテスト②

時間 30分　名前　とく点 /100点　おわったらシールをはろう

教科書 ㊤8～125ページ、㊦2～104ページ　答え 47ページ

1 580を10倍、100倍、1000倍した数は、それぞれいくつですか。また、10でわった数はいくつですか。 1つ5〔20点〕

10倍（　　）　100倍（　　）

1000倍（　　）　10でわった数（　　）

2 コンパスを使って、直径が6cmの円をかきましょう。 〔5点〕

3 重さ200gのかごにみかんを入れてはかったら、1kg300gありました。みかんの重さは何kg何gですか。 1つ5〔10点〕

式

答え（　　）

4 クラッカーが63まいあります。何人かで同じ数ずつ分けたら、1人分は7まいになりました。分けた人数を□人として、わり算の式に表しましょう。また、□にあてはまる数をもとめましょう。 1つ5〔10点〕

式（　　）　答え（　　）

5 ひろとさんは絵はがきを24まい、妹は6まい持っています。ひろとさんの持っている絵はがきの数は、妹の絵はがきの数の何倍ですか。 1つ5〔10点〕

式

答え（　　）

6 計算をしましょう。 1つ5〔20点〕

❶ 54×16　❷ 73×65

（　　）　（　　）

❸ 386×23　❹ 805×49

（　　）　（　　）

7 右の図のように、円の中心と円のまわりをむすんでかいた三角形の名前を答えましょう。 〔5点〕

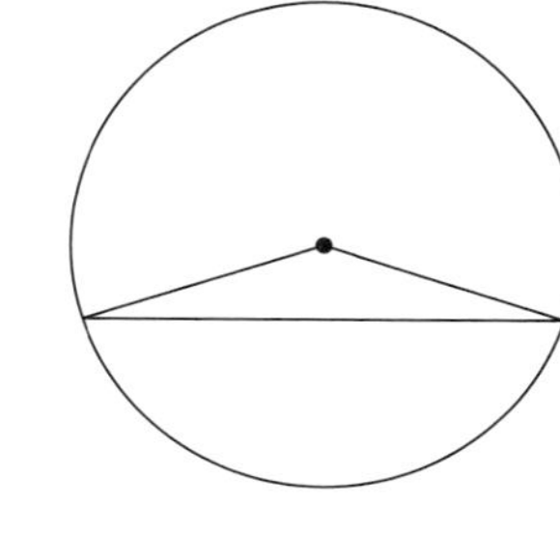

（　　）

8 けんとさんのリボンの長さは$\frac{3}{7}$m、さくらさんのリボンの長さは$\frac{2}{7}$mです。 1つ5〔20点〕

❶ リボンはあわせて何mありますか。

式

答え（　　）

❷ リボンの長さのちがいは、何mですか。

式

答え（　　）

●勉強した日　　月　　日

実力判定テスト

学年末のテスト①

時間 30分

名前　　とく点　　/100点

おわったらシールをはろう

教科書 ㊤8～125ページ、㊦2～104ページ　答え 47ページ

1 計算をしましょう。わり算は、あまりがあるときはあまりも出しましょう。　1つ4〔32点〕

❶ 0×6　(　　)
❷ 10×5　(　　)
❸ 38×7　(　　)
❹ 294×4　(　　)
❺ 82÷2　(　　)
❻ 61÷7　(　　)
❼ 427+395　(　　)
❽ 604−218　(　　)

2 しおりさんは、午前10時55分から、午前11時15分まで、部屋のそうじをしました。そうじをした時間は何分ですか。　〔6点〕

(　　)

3 □にあてはまる数を書きましょう。　1つ3〔6点〕

❶ 2750m＝□km□m
❷ 8km30m＝□m

4 計算をしましょう。　1つ3〔12点〕

❶ 5.2+1.8　(　　)
❷ 3.9−2　(　　)
❸ $\frac{1}{7}+\frac{5}{7}$　(　　)
❹ $1-\frac{1}{5}$　(　　)

5 ゆうきさんはカードを何まいか持っています。みきさんに23まいもらったので、50まいになりました。はじめに持っていたカードのまい数を□まいとして、たし算の式に表しましょう。また、□にあてはまる数をもとめましょう。　1つ4〔8点〕

式(　　)　答え(　　)

6 計算をしましょう。　1つ4〔8点〕

❶ 94×37　(　　)
❷ 584×76　(　　)

7 次の三角形の名前を答えましょう。　1つ4〔8点〕

❶ どの辺の長さも5cmの三角形

(　　)

❷ 辺の長さが8cm、10cm、8cmの三角形

(　　)

8 ジュースが大きいびんに$\frac{5}{8}$L、小さいびんに$\frac{3}{8}$L入っています。　1つ5〔20点〕

❶ ジュースはあわせて何Lありますか。

式

答え(　　)

❷ ジュースのかさのちがいは何Lですか。

式

答え(　　)

●勉強した日　　月　　日

実力判定テスト

まるごと 文章題テスト①

時間 30分

名前　　　　とく点　　　　/100点

おわったらシールをはろう

いろいろな文章題にチャレンジしよう！

答え 48ページ

1 家から学校まで25分かかります。8時15分までに学校に着くためには、おそくとも何時何分までに家を出ればよいですか。〔10点〕

（　　　　）

2 計算問題が42問あります。毎日同じ数ずつ問題をといて、1週間で全部とき終わるには、1日に何問ずつとけばよいですか。1つ5〔10点〕

式

答え（　　　　）

3 ある学校では、コピー用紙を、先週は2194まい、今週は1507まい使いました。1つ5〔20点〕

❶ 先週と今週で、あわせて何まいのコピー用紙を使いましたか。

式

答え（　　　　）

❷ 先週と今週で、使ったまい数のちがいは何まいですか。

式

答え（　　　　）

4 76本のえん筆を、8人で同じ数ずつ分けます。1人分は何本になって、何本あまりますか。1つ5〔10点〕

式

答え（　　　　）

5 1しゅうが237mの公園のまわりを5しゅう走ります。全部で何m走りますか。1つ5〔10点〕

式

答え（　　　　）

6 80cmのひもがあります。このひもを、1本の長さが8cmになるように切り分けます。8cmのひもは何本できますか。1つ5〔10点〕

式

答え（　　　　）

7 2.5L入るやかんと、1.6L入る水とうでは、どちらがどれだけ多く入りますか。1つ5〔10点〕

式

答え（　　　　）

8 たくまさんのテープの長さは$\frac{4}{5}$m、かすみさんのテープの長さは$\frac{1}{5}$mです。テープはあわせて何mありますか。1つ5〔10点〕

式

答え（　　　　）

9 1本155円のボールペンを23本買います。4000円出すと、おつりはいくらですか。1つ5〔10点〕

式

答え（　　　　）

●勉強した日　　月　　日

実力判定テスト

まるごと

文章題テスト②

時間 30分

名前　　とく点　　/100点

おわったらシールをはろう

いろいろな文章題にチャレンジしよう！

答え 48ページ

1 35本の花があります。7本ずつたばにすると、花たばはいくつできますか。

式　　1つ5〔10点〕

答え（　　　）

2 そう庫に品物が8524こ入っていました。このうち4897こを外に運び出しました。そう庫にのこっている品物は何こですか。　　1つ5〔10点〕

式

答え（　　　）

3 6Lの牛にゅうを、7dLずつびんに分けていきます。7dL入ったびんは何本できますか。

式　　1つ5〔10点〕

答え（　　　）

4 6300まいの紙を、同じまい数ずつにたばねて10のたばを作りました。1たばは、何まいになりますか。　　1つ5〔10点〕

式

答え（　　　）

5 1さつ400円のノートを2さつ組にしたものを、3人に配るために買います。代金はいくらですか。　　1つ5〔10点〕

式

答え（　　　）

6 8.3cmのテープと38mmのテープがあります。テープはあわせて何cmありますか。

式　　1つ5〔10点〕

答え（　　　）

7 ランドセルに本を入れて重さをはかったら、1kg450gありました。本の重さは400gです。ランドセルの重さは何kg何gですか。　　1つ5〔10点〕

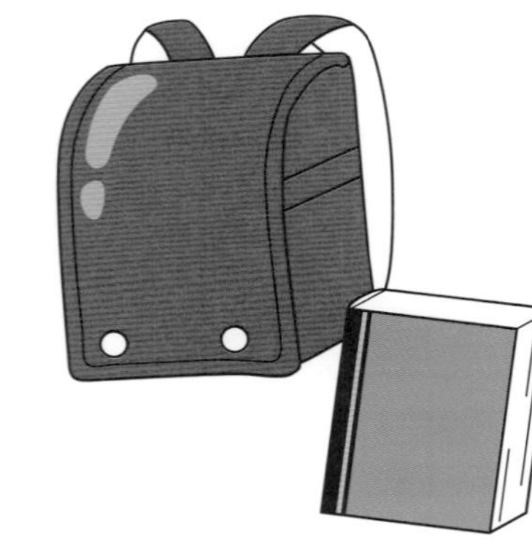

式

答え（　　　）

8 スープが$\frac{7}{9}$Lあります。$\frac{2}{9}$L飲むと、のこりは何Lになりますか。　　1つ5〔10点〕

式

答え（　　　）

9 リボンでかざりを作ります。1このかざりを作るのに、リボンを28cm使います。かざりを52こ作るには、リボンは何m何cmいりますか。

式　　1つ5〔10点〕

答え（　　　）

10 ひかるさんと弟は、どんぐりを拾いに行きました。ひかるさんの拾った数は、弟の拾った数の3倍で、39こでした。弟は何こ拾いましたか。

式　　1つ5〔10点〕

答え（　　　）

教科書ワーク

答えとてびき

「答えとてびき」は、とりはずすことができます。

東京書籍版

算数 3年

使い方

まちがえた問題は、もういちどよく読んで、なぜまちがえたのかを考えましょう。正しい答えを知るだけでなく、なぜそうなるかを考えることが大切です。

① 九九を見なおそう

2・3ページ きほんのワーク

きほん1 5、3、3、3　答え 3、3、3

❶ ❶ 6　❷ 4　❸ 4　❹ 5
❺ 5

❷ ❶ 3　❷ 4　❸ 8　❹ 6

きほん2 答え 18、4、36、54
5、30、24、54

❸ ❶ 20、2、8、28
❷ 3、27、18、45

きほん3 3、8　答え 3、3、30、6、24、30

❹ 式 10×5=50　答え 50 こ

てびき ❶ 九九で考えます。九九の答えをわすれてしまっても、かけ算のきまりを使えば答えをもとめることができます。

かけ算のきまり

・かけられる数とかける数を入れかえてかけても、答えは同じになります。

■×●=●×■

・かける数が1ふえると、答えはかけられる数だけ大きくなります。

■×6=■×5+■

・かける数が1へると、答えはかけられる数だけ小さくなります。

■×6=■×7−■

❶ かけられる数とかける数を入れかえてかけても、答えは同じになるので、6×2=2×6です。

❷❸ 6のだんの九九で、答えがかけられる数の6小さくなっているので、かける数□には7+1=8が入ります。

❹ 8のだんの九九で、答えがかけられる数の8大きくなっているので、かける数□には7−1=6が入ります。

❸ かけ算のきまりを使います。

かけ算では、かけられる数やかける数を分けて計算しても、答えは同じになります。

❶ かけられる数の7を5と2に分けて計算します。

5×4=20
2×4=8　あわせて、20+8=28

❷ かける数の5を3と2に分けて計算します。

9×3=27
9×2=18　あわせて、27+18=45

❹ 1人分の数×人数=全部の数 より、式は10×5になります。かけられる数の10を分けて計算します。かけられる数の10の分け方はいろいろありますが、ここではれいとして、9と1、5と5に分けて考えてみます。

9×5=45
1×5=5　あわせて、45+5=50

5×5=25
5×5=25　あわせて、25+25=50

たしかめよう!

九九の計算をしっかりとおぼえているか、かくにんしておきましょう。

4・5ページ きほんのワーク

きほん1 36
27、3、9、36
30、2、6、36　答え 36

❶ ❶ 60　❷ 52　❸ 88

きほん2 10、0、3、0、3、0、13　答え 13

❷ 式 5×0＝0　3×3＝9
1×4＝4　0×3＝0
0＋9＋4＋0＝13　答え 13点

❸ 式 3×1＝3　2×0＝0
1×0＝0　0×3＝0
3＋0＋0＋0＝3　答え 3点

❹ ❶ 0　❷ 0　❸ 0

きほん3 4、8、12、3
24、32、40、5　答え 3、5

❺ ❶ 7　❷ 8　❸ 7　❹ 9

てびき ❶かけ算のきまりを使って、かけられる数を分けて計算します。
九九を使える2つの数に分けたり、10のかけ算を使って答えをもとめることができます。
九九を使える2つの数に分けるときは、いろいろな分け方があります。

❶ れい　12×5＜6×5＝30、6×5＝30
あわせて 30＋30＝60
12×5＜10×5＝50、2×5＝10
あわせて 50＋10＝60

❷ れい　13×4＜8×4＝32、5×4＝20
あわせて 32＋20＝52
13×4＜10×4＝40、3×4＝12
あわせて 40＋12＝52

❸ れい　11×8＜5×8＝40、6×8＝48
あわせて 40＋48＝88
11×8＜10×8＝80、1×8＝8
あわせて 80＋8＝88

❷表のそれぞれのところのとく点をもとめて、たし算をします。
5点…5×0＝0　3点…3×3＝9
1点…1×4＝4　0点…0×3＝0
とく点の合計は、
0＋9＋4＋0＝13より、13点です。

❸まとのそれぞれの点数のところのとく点をもとめて、たし算をします。
3点…3×1＝3　2点…2×0＝0
1点…1×0＝0　0点…0×3＝0
とく点の合計は、
3＋0＋0＋0＝3より、3点です。

❹かけ算では、どんな数に0をかけても、0にどんな数をかけても、答えは0になります。

❺かけられる数とかける数を入れかえてかけても、答えは同じになることを使って、九九で考えます。

たしかめよう!

かけられる数が10よりも大きいとき、かけられる数を
・10と一の位の数に分けて10のかけ算を使う
・九九を使える2つの数に分ける
方ほうがあります。

6ページ 練習のワーク

❶ ❶ 4、32　❷ 8、32　❸ 8、32

❷ ❶ 56、2、14、70
❷ 10、80、56、136

❸ ❶ 0　❷ 0　❸ 0　❹ 0
❺ 0　❻ 0

❹ ❶ 4　❷ 8　❸ 8　❹ 4
❺ 5　❻ 3　❼ 6　❽ 8
❾ 8　❿ 3

てびき ❶かけ算のきまりを使います。
❶ かけられる数とかける数を入れかえても、答えは同じになります。
8×4＝4×8＝32です。
❷ かける数が1ふえると、答えはかけられる数だけ大きくなります。
8×4＝8×3＋8＝32です。
❸ かける数が1へると、答えはかけられる数だけ小さくなります。
8×4＝8×5−8＝32です。

❷かけ算では、かけられる数やかける数を分けて計算しても、答えは同じになります。
❶ かける数の10を8と2に分けて、
7×10＜7×8＝56、7×2＝14
あわせて 56＋14＝70
❷ かけられる数の17を10と7に分けて10のかけ算と九九を使います。
17×8＜10×8＝80、7×8＝56
あわせて 80＋56＝136

❸かけ算では、どんな数に0をかけても、0にどんな数をかけても、答えは0になります。

0×0=0です。

4 ❶のような(ある数)×□の式のときは、□にじゅんに数をあてはめていきます。九九の(ある数)のだん(ここでは7のだん)を使って考えてもよいです。

❷のような□×(ある数)の式のときは、かけられる数とかける数を入れかえてかけても、答えは同じになることを使います。(ある数)×□の形にしたあとは、❶と同じように、□にじゅんに数をあてはめていきます。九九の(ある数)のだん、ここでは3のだんを使って考えてもよいです。

7ページ まとめのテスト

1 ㋐ 35　㋑ 24　㋒ 48　㋓ 63
㋔ 8　㋕ 20

2 ❶ 8　❷ 9　❸ 6　❹ 4
❺ 5　❻ 0

3 10、3、30、3、3、9、39

4 式 3×0=0　2×3=6　1×2=2
0×5=0　0+6+2+0=8　答え 8点

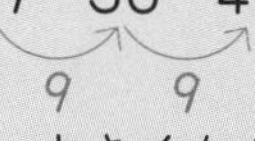

1 横の3つの全部のマスに数が入っているところに注目して、何のだんの九九かをもとめます。

❶ 27　36　45（9　9）
9ずつ大きくなる→9のだんの九九
㋐は7のだんの九九→28+7=35
㋑は8のだんの九九→32−8=24

❷ 35　40　45（5　5）　5ずつ大きくなる→5のだんの九九
㋒は6のだんの九九→42+6=48
㋓は7のだんの九九→56+7=63

❸ 12　15　18（3　3）　3ずつ大きくなる→3のだんの九九
㋔は2のだんの九九→10−2=8
㋕は4のだんの九九→16+4=20

2 ❶ かけられる数とかける数を入れかえてかけても、答えは同じになるという、かけ算のきまりを使います。7×8=8×7

❷ 9×2=2×9

❸ かける数が1ふえると、答えはかけられる数だけ大きくなります。
5×7=5×6+5です。

❹ かける数が1へると、答えはかけられる数だけ小さくなります。
7×3=7×4−7です。

❺ 6×□=30の□にじゅんに数をあてはめて、□に入る数は5です。6のだんの九九から、6×5=30としてもよいです。

3 かけられる数の13を、10と3に分けて計算します。

13×3 ＜ 10×3=30 / 3×3= 9

あわせて30+9=39

4 入ったところの点数 × 入った数 = とく点 です。

3点…3×0=0　2点…2×3=6
1点…1×2=2　0点…0×5=0

とく点の合計は、0+6+2+0=8より、8点です。

② 時こくと時間のもとめ方を考えよう

8・9ページ きほんのワーク

きほん1 20、11、30
10、20、7、40　答え 11、30、7、40

❶ 40分後…6時10分
40分前…4時50分

きほん2 30、20、50　答え 50

❷ 40分

きほん3 1、20　答え 1、20

❸ 1時間10分

❹ 2時間20分

きほん4 12、12　答え 12

❺ 1分10秒

❻ 180秒

てびき 図に表して考えましょう。ちょうどの時こくをもとに考えると時こくをもとめやすくなります。

❶ 40分後　ちょうどの時こくである6時をもとにして考えます。

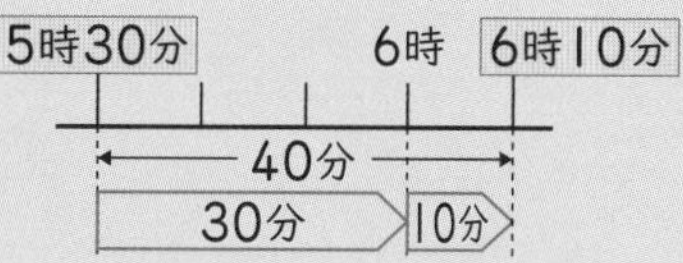

40分前　ちょうどの時こくである5時をもとにして考えます。

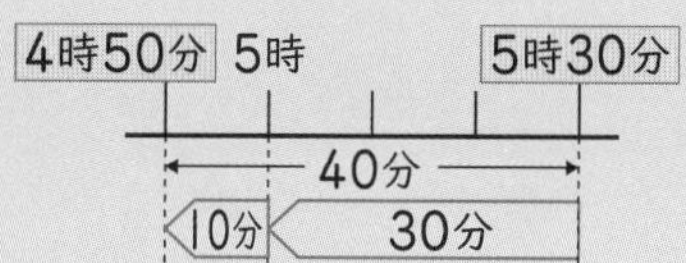

❷ ちょうどの時こくである9時をもとにして考えます。

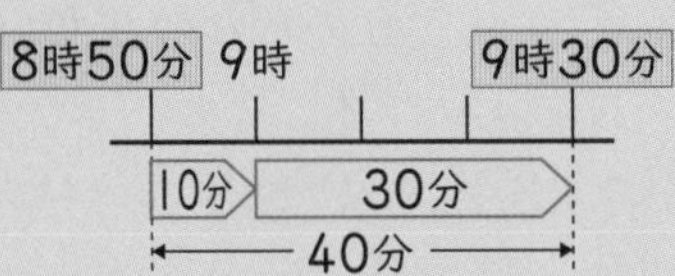

❸ 1時間＝60分なので、60分をこえる時間は、1時間○分になおせます。

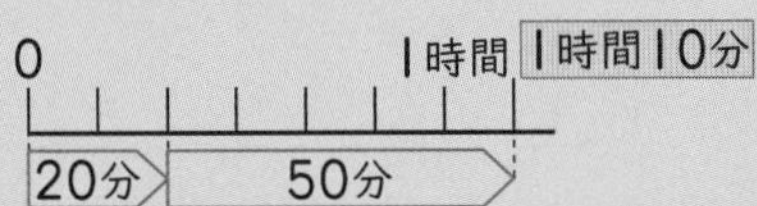

❹

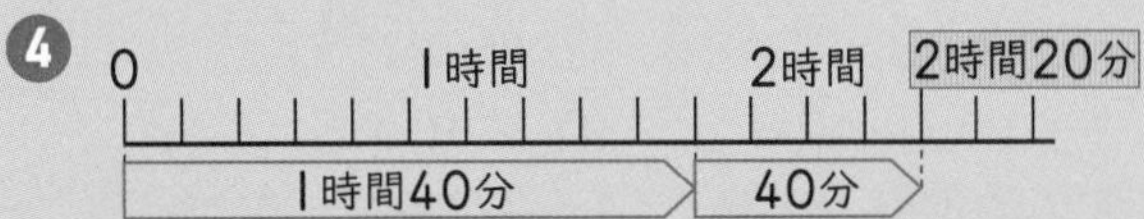

❺ 1分＝60秒です。
70秒は、60秒と10秒に分けられるので、1分10秒です。

❻ 3分は、1分の3こ分なので、
60秒＋60秒＋60秒＝180秒です。

10ページ 練習のワーク

1 ❶ 4時10分　❷ 10時30分

2 ❶ 40分　❷ 50分
❸ 2時間40分(160分)

3 1時間10分

4 ❶ 60　❷ 1、50
❸ 110　❹ 1、30
❺ 240　❻ 2、30

てびき

1 図に表すと、下のようになります。
❶ ちょうどの時こくである4時をもとにして考えます。

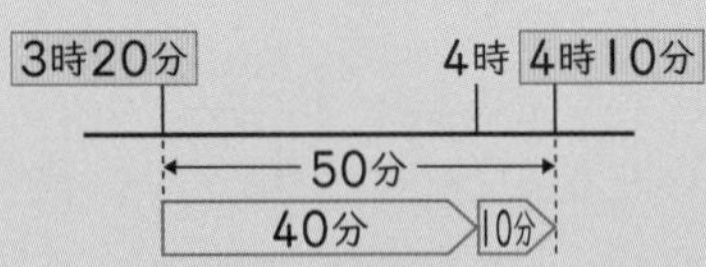

❷ ちょうどの時こくである11時をもとにして考えます。

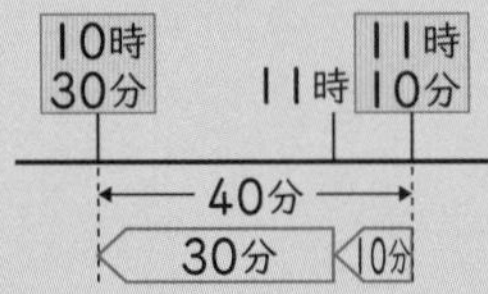

2 図に表すと、下のようになります。
❶ ちょうどの時こくである10時をもとにして考えます。

❷ ちょうどの時こくである6時をもとにして考えます。

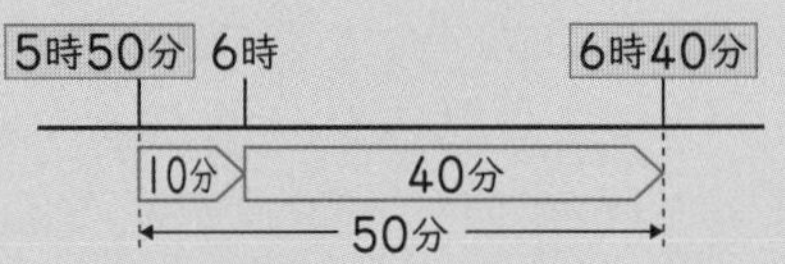

❸ ちょうどの時こくである12時をもとにして考えます。

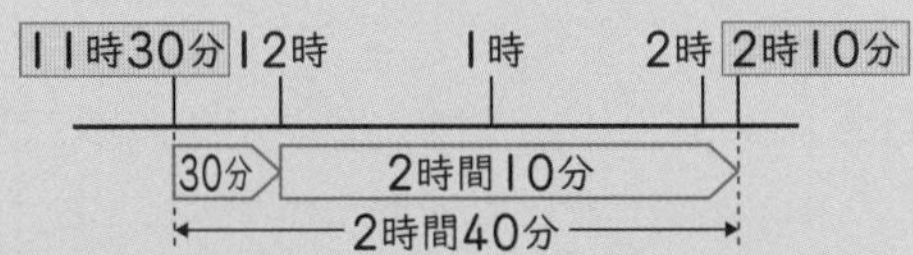

3 図に表すと、下のようになります。
1時間＝60分なので、60分をこえる時間は1時間○分になおせます。

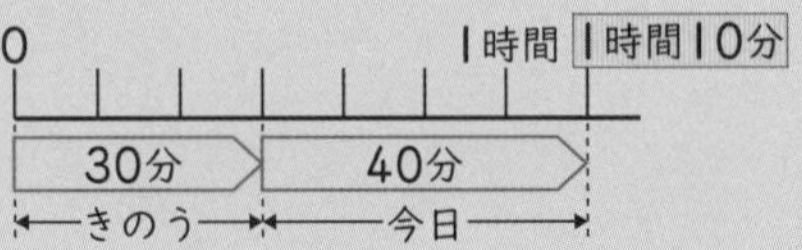

4 1分＝60秒です。
❸ 1分50秒は、60秒＋50秒とたし算で考えます。
❹ 90秒は、60秒と30秒に分けます。
❺ 4分は、1分の4こ分です。
60秒＋60秒＋60秒＋60秒＝240秒です。
❻ 150秒は60秒と60秒と30秒に分けられます。
60秒が2こで、2分だから、あわせて2分30秒です。

11ページ まとめのテスト

1 ❶ 時間　❷ 秒　❸ 分　❹ 分

2 8時50分

3 50分

4 2時間10分

5 ❶ 1分　❷ 1分30秒　❸ 2分

てびき

2 ちょうどの時こくである9時をもとにして考えます。

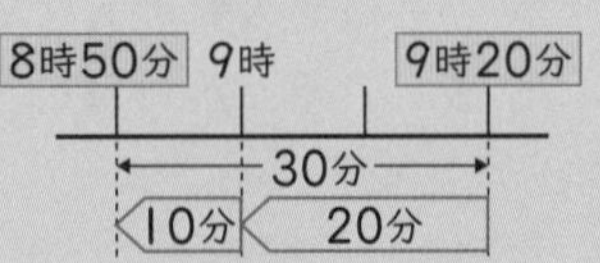

3 ちょうどの時こくである3時をもとにして考えます。

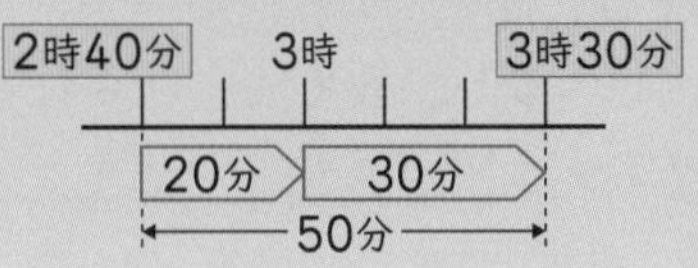

4 下のような図に表して、考えます。1時間40分より30分長い時間です。

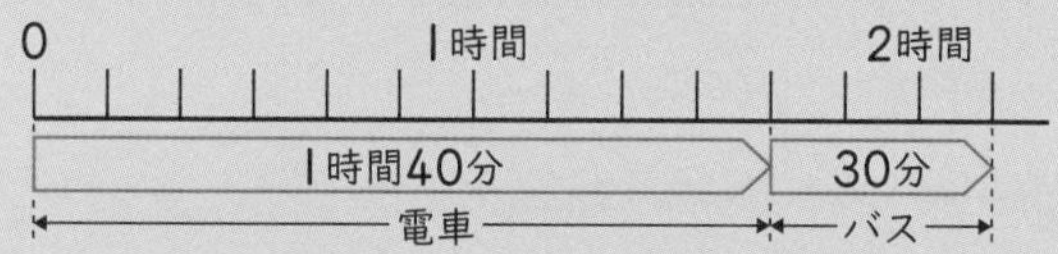

5 ❶ 1分＝60秒なので、1分のほうが59秒よりも長いです。
❷ たんいをそろえてくらべます。
80秒＝1分20秒なので、1分30秒のほうが長いです。
または、1分30秒＝60秒＋30秒＝90秒なので、80秒よりも長いです。
❸ 2分は、1分が2こ分なので、
60秒＋60秒＝120秒で、100秒よりも長いです。
または、100秒は60秒と40秒をあわせた時間なので1分40秒で、
2分のほうが長いです。

③ 同じ数ずつ分けるときの計算を考えよう

12・13ページ きほんのワーク

きほん1 5、15、3、5　答え 5
1 ❶ 2本　❷ 10÷5
2 ❶ 3こ　❷ 12÷4
3 63÷9
きほん2 6、4、4　答え 4
4 式 35÷5＝7　答え 7cm
5 式 18÷3＝6　答え 6dL
6 式 56÷8＝7　答え 7まい

てびき 1 ❶ 図の四角の中に線をひいて、分け方を考えると、右の図のようになるので、1人分は2本です。
❷ 10本のえん筆を、5人で同じ数ずつ分けるるので、
全部のえん筆の数 ÷ 人数 ＝ 1人分の数
より、式は10÷5です。
2 ❶ 図の四角の中に○をかいて、分け方を考えると、右の図のようになるので、1人分は3こです。

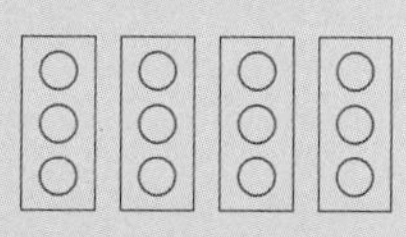

❷ 12このなしを、4人で同じ数ずつ分けるので、
全部のなしの数 ÷ 人数 ＝ 1人分の数
より、式は12÷4です。
3 63まいのおり紙を、9人で同じ数ずつ分けるので、
全部のおり紙の数 ÷ 人数 ＝ 1人分の数
より、式は63÷9です。
4 35cmのひもを、同じ長さずつ5本に切るので、式は35÷5です。
1本の長さ × 本数 ＝ 全部の長さ より、
答えは、□×5＝35の□にあてはまる数です。
□×5＝5×□＝35なので、
5のだんの九九から、□には7があてはまります。
5 18dLの牛にゅうを、3このコップに同じかさずつ分けるので、式は18÷3です。
1このコップのかさ × コップの数 ＝ 全部のかさ より、
答えは、□×3＝18の□にあてはまる数です。
□×3＝3×□＝18なので、
3のだんの九九から、□には6があてはまります。
6 56まいの色紙を、8人で同じ数ずつ分けるので、式は56÷8です。
1人分のまい数 × 人数 ＝ 全部のまい数 より、
答えは、□×8＝56の□にあてはまる数です。
□×8＝8×□＝56なので、
8のだんの九九から、□には7があてはまります。

14・15ページ きほんのワーク

きほん1 4、24、6、4、6、4、4　答え 4
1 式 42÷6＝7　答え 7箱
2 式 54÷9＝6　答え 6ふくろ
3 (れい)
・色紙が15まいあります。5人で同じ数ずつ分けると、1人分は何まいになりますか。
・色紙が15まいあります。1人に5まいずつ分けると、何人に分けられますか。
4 ❶ だん 4のだん　答え 4
❷ だん 5のだん　答え 9
❸ だん 6のだん　答え 8
きほん2 0、6　答え 0、6
5 ❶ 式 12÷6＝2　答え 2こ
❷ 式 6÷6＝1　答え 1こ
❸ 式 0÷6＝0　答え 0こ
6 ❶ 1　❷ 1　❸ 0　❹ 0
❺ 0　❻ 4　❼ 1　❽ 5

てびき 1 42このボールを、6こずつ箱に分けるので、答えをもとめる計算はわり算で、式は42÷6です。

[1つの箱に入れるこ数]×[箱の数]
＝[全部のボールの数]より、
答えは、6×□＝42の□にあてはまる数なので、6のだんの九九から、□には7があてはまります。

❷ 54このみかんを、9こずつふくろに入れるので、答えをもとめる計算はわり算で、
式は54÷9です。
[1ふくろのこ数]×[ふくろの数]
＝[全部の数]より、
答えは、9×□＝54の□にあてはまる数なので、9のだんの九九から、□にあてはまる数は6です。

❸ (れい)のように、色紙が15まいあるとき、
15÷5の式になるのは、
・5人で同じ数ずつ分けたときの1人分の数をもとめるとき。
・5まいずつ分けたときに、分けることができる人数をもとめるとき。
・15このボールを5こずつ箱に分けたときにひつような箱の数をもとめるとき。
などがあります。ほかにもいろいろな問題をつくることができるので考えてみましょう。

❹ わる数のだんの九九を使います。

❻ ❶❷ わられる数とわる数が同じ数のわり算の答えは1になります。
❸～❺ 0を0でないどんな数でわっても、答えはいつも0になります。
❻～❽ どんな数を1でわっても、答えはわられる数と同じになります。

たしかめよう!
1人分の数をもとめるときも、何人に分けられるかをもとめるときも、どちらもわり算で計算します。

16ページ 練習のワーク

❶ ❶ 式 32÷4＝8　答え 8こ
❷ 式 32÷4＝8　答え 8人
❷ 式 40÷5＝8　答え 8こ
❸ 式 63÷7＝9　答え 9人
❹ 式 28÷4＝7　答え 7こ
❺ ❶ 0　❷ 8　❸ 1　❹ 2
❺ 1　❻ 0

てびき ❶ 1人分の数をもとめるときも、何人に分けられるかをもとめるときも、どちらも式は32÷4になります。
❶ [全部の数]÷[人数]＝[1人分の数]より、
式は32÷4です。
❷ [全部の数]÷[1人分の数]＝[人数]より、
式は32÷4です。

❷ 40このいちごを、5人で同じ数ずつ分けたときの1人分の数をもとめるので、
式はわり算で、40÷5になります。
答えは、□×5＝40の□にあてはまる数なので、□×5＝5×□＝40より、5のだんの九九から、□には8があてはまります。

❸ 63まいの画用紙を、1人に7まいずつ分けたときに分けられる人数をもとめるので、
式はわり算で、63÷7になります。
答えは、7×□＝63の□にあてはまる数なので、7のだんの九九から、□の数は9です。

❹ 28dLの牛にゅうを、4dLずつ分けたときにひつようなコップの数をもとめるので、
式はわり算で、28÷4になります。
答えは、4×□＝28の□にあてはまる数なので、4のだんの九九から、□には7があてはまります。

17ページ まとめのテスト

1 ❶ 9　❷ 6　❸ 7　❹ 0
❺ 4　❻ 8　❼ 6　❽ 8
❾ 9　❿ 1　⓫ 9　⓬ 5
2 式 72÷8＝9　答え 9ページ
3 式 54÷6＝9　答え 9つ
4 式 36÷6＝6　答え 6人

てびき **2** 72ページある本を、8日間で全部読み終えるように同じページ数ずつ読んだとき、1日に読むページ数をもとめるので、式はわり算で、72÷8になります。答えは、8のだんの九九から、9より、9ページです。

3 54本の花を、6本ずつたばにしたときにできる花たばの数をもとめるので、
式はわり算で、54÷6になります。
答えは、6のだんの九九から、9より、9つです。

4 36人の子どもを、同じ人数ずつ6つのグループに分けたときの、1グループの人数をもとめるので、式はわり算で、36÷6になります。
答えは、6のだんの九九から、6より、6人です。

④ 大きい数の筆算を考えよう

18・19ページ きほんのワーク

ふくしゅう ❶ 76　❷ 121

きほん1 352、285
7➡1、3➡6　答え 637

❶ 式 415+308=723

```
  4 1 5
+ 3 0 8
  7 2 3
```

答え 723 円

きほん2 1、3➡8➡1、1　答え 1183

❷ ❶ 593　❷ 490　❸ 856
❹ 945　❺ 1424　❻ 1022

ふくしゅう ❶ 78　❷ 69

きほん3 325、158
1、7➡2、6➡1　答え 167

❸ 式 425−178=247

```
  4 2 5
− 1 7 8
  2 4 7
```

答え 247 人

てびき

❶ 図に表すと、下のようになります。

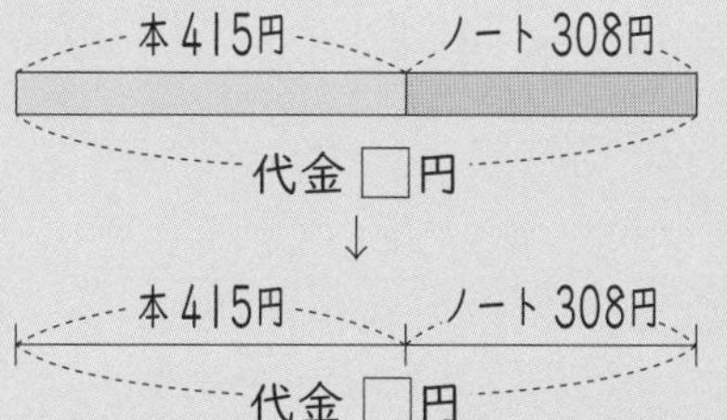

代金は、本とノートのねだんをたしてもとめます。式は、415+308 になります。

❷ たし算の筆算ではくり上がりに注意しましょう。くり上げた数を書いておき、たしわすれがないようにしましょう。とくに、くり上がりが2回や3回ある❹～❻のような筆算では注意しましょう。

```
❶   3 1 8    ❷   4 0 5    ❸   6 9 2
  + 2 7 5      +   8 5      + 1 6 4
    5 9 3        4 9 0        8 5 6

❹   5 5 6    ❺   7 8 1    ❻   9 8 5
  + 3 8 9      + 6 4 3      +   3 7
    9 4 5      1 4 2 4      1 0 2 2
```

❸ 図に表して考えることもできます。
子どもの人数は、全部の人数からおとなの人数をひいてもとめます。
式は、
425−178 です。

全部で425人
おとな 178人　子ども □人

たしかめよう!

文章題では、図に表して考えると、式がつくりやすくなります。

20・21ページ きほんのワーク

きほん1 2、8➡1、1　答え 118

❶ ❶ 257　❷ 44　❸ 508
❹ 494

きほん2 9、9、6➡7、0　答え 706

❷ ❶ 215　❷ 451

きほん3 5➡1、5➡1、3➡7　答え 7355

❸ ❶ 5913　❷ 7801　❸ 1798
❹ 5000

きほん4 3➡6➡4➡1　答え 1463

❹ ❶ 2182　❷ 1690　❸ 6876
❹ 8959

てびき

❶ 十の位が 0 のときは、くり下げられないので、百の位から十の位に 1 くり下げます。筆算は次のようになります。

```
❷   8 0 3    ❸   6 0 2    ❹   5 0 0
  − 7 5 9      −   9 4      −     6
      4 4        5 0 8        4 9 4
```

❷ 4 けたの数からのひき算でも、上の位からじゅんにくり下げて計算します。1000 からある数をひくひき算では、十の位、百の位からはくり下げられないので、千の位からじゅんにくり下げます。

```
❶ 1 0 0 0    ❷ 1 0 0 0
  −   7 8 5    −   5 4 9
      2 1 5        4 5 1
```

❸

```
❶   3 7 4 8    ❷   6 5 0 8
  + 2 1 6 5      + 1 2 9 3
    5 9 1 3        7 8 0 1

❸   1 3 9 6    ❹   4 9 1 7
  +   4 0 2      +     8 3
    1 7 9 8        5 0 0 0
```

❹ これまでの筆算と同じように、上の位からじゅんにくり下げてひき算をします。十の位、百の位、千の位からそれぞれ 1 くり下げるときにはくり下げたあとの数を書いて、計算ミスに注意しましょう。

```
❶   6 5 2 9    ❷   4 0 5 8
  − 4 3 4 7      − 2 3 6 8
    2 1 8 2        1 6 9 0

❸   7 2 4 5    ❹   9 0 4 6
  −   3 6 9      −     8 7
    6 8 7 6        8 9 5 9
```

22ページ 練習のワーク

1 ❶ 889　❷ 903　❸ 607
❹ 196

2 ❶ 5383　❷ 716　❸ 9511
❹ 6454

3 ❶ 1154　❷ 149　❸ 6762
❹ 7941

4 式 346+157=503　答え 503 まい

5 式 7248−3657=3591　答え 3591 こ

てびき

1 筆算は、次のようになります。

❶ $\begin{array}{r} 725 \\ +164 \\ \hline 889 \end{array}$　❷ $\begin{array}{r} 374 \\ +529 \\ \hline 903 \end{array}$

❸ $\begin{array}{r} 853 \\ -246 \\ \hline 607 \end{array}$　❹ $\begin{array}{r} 602 \\ -406 \\ \hline 196 \end{array}$

2 筆算は、次のようになります。

❶ $\begin{array}{r} 4665 \\ +718 \\ \hline 5383 \end{array}$　❷ $\begin{array}{r} 1001 \\ -285 \\ \hline 716 \end{array}$

❸ $\begin{array}{r} 2057 \\ +7454 \\ \hline 9511 \end{array}$　❹ $\begin{array}{r} 9032 \\ -2578 \\ \hline 6454 \end{array}$

3 筆算は、次のようになります。

❶ $\begin{array}{r} 511 \\ +643 \\ \hline 1154 \end{array}$　❷ $\begin{array}{r} 903 \\ -754 \\ \hline 149 \end{array}$

❸ $\begin{array}{r} 3825 \\ +2937 \\ \hline 6762 \end{array}$　❹ $\begin{array}{r} 8000 \\ -59 \\ \hline 7941 \end{array}$

4 青い色紙の数は、赤い色紙の数よりも 157 まい多いので、
[赤い色紙の数]＋[157]＝[青い色紙の数]
より、式は 346+157 です。
筆算は、右のようになります。

$\begin{array}{r} 346 \\ +157 \\ \hline 503 \end{array}$

5 品物を運び出したあとにのこっている数をもとめるので、ひき算をします。
[はじめにそう庫にあった品物の数]
−[外へ運び出した品物の数]
＝[そう庫にのこっている品物の数]
より、式は 7248−3657 です。
筆算は、右のようになります。

$\begin{array}{r} 7248 \\ -3657 \\ \hline 3591 \end{array}$

23ページ まとめのテスト

1 ❶ 907　❷ 1000　❸ 894
❹ 979　❺ 7390　❻ 7000
❼ 1847　❽ 6967　❾ 3889
❿ 1785

2 ❶ 式 1755+2352=4107
答え 4107 まい
❷ 式 2352−1755=597　答え 597 まい

3 2196

てびき

1 筆算は、次のようになります。

❶ $\begin{array}{r} 115 \\ +792 \\ \hline 907 \end{array}$　❷ $\begin{array}{r} 978 \\ +22 \\ \hline 1000 \end{array}$　❸ $\begin{array}{r} 902 \\ -8 \\ \hline 894 \end{array}$

❹ $\begin{array}{r} 1006 \\ -27 \\ \hline 979 \end{array}$　❺ $\begin{array}{r} 5567 \\ +1823 \\ \hline 7390 \end{array}$　❻ $\begin{array}{r} 6957 \\ +43 \\ \hline 7000 \end{array}$

❼ $\begin{array}{r} 5609 \\ -3762 \\ \hline 1847 \end{array}$　❽ $\begin{array}{r} 7053 \\ -86 \\ \hline 6967 \end{array}$　❾ $\begin{array}{r} 4825 \\ -936 \\ \hline 3889 \end{array}$

❿ $\begin{array}{r} 5236 \\ -3451 \\ \hline 1785 \end{array}$

2 ❶ 先週と今週で、使ったコピー用紙をあわせたまい数をもとめるので、
[先週使ったコピー用紙の数]
＋[今週使ったコピー用紙の数]
＝[まい数の合計]より、たし算で計算します。
式は 1755+2352 で、
筆算は、右のようになります。

$\begin{array}{r} 1755 \\ +2352 \\ \hline 4107 \end{array}$

❷ 先週と今週で、使ったコピー用紙のまい数のちがいをもとめます。今週使ったコピー用紙のまい数のほうが多いので、
[今週使ったコピー用紙の数]
−[先週使ったコピー用紙の数]
＝[まい数のちがい]より、
式は 2352−1755 で、
筆算は、右のようになります。

$\begin{array}{r} 2352 \\ -1755 \\ \hline 597 \end{array}$

3 もとめる 4 けたの数を[ア][イ][ウ][エ]として、式を筆算で表すと、右のようになります。

$\begin{array}{r} \text{アイウエ} \\ +3804 \\ \hline 6000 \end{array}$

一の位は、[エ]と 4 をたすと 0（10）になるので、[エ]には 6 が入ります。十の位に 1 くり上がり、1 と[ウ]と 0 をたすと 0（10）になるので、[ウ]には 9 が入ります。

$\begin{array}{r} \text{アイウ}6 \\ +3804 \\ \hline 6000 \end{array}$　$\begin{array}{r} \text{アイ}96 \\ +3804 \\ \hline 6000 \end{array}$

同じようにして筆算を上の位にじゅんに計算していくと筆算は右のようになり、[ア]には 2、[イ]には 1 が入ります。

$\begin{array}{r} \text{ア}196 \\ +3804 \\ \hline 6000 \end{array}$

もとめる 4 けたの数は 2196 です。

$\begin{array}{r} 2196 \\ +3804 \\ \hline 6000 \end{array}$

4 考える力をのばそう

24・25ページ 学びのワーク

きほん1 30、170
30、70、70、170　答え 170

❶ 式 100+100−50=150　答え 150cm

❷ 式 50+40−10=80　答え 80cm

きほん2 180、120、80 ➡ 180、120、80
200、200、20、20　答え 20

❸ 式 145+55=200
200−195=5　答え 5cm

てびき ❶ 1m=100cm です。
ものさしを2本使ってはかった長さから、重なっている部分の長さをひけばよいので、式は 100+100−50 になります。

❷ 2本のテープをたした長さから、つなぎめの長さの 10cm をひいた長さが全体の長さです。
2本のテープをたした長さは、50+40=90 より、90cm、つなぎめの長さは 10cm です。

❸ 全体の長さは、2本のテープをたした長さより、つなぎめの長さの分だけ短くなります。
［2本をたした長さ］−［つなぎめの長さ］=［全体の長さ］
です。2本をたした長さは
145+55=200 より、200cm、
全体の長さは 195cm です。つなぎめの長さは 200cm と 195cm のちがいの 5cm です。

5 長い長さをはかって表そう

26・27ページ きほんのワーク

きほん1 1、15、4、85、22、7、22
答え 4、85、7、22

❶ ❶ ㋐ 9m96cm　㋑ 10m25cm
❷ (ものさしの図：70、80、90、10m の目もりに ㋒、㋓ の矢印)

❷ 30cmのものさし…㋒
1mのものさし………㋐、㋓
30mのまきじゃく…㋑

きほん2 きょり、1100、道のり、600、1400、1400
答え 1100、1400

❸ 式 900+300=1200　答え 1200m

きほん3 300　答え 1、300

❹ ❶ 7　❷ 1040

❺ ❶ 1km240m　❷ 1km500m

てびき ❶ 10cm を 10 に分けているので、いちばん小さい1めもりは 1cm を表しています。
❶ ㋐ 9m90cm から右にめもり6こ分の長さです。㋑ 10m20cm から右にめもり5こ分の長さです。
❷ ㋒ 9m70cm から右にめもり5こ分の長さです。㋓ 10m から右にめもり3こ分の長さです。

❷ ㋑のように長いものの長さをはかるときは、まきじゃくを使うとべんりです。

❸ 家から図書館までの道のりと図書館から駅までの道のりの合計をもとめるので、
900+300=1200 より、1200m です。

❹ ❶ 7000m は、1000m の7こ分の長さなので、1km が7こ分で 7km です。
❷ 1km40m は、1km と 40m をあわせた長さです。1000m と 40m をあわせると 1040m です。

km			m
1	0	4	0

百の位が0になることに気をつけます。

❺ きょりと道のりのちがいに気をつけて、1km=1000m を使います。
❶ まっすぐにはかった長さが「きょり」だから、家からプールまでのきょりは 1240m です。
1240m は 1000m と 240m と考えて、1km240m です。
❷ 道にそってはかった長さが「道のり」だから、家からプールまでの道のりは
600+900=1500 より、1500m です。
1500m は 1km と 500m と考えて、1km500m です。

たしかめよう!
長さのたんい
1m=100cm　1km=1000m

28ページ 練習のワーク

❶ ❶ km　❷ mm　❸ cm　❹ m

❷ ❶ 8　❷ 2、500　❸ 6、520
❹ 3、840　❺ 4、5　❻ 1700
❼ 1280　❽ 1030

❸ ❶ 1150m　❷ 1300m　❸ 1800m
❹ 200m

てびき ❷❶ 8000mは、1000mが8こ分の長さなので8kmです。
❷ 2500mは、2000mと500mに分けられます。
1000mの2こ分の長さが2000mで、2kmです。
2kmと500mをあわせて2km500mです。
❸ 6520mは、6000m(6km)と520mに分けられます。
❹ 3840mは、3000m(3km)と840mに分けられます。
❺ 4005mは、4000m(4km)と5mに分けられます。あわせて4km5mです。
❻ 1km700mは、1000mと700mに分けられます。
❼ 1km280mは、1000mと280mに分けられます。
❽ 1km30mは、1000mと30mに分けられます。
❸❶ まっすぐにはかった長さが「きょり」だから、ふみやさんの家から図書館までのきょりは1km150mで、
これをmを使って表すと、1km=1000mなので、
1000+150=1150より、1150mです。
❷ 道にそってはかった長さが「道のり」だから、
600+700=1300より、1300mです。
❸ 1km=1000mと800mをあわせた長さなので、
1000+800=1800より、1800mです。
❹ ふみやさんの家から学校までのきょりは1km=1000m、
学校から図書館までのきょりは800mです。
[家から学校までのきょり]−[学校から図書館までのきょり]=[きょりのちがい]だから、
1000−800=200より、200mです。

たしかめよう!

きょり…まっすぐにはかった長さ
道のり…道にそってはかった長さ

29ページ まとめのテスト

1 ㋐ 4m97cm　㋑ 5m20cm
㋒ 5m42cm　㋓ 5m59cm
2 ❶ 10　❷ 2、800
❸ 4、350　❹ 3、12
❺ 9、8　❻ 1110
❼ 1023　❽ 1005
3 ❶ 1km380m　❷ 1km500m
❸ 1km400m

てびき **1** 10cmを10こに分けているので、いちばん小さい1めもりは1cmを表しています。
2 1km=1000mを使います。
❶ 1000mを10こ集めた長さが10000mなので、1kmを10こ集めた長さで10kmです。
❷ 2800mは、2000mと800mに分けられます。2000mは1kmの2こ分で2kmです。2kmと800mをあわせて2km800mです。
❸ 4350mは、4000mと350mに分けられます。4000mは1kmの4こ分で4kmです。4kmと350mをあわせて4km350mです。
❹ 3012mは、3000mと12mに分けられます。3000mは1kmの3こ分で3kmです。3kmと12mをあわせて3km12mです。
❺ 9008mは、9000mと8mに分けられます。9000mは1kmの9こ分で9kmです。9kmと8mをあわせて9km8mです。
❻ 1kmと110mに分けます。
1000+110=1110より、1110mです。
❼ 1kmと23mに分けます。
1000+23=1023より、1023mです。
❽ 1kmと5mに分けます。
1000+5=1005より1005mです。
3 ❸ 道のりは、900+500=1400より、1400mです。1400mを1000mと400mに分けます。1400mは1kmと400mをあわせて1km400mです。

⑥ 記ろくを整理して調べよう

30・31ページ きほんのワーク

きほん1 正、その他　答え ペットのしゅるいと人数

しゅるい	人数(人)
犬	9
金魚	6
小鳥	4
ねこ	7
ハムスター	3
その他	2
合計	31

❶

いちご	正
メロン	下
りんご	T
ぶどう	一
さくらんぼ	下
バナナ	一

すきなくだもののしゅるいと人数

しゅるい	人数(人)
いちご	5
メロン	3
りんご	2
さくらんぼ	3
その他	2
合計	15

きほん2 答え（さつ）

読んだ本の数

10
5
0
物語（ものがたり） でんき 図かん その他

❷ ❶

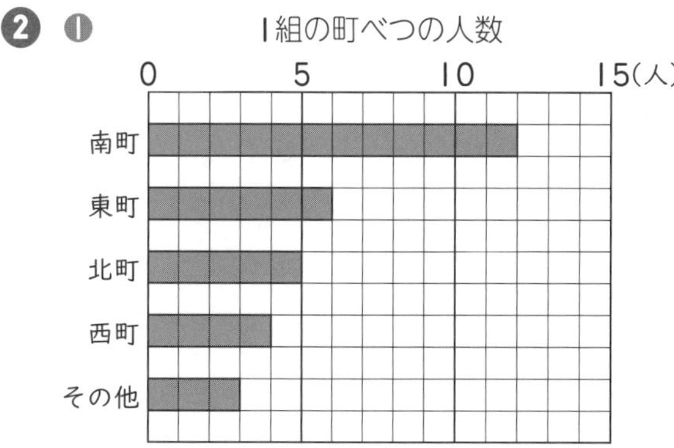

❷ 南町

てびき ❶ 右の表では、人数の少ないぶどうとバナナは、まとめて「その他」にしてあります。

❷ 表から、いちばん多いのは南町の12人です。12人が表せるように、横のじくの1めもりの大きさを1人に決めます。

32・33ページ きほんのワーク

きほん1 ノート、10、110　　答え ノート、110

❶ ❶ 2人　　❷ $\frac{1}{3}$

❷ ❶ 100円、800円　　❷ 2m、14m

きほん2 答え

3年生全体のけがの原いん（人）

原いん ＼ 組	1組	2組	3組	合計
ぶつける	6	5	8	19
転ぶ	4	2	5	11
切る	8	7	6	21
やけどする	5	6	3	14
その他	3	2	3	8
合計	26	22	25	Ⓐ73

❸ ❶ 休んだ人数調べ（10月～12月）（人）

組 ＼ 月	10月	11月	12月	合計
1組	7	11	9	27
2組	13	12	7	32
3組	9	8	12	29
合計	29	31	28	Ⓐ88

❷ 1組

❸ 休んだ人数の合計

てびき ❶ ❶ 5めもりで10人を表しているので、10÷5＝2より、1めもりは2人を表しています。

❷ 水曜日の人数は6人、月曜日の人数は18人なので、水曜日の人数3こ分で月曜日の人数です。

このことから、水曜日の人数は、月曜日の人数の$\frac{1}{3}$です。

❷ ❶ 5めもりで500円を表しているので、1めもりの大きさは100円です。

❷ 5めもりで10mを表しているので、1めもりの大きさは10÷5＝2より、2mです。

❸ ❶ 組ごとの表の人数を、1つの表のあてはまるところに書いていきましょう。

❷ いちばん右の「合計」のらんをたてに見ると、いちばん少ないのは1組です。

❸ 表のいちばん右の合計のらんは、いちばん上には1組で10月、11月、12月に休んだ人数の合計、上から2番めには2組で10月、11月、12月に休んだ人数の合計、上から3番めには3組で10月、11月、12月に休んだ人数の合計が入ります。合計のらんをたてに見て、3つのらんの合計がⒶに入ります。Ⓐに入る人数は、1組、2組、3組の10月、11月、12月に休んだ合計の人数です。

34ページ 練習のワーク

❶ ❶ 1けん

❷

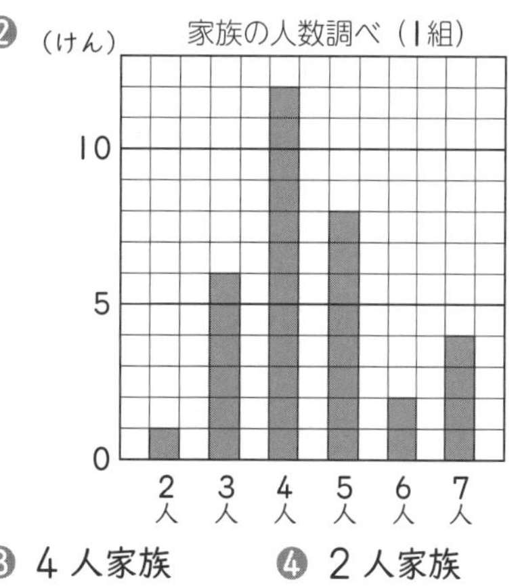

❸ 4人家族　　❹ 2人家族

⑤ 6けん

2 ❶ ⓘ　❷ ⓐ

てびき **1** ❶ 表から、いちばん多い家の数は12けんなので、12けんがかけるように、1めもりの大きさは1けんにします。

❷ けん数の多いじゅんに左からならべてもよいです。左から、家族の人数が4人、5人、3人、7人、6人、2人となります。

❸ ぼうグラフのいちばん長いぼうが表す家族の人数なので、4人家族です。

❹ ぼうグラフのいちばん短いぼうが表す家族の人数なので、2人家族です。

❺ ぼうグラフから、5人家族の家の数は8けん、6人家族の家の数は2けんです。家の数のちがいは、8−2=6なので、6けんです。

2 ❶ 5月と6月をあわせたさっ数がわかりやすいのは、5月と6月のぼうをつみ重ねたⓘのグラフです。

❷ 5月と6月で、しゅるいごとのさっ数のちがいをくらべやすいのは、5月と6月のぼうを横にならべたⓐのグラフです。

35ページ まとめのテスト

1 ❶ 5分
❷ 日曜日
❸ 火曜日

2 ⓐ 24
ⓘ 29
ⓤ 28
ⓔ 6
ⓞ 8
ⓚ 31
ⓚⓘ 32
ⓚⓤ 32
ⓚⓔ 95

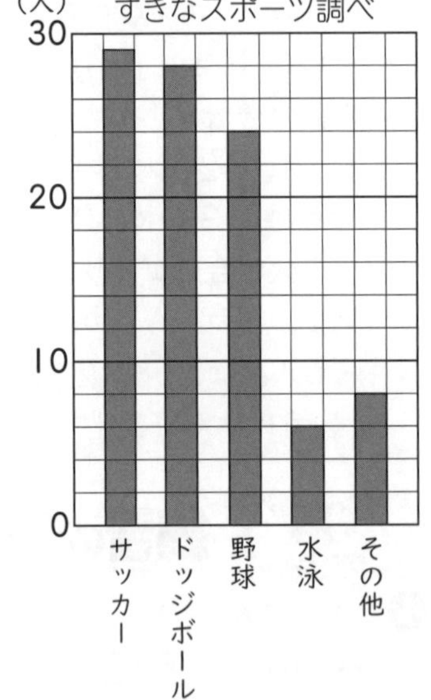

てびき **1** ❶ 4めもりで20分を表しているので、1めもりは20÷4=5より、5分を表しています。

❷ いちばんぼうが長いのは日曜日です。

❸ 木曜日に読書をした時間は20分です。20分の2倍は、20分の2こ分で20+20=40(分)なので、40分読書をした曜日は火曜日です。木曜日のぼうの長さは、めもり4こ分なので、その2倍の長さのぼうは、めもり8こ分と考えて、見つけることもできます。

2「その他」は数が多くても、さいごに書きます。

⑦ 数をよく見て暗算で計算しよう

36・37ページ きほんのワーク

きほん1 80、13、80、93
100、100、93　答え 93

❶ ❶ 58　❷ 70　❸ 87
❹ 80　❺ 91　❻ 100

❷ ガムとあめ

きほん2 30、8、30、38、40、40、38
36、36、38　答え 38

❸ ❶ 42　❷ 25　❸ 57
❹ 16　❺ 36　❻ 44

❹ 28円

❺ 87円

てびき ❶ ❶《1》12を10と2、46を40と6に分けて考えます。

(12 + 46 → 10 2　40 6)

10+40=50
2+6=8
50+8=58

《2》12を10とみて、10+46=56
2少なくたしているから、56+2=58

❷《1》25を20と5、45を40と5に分けて考えます。

(25 + 45 → 20 5　40 5)

20+40=60
5+5=10
60+10=70

《2》25を30、45を50とみて、
30+50=80
5+5=10　多くたしているから、
80−10=70

❸《1》59を50と9、28を20と8に分けて考えます。

(59 + 28 → 50 9　20 8)

50+20=70
9+8=17
70+17=87

《2》59を60、28を30とみて、
60+30=90
3多くたしているから、90−3=87

❹《1》52を50と2、28を20と8に分

けて考えます。
50+20=70　2+8=10　70+10=80
《2》52 を 60、28 を 30 とみて、
60+30=90
10 多くたしているから、90−10=80
❺《1》19 を 10 と 9、72 を 70 と 2 に分けて考えます。
10+70=80　9+2=11　80+11=91
《2》19 を 20、72 を 80 とみて、
20+80=100
9 多くたしているから、100−9=91
❻《1》38 を 30 と 8、62 を 60 と 2 に分けて考えます。
30+60=90　8+2=10
90+10=100
《2》38 を 40、62 を 70 とみて、
40+70=110
10 多くたしているから、110−10=100

2 100 円玉 1 まいはらったとき、おつりがなかったので、代金がちょうど 100 円になる品物の組み合わせをさがします。品物 2 しゅるいのそれぞれの組み合わせの代金は、
ガムとクッキー　31+57=88 なので 88 円
ガムとあめ　31+69=100 なので 100 円
ガムとチョコレート　31+72=103 なので 103 円
クッキーとあめ　57+69=126 なので 126 円
クッキーとチョコレート　57+72=129 なので 129 円
あめとチョコレート　69+72=141 なので 141 円
です。100 円ちょうどになるのは、ガムとあめの組み合わせです。
100 は一の位が 0 なので、それぞれの品物のねだんの一の位の数をたしたときに 0 になる組み合わせを考えるとよいです。

3 ❶《1》56 を 50 と 6、14 を 10 と 4 に分けて考えます。

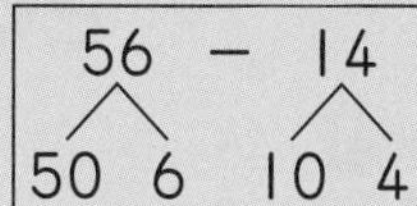

50−10=40
6−4=2
40+2=42
《2》56−16 と考えて、56−16=40
2 多くひいているから、40+2=42
《3》ひく数の 14 を 10 とみると、56−10=46
4 少なくひいているから、46−4=42

4 100 円玉 1 まいではらって買ったときのおつりをもとめるので、式は、
［はらったお金］−［品物のねだん］=［おつり］
なので、100−72 です。100−72=28 なので、28 円です。

5 品物のねだんをもとめるので、式は、
［はらったお金］−［おつり］=［品物のねだん］
なので、100−13 です。100−13=87 なので 87 円です。

1 ❶ 43　❷ 14　❸ 71
❹ 49　❺ 58　❻ 67

2

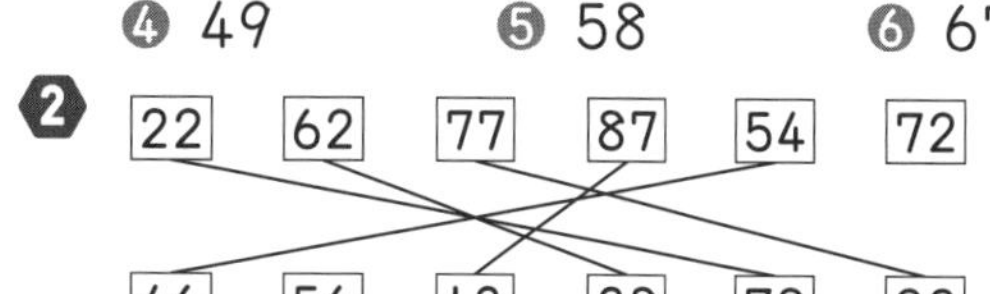

3 ❶ 49　❷ 92　❸ 90
❹ 51　❺ 43　❻ 27

4 ❶ 65 まい　❷ 23 まい

てびき

1 ❶《1》ひく数の 57 を 50 と 7 に分けて考えます。

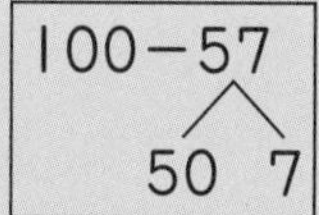

100−50=50
50−7=43
《2》57 を 60 とみて、100−60=40
3 多くひいているから、40+3=43
❷〜❻ ❶と同じ 2 通りの計算のしかたで答えをもとめることができます。

2 一の位どうしをたすと 10 になる数の組み合わせに注目します。
［22］一の位どうしをたすと 10 になるのは 38 か 78 で、たして 100 になるのは 78 です。
［62］一の位の数が 8 で、たして 100 になるのは 38 です。
［77］一の位どうしをたすと 10 になるのは 13 か 23 で、たして 100 になるのは 23 です。
［87］一の位の数が 3 で、たして 100 になるのは 13 です。
［54］一の位どうしをたすと 10 になるのは 46 か 56 で、たして 100 になるのは 46 です。
［72］一の位どうしをたすと 10 になる数には［38］、［78］がありますが、どちらの数もたして 100 にはなりません。

4 ❶ あわせたまい数をもとめる式は、28+37 です。
❷ ひとみさんは 51 まい、さやかさんは 28 まいのおり紙を持っています。ひとみさんの

持っているおり紙のまい数のほうが多いので、まい数のちがいをもとめる式は、51－28です。
51－28＝23なので、23まいです。

たしかめよう!

❶❷ たして100になる2つの数は、位ごとのたし算の答えに注目すると、一の位は0、十の位は9になっています。

39ページ まとめのテスト

1 20、20、80、2、77
2 ❶ 76　❷ 73　❸ 82
❹ 7　❺ 17　❻ 39
3 66円
4 63円
5 38ページ

てびき 2 ❶《1》29を20と9、47を40と7に分けます。20＋40＝60
9＋7＝16　60＋16＝76
《2》29を30、47を50とみると、
30＋50＝80
29は30より1少なく、47は50より3少ないので、80－1－3＝76
3 100円で34円のえん筆を買ったときのおつりをもとめるので、式は、100－34です。
100－34＝66なので、66円です。
4 35円と28円をあわせた代金をもとめるので、式は、35＋28です。35＋28＝63なので、63円です。
5 96ページのうち58ページを読んだのこりのページ数をもとめるので、式は、96－58です。
96－58＝38なので、38ページです。

⑧ わり算を考えよう

40・41ページ きほんのワーク

きほん1 3、4、12、12、1、1、15、13、2、2、13÷3＝4あまり1　答え 4、1
❶ わりきれる計算……㋐、㋓、㋕
わりきれない計算…㋑、㋒、㋔
きほん2 5、2　答え 5、2
❷ ❶ 8あまり2　❷ ○
❸ 5あまり8　❹ 6あまり3
❸ 式 55÷7＝7あまり6
答え 7こになって、6こあまる。
きほん3 答え 19
❹ ❶ 9×3＋1＝28　3あまり2
❷ 7×4＋4＝32　○
❺ ❶ 8あまり1　たしかめ 3×8＋1＝25
❷ 9あまり3　たしかめ 7×9＋3＝66
❸ 6あまり4　たしかめ 8×6＋4＝52

てびき ❶ わりきれない計算は、次の3つです。
㋑ 57÷9＝6あまり3
㋒ 22÷7＝3あまり1　㋔ 26÷5＝5あまり1
❷ ❶❹ あまりがわる数より大きくなっているのでまちがいです。
❸ あまりがまちがっています。53÷9＝5あまり8です。
❸ 図をかいて考えると、次のようになります。

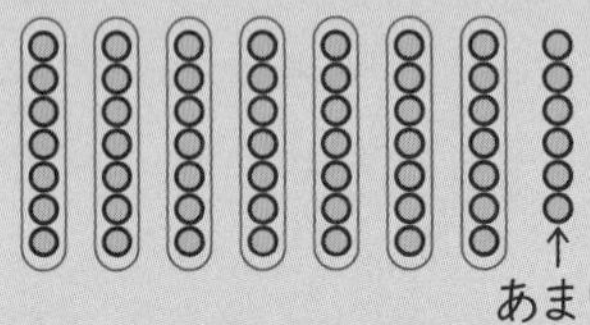

このことを式で表すと、55÷7＝7あまり6です。
❹ ❶ たしかめの計算をすると、わられる数より1小さいので、正しい答えは、あまりを1ふやします。
❺ たしかめの計算の答えがわられる数になっても、あまりがわる数より大きくなっていたらまちがいです。
あまりがわる数より小さくなっているかどうかもたしかめておきましょう。

たしかめよう!

わり算の答えのたしかめ
わる数×商＋あまり＝わられる数

42・43ページ きほんのワーク

きほん1 34、5、6、4、1、7　答え 7
❶ 式 22÷4＝5あまり2
5＋1＝6　答え 6ふくろ
❷ 式 45÷7＝6あまり3
6＋1＝7　答え 7箱
❸ 式 53÷6＝8あまり5
8＋1＝9　答え 9こ
❹ 式 75÷8＝9あまり3
9＋1＝10　答え 10回
きほん2 26、8、3、2、3、2　答え 3

❺ 式 50÷6=8あまり2　答え 8つ
❻ 式 71÷9=7あまり8　答え 7本
❼ 式 19÷4=4あまり3　答え 4まい
❽ 式 34÷4=8あまり2　答え 8さつ

てびき　あまりをどうするか考えます。あまりのために答えを1ふやすときと、あまりは考えないときがあるので、問題文から読み取りましょう。
❶5ふくろだと、クッキーが2こあまるので、その2こを入れるために、ふくろがもう1ふくろひつようです。
❷あまった3このボールを入れる箱が1こひつようです。
❸あまった5人のすわる長いすが1こひつようです。
❹あまった3この荷物をもう1回運びます。
❺あまった2本では6本の花たばは作れないので、答えは8つになります。
❻あまりの8cmで9cmのリボンはできないので、考えません。
❼画びょうを4こ使って、絵をはるので、3この画びょうでははることはできません。あまった3こは考えません。
❽あまりが2というのは、あいているはばは2cmだということです。このはばには、あつさ4cmの本は立てられないので、あまりの2cmは考えません。

44ページ　練習のワーク❶

❶ ❶ ○　❷ 7あまり2
❷ ❶ 4あまり2
　たしかめ 7×4+2=30
❷ 8あまり6
　たしかめ 9×8+6=78
❸ 式 49÷5=9あまり4
　答え 9こになって、4こあまる。
❹ 式 62÷8=7あまり6
　7+1=8　答え 8まい
❺ 式 38÷6=6あまり2　答え 6箱

てびき　❶❶ 答えのたしかめをすると、6×7+3=45で、正しいことがわかります。
❷ あまりがわる数よりも大きくなっているのでまちがいです。
❸ 全部のかきの数 ÷ 分ける人数 より、式は49÷5です。
❹ 作るカードの数 ÷ 1まいの画用紙からできるカードの数 より、式は62÷8です。
画用紙が7まいだと、カードは56まいしか作れないので、画用紙はもう1まいひつようです。
❺ 全部のドーナツの数 ÷ 1箱に入れる数 より、式は38÷6です。あまりの2こでは6こ入りの箱はできないので、あまりは考えません。

45ページ　練習のワーク❷

❶ ❶ 7あまり5　❷ 7あまり5
❸ 8あまり3　❹ 7あまり2
❺ 4あまり1　❻ 7あまり3
❷ ❶ 式 7×7+1=50　答え 50
❷ 式 50÷6=8あまり2　答え 8あまり2
❸ ❶ 土曜日
❷ 1あまる…日曜日
　4あまる…水曜日
❸ 25日…水曜日　29日…日曜日

てびき　❶ あまりがわる数より小さくなっているか、かくにんしましょう。
❷❶ ある数を7でわると答えは7あまり1なので、ある数はわられる数です。わり算の答えのたしかめの計算7×7+1=50より、ある数は50です。
❷ まちがえなければ50を6でわるので、式は50÷6です。
❸❶ 7のだんの九九とカレンダーの数字を見くらべてみましょう。土曜日は、7のだんの7、14、21とならんでいることがわかります。九九の7のだんの数は、すべて7でわりきれます。
❷ ❶より、土曜日の日にちは7でわりきれることから、1あまるのは、土曜日の1日後(次の日)の日曜日、4あまるのは土曜日の4日後の水曜日です。
カレンダーを見ると、日曜日の8、15は7でわると1あまる数、水曜日の11、18は7でわると4あまる数であることからもわかります。
❸ 25日は25÷7=3あまり4より、あまりが4なので水曜日、
29日は29÷7=4あまり1より日曜日です。
カレンダーのすべての日にちは、それぞれ7でわると曜日ごとにあまりが同じになっていま

す。
問題のカレンダーでは、7でわると
わりきれる…土曜日　1あまる…日曜日
2あまる…月曜日　3あまる…火曜日
4あまる…水曜日　5あまる…木曜日
6あまる…金曜日　です。
日にちを7でわったとき、何曜日がいくつあまるかは月によってちがいますが、曜日ごとにあまりが同じになることはかわりません。いろいろな月のカレンダーでためしてみましょう。

46ページ　まとめのテスト①

1 ❶ 5あまり7　❷ 1あまり4
❸ 9あまり7　❹ 6あまり1
❺ 5あまり5　❻ 9あまり1
❼ 9あまり7　❽ 1あまり8
❾ 7あまり1　❿ 7あまり4
⓫ 9あまり6　⓬ 9あまり3

2 式 25÷4=6あまり1
答え 6人に分けられて、1こあまる。

3 式 67÷9=7あまり4
答え 7本になって、4本あまる。

4 式 58÷7=8あまり2
8+1=9　答え 9日

5 式 70÷8=8あまり6　答え 8本

てびき **1** たしかめもするようにしましょう。
2 全部のいちごの数÷1人分の数
=分けられる人数
より、式は25÷4です。
3 全部のえん筆の数÷分ける人数
=1人分のえん筆の数
より、式は67÷9です。
4 全部の問題の数÷1日にとく数
=とき終えるまでにかかる日数
より、式は58÷7です。
1日に7題ずつとくと、8日で56題とくことができて、2題あまります。あまりの2題をとくのにあと1日かかります。
5 1Lは10dLなので、7Lは70dLです。式は70÷8です。
あまりの6dLでは8dL入ったびんはできないので、考えません。

47ページ　まとめのテスト②

1 ❶ 6あまり6　❷ 9

2 式 46÷8=5あまり6
答え 5人に分けられて、6こあまる。

3 式 58÷6=9あまり4
6−4=2　答え 2こ

4 式 75÷8=9あまり3
9+1=10　答え 10本

5 式 54÷8=6あまり6　答え 6つ

てびき **1**❷ あまりがわる数と同じときはわりきれるのでまちがいです。
2 全部のくりの数÷1人分の数
=分けられる人数
より、式は46÷8です。
3 全部のみかんの数÷分ける人数
=1人分のみかんの数
より、式は58÷6です。58÷6=9あまり4で、1人分は9こになって、4こあまります。
あまりの4こが6こになればよいので、
6−4=2より、あと2こあれば、1人にもう1こずつ分けられて、1人分が10こになります。
4 式は75÷8です。全部のリボンの数を答えるので、あまりの3cmのリボンも1本と数えます。
5 式は54÷8です。あまりの6本では8本の花たばは作れないので、あまりは考えません。

⑨ 10000より大きい数を調べよう

48・49ページ　きほんのワーク

きほん1 答え 1、4、6、3、8、2、
千四百六十三万八千二十

1 ❶ 9、3、1、4　❷ 63020

2 ❶ 七万九千二十五　❷ 八百五十九万
❸ 32540　❹ 360300

3 ❶ 8、5、9　❷ 57020000
❸ 49000　❹ 18　❺ 740

きほん2 1000
答え 2000、15000、28000、43000

4 ❶ 100万
❷ ㋐ 800万　㋑ 2500万　㋒ 4200万
❸
0　1000万　2000万　3000万　4000万　5000万
↑
3200万
❹ 100000000

てびき **1** ❶ 93014は、
一万の位の数…9より一万を9こ
千の位の数…3より千を3こ
百の位の数…0より百を0こ
十の位の数…1より十を1こ
一の位の数…4より一を4こあわせた数です。

❷ 一万を6こ……60000
千を3こ……　3000
十を2こ……　　20
}をあわせます。

2 大きな数を読んだり、読み方を漢字で書いたりするときは、一の位から4けたごとに区切るとわかりやすくなります。
❷ 859/0000と区切ると、859万であるとわかりやすくなります。

3 ❶ 85093760は、
千万の位の数…8より千万が8こ
百万の位の数…5より百万が5こ
一万の位の数…9より一万が9こです。

❷ 千万を5こ…50000000
百万を7こ…　7000000
一万を2こ…　　20000
}をあわせます。

❸ 1000を10こ集めると10000です。
49を40と9に分けて考えると、
1000を40こ集めた数は　40000
1000を　9こ集めた数は　　9000
あわせると　49000
49に0を3こつけた数になります。

❹ 10000は、1000を10こ集めた数だから、表を使って考えると、

一万の位	千の位	百の位	十の位	一の位
1	8	0	0	0
	1	0	0	0

18000は1000を18こ集めた数です。

❺ 740000
1000
0を3ことって考えると、
740000は1000を740こ集めた数とわかります。

4 ❶ いちばん小さい1めもりは、10こで1000万になる数だから100万を表しています。
❷ ㋐ 1000万より200万小さい数です。
㋑ 2000万より500万大きい数です。
㋒ 4000万より200万大きい数です。
❸ 3000万より右に2めもりのところに↑をかきます。
❹ 1000万を10こ集めた数を一億といい、100000000と書きます。100000000は1億と書くこともあります。

たしかめよう!

10000より大きい数を考えるときは、一の位から4けたずつ区切って考えるとわかりやすいです。

50・51ページ きほんのワーク

きほん1 答え ＞

1 ❶ ＜　❷ ＝　❸ ＜　❹ ＞

きほん2 300、50、350、350　答え 350

2 ❶ 400　❷ 580　❸ 2140

きほん3 24、20、4、24、24　答え 24

3 ❶ 5　❷ 70　❸ 48

きほん4 3500、3500、35000
答え 3500、35000

4 ❶ 100倍…2400　1000倍…24000
❷ 100倍…90000　1000倍…900000

てびき **1** ❶ 一万の位の数字でくらべます。2より4のほうが大きいです。
❷ 1000+9000は、1+9=10より、1000を10こ集めた数なので、10000になり、等号(=)が入ります。
❸ 700万−200万は、7−2=5より、100万を5こ集めた数だから500万になります。百万の位の数字でくらべます。
❹ 130000−80000は、13−8=5より、10000を5こ集めた数で50000です。一万の位の数字でくらべます。

2 数を10倍すると、位が1つずつ上がり、もとの数の右に0を1こつけた数になります。

3 一の位が0の数を10でわると、位が1つずつ下がり、もとの数の一の位の0をとった数になります。

4 数を100倍すると、位が2つずつ上がり、もとの数の右に0を2こつけた数になります。
また、数を1000倍すると、1000倍は100倍の10倍なので、位が3つずつ上がり、もとの数の右に0を3こつけた数になります。

たしかめよう!

数を10倍………右に0を1こつける。
100倍……右に0を2こつける。
1000倍…右に0を3こつける。
10でわる…一の位の0をとる。

52ページ 練習のワーク

1 ❶ 607180　❷ 39051026
2 ❶ 9、8　❷ 100000000
3 ❶ ㋐ 265000　㋑ 277000
㋒ 292000
❷
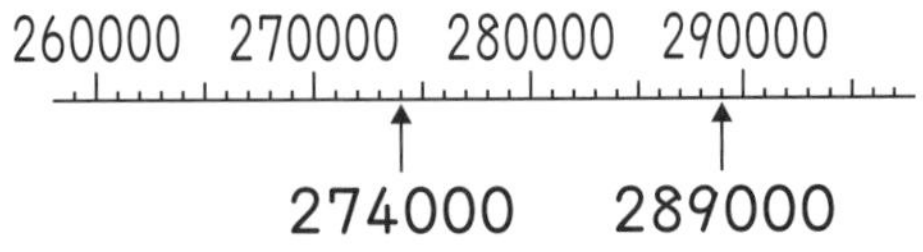

4 ❶ >　❷ <　❸ <　❹ =
5 100 倍した数…… 63000
1000 倍した数…… 630000
10 でわった数…… 63

てびき
1 ❶ 六十万からはじまる数なので、6 けたの数です。
❷ 三千九百五万からはじまる数なので、8 けたの数です。
2 ❶ 一の位から 4 けたずつ区切るとわかりやすくなります。
❷ 一億は、9 けたの数で、1 に 0 が 8 ことおぼえておくとよいでしょう。
3 ❶ 数直線のいちばん小さい 1 めもりは、10 こで 10000 になるので、1000 を表しています。
㋐ 260000 より 5000 大きい数です。
㋑ 270000 より 7000 大きい数です。
㋒ 290000 より 2000 大きい数です。
❷ 274000 は、270000 より右に 4 めもりのところに↑をかきます。
289000 は、290000 より左に 1 めもりのところに↑をかきます。
4 ❶ 一万の位の数字が 9 で同じだから、千の位の数字の大きさをくらべます。2 のほうが 1 より大きいです。
❷ 十万の位の数字が 5 で同じだから、一万の位の数字の大きさをくらべます。4 より 5 のほうが大きいです。
❸ 800 万−600 万は、8−6=2 より、100 万を 2 こ集めた数になります。300 万は 100 万を 3 こ集めた数なので、300 万のほうが大きいです。
❹ 30000+70000 は 3+7=10 より、1 万を 10 こ集めた数なので、100000 で、等号(=)が入ります。
5 100 倍した数… 630 の右に 0 を 2 こつけます。
1000 倍した数… 630 の右に 0 を 3 こつけます。
10 でわった数… 630 の一の位の 0 をとります。

53ページ まとめのテスト

1 ❶ 548000
❷ 79000000
❸ 2006000
2 ㋐ 480000　㋑ 500000
㋒ 7500 万　㋓ 9000 万
㋔ 1 億
3 ❶ >　❷ <　❸ =　❹ >
4 ❶ 70000　❷ 30000
❸ 970
5 式 7200÷10=720　答え 720 まい

てびき
1 ❶ 548 の右に 0 を 3 こつけます。
❷ 100 万を 10 こ集めると、1000 万になります。
79 を 70 と 9 に分けて考えると、
100 万を 70 こ集めた数は　7000 万
100 万を　9 こ集めた数は　900 万
あわせると　7900 万
数字で書くと 79000000、
つまり 79 に 0 を 6 こつけた数になります。
❸ 10 万を 10 こ集めると 100 万だから、20 こでは 200 万です。100 を 60 こ集めた数は、100 を 10 こ集めると 1000、1000 を 6 こ集めると、6000 なので 6000 です。200 万と 6000 をあわせて 2006000 です。
2 問題の上の数直線の 1 めもりは 10000、下の 1 めもりは 500 万を表しています。
㋐㋑ 1 めもりごとに、470000、480000、490000、500000、510000、520000 です。
㋒㋓ 1 めもりごとに、7500 万、8000 万、8500 万、9000 万、9500 万です。
㋔ 9500 万より 500 万大きい数は 1 億です。
3 ❶ 百万の位から千の位までの数字は同じです。百の位の数字の大きさをくらべます。
❷ けた数がちがうので、気をつけましょう。
❹ 8000000−3000000 は、8−3=5 より、1000000 を 5 こ集めた数になります。6000000 は 1000000 を 6 こ集めた数なので、6000000 のほうが大きいです。
4 大きい数も、いろいろな見方ができるようにします。
❶ 970000 を 900000 と 70000 に分けます。
❷ 1000000 は 10000 を 100 こ集めた数、970000 は 10000 を 97 こ集めた数と考えると、100−97=3 です。このことから、

970000は1000000より10000を3こ集めた数(＝30000)だけ小さい数とわかります。
❸ 970000から0を3ことります。
5 10たばに分けたので、1たばのまい数は、7200を10でわった数になります。10でわるので、一の位の0をとります。

⑩ 大きい数のかけ算のしかたを考えよう

54・55ページ きほんのワーク

きほん1 8、80、100、100、18、1800　答え 80、1800

1 ❶ 480　❷ 7200　❸ 1000

きほん2 32、2、4➡6　答え 64

2 ❶ $\begin{array}{r}22\\ \times\ 3\\ \hline 66\end{array}$　❷ $\begin{array}{r}12\\ \times\ 3\\ \hline 36\end{array}$　❸ $\begin{array}{r}42\\ \times\ 2\\ \hline 84\end{array}$　❹ $\begin{array}{r}11\\ \times\ 6\\ \hline 66\end{array}$

❺ $\begin{array}{r}20\\ \times\ 2\\ \hline 40\end{array}$

きほん3 7➡1、7　答え 177

3 ❶ $\begin{array}{r}24\\ \times\ 3\\ \hline 72\end{array}$　❷ $\begin{array}{r}15\\ \times\ 6\\ \hline 90\end{array}$　❸ $\begin{array}{r}36\\ \times\ 2\\ \hline 72\end{array}$　❹ $\begin{array}{r}31\\ \times\ 9\\ \hline 279\end{array}$

❺ $\begin{array}{r}52\\ \times\ 3\\ \hline 156\end{array}$　❻ $\begin{array}{r}82\\ \times\ 4\\ \hline 328\end{array}$　❼ $\begin{array}{r}49\\ \times\ 5\\ \hline 245\end{array}$　❽ $\begin{array}{r}63\\ \times\ 7\\ \hline 441\end{array}$

4 ❶ $\begin{array}{r}19\\ \times\ 8\\ \hline 152\end{array}$　❷ $\begin{array}{r}37\\ \times\ 3\\ \hline 111\end{array}$　❸ $\begin{array}{r}26\\ \times\ 4\\ \hline 104\end{array}$　❹ $\begin{array}{r}34\\ \times\ 3\\ \hline 102\end{array}$

5 式 28×8＝224　答え 224こ

てびき
1 ❶ 10が何こあるか考えます。また、かけられる数が10倍になると、答えも10倍になります。
❷ 100が何こあるか考えます。800は100が8こです。また、かけられる数が100倍になると、答えも100倍になります。
❸ 200は100が2こです。
2 かけ算の筆算で大切なことは、位をたてにそろえて書くことです。かける数のだんの九九を使うと、1つのだんの九九で計算できます。
3 一の位からじゅんに計算していきます。くり上げた数をたすのをわすれないようにしましょう。
5 [1ふくろに入っているチョコレートの数]×[ふくろの数]＝[全部の数]だから、式は28×8になります。
$\begin{array}{r}28\\ \times\ 8\\ \hline 224\end{array}$

56・57ページ きほんのワーク

きほん1 213、9➡3➡6　答え 639

1 ❶ $\begin{array}{r}131\\ \times\ 3\\ \hline 393\end{array}$　❷ $\begin{array}{r}221\\ \times\ 4\\ \hline 884\end{array}$　❸ $\begin{array}{r}233\\ \times\ 3\\ \hline 699\end{array}$

❹ $\begin{array}{r}314\\ \times\ 2\\ \hline 628\end{array}$

きほん2 5➡9➡7　答え 795

2 ❶ $\begin{array}{r}215\\ \times\ 4\\ \hline 860\end{array}$　❷ $\begin{array}{r}379\\ \times\ 2\\ \hline 758\end{array}$　❸ $\begin{array}{r}129\\ \times\ 6\\ \hline 774\end{array}$

❹ $\begin{array}{r}465\\ \times\ 2\\ \hline 930\end{array}$

3 ❶ $\begin{array}{r}173\\ \times\ 9\\ \hline 1557\end{array}$　❷ $\begin{array}{r}245\\ \times\ 8\\ \hline 1960\end{array}$　❸ $\begin{array}{r}503\\ \times\ 6\\ \hline 3018\end{array}$

❹ $\begin{array}{r}369\\ \times\ 5\\ \hline 1845\end{array}$　❺ $\begin{array}{r}728\\ \times\ 4\\ \hline 2912\end{array}$　❻ $\begin{array}{r}693\\ \times\ 8\\ \hline 5544\end{array}$

❼ $\begin{array}{r}487\\ \times\ 7\\ \hline 3409\end{array}$

4 式 420×5＝2100　答え 2100円

きほん3 2、90、90、5、450、450
2、10、10、450、450　答え 450

5 ❶ 480　❷ 5600　❸ 3140

てびき
1 かけられる数が3けたになっても、位ごとに分けて計算すれば、かけ算の九九を使って答えがもとめられます。
位をそろえて書き、一の位からじゅんに計算しましょう。
2 **3** くり上がりに気をつけて計算します。
2 ❷ くり上がりが2回ある計算は、くり上がった数を書いておくようにしましょう。
$\begin{array}{r}379\\ \times\ 2\\ \hline 758\end{array}$
4 [1このねだん]×[買う数]＝[代金]だから、式は420×5になります。かけられる数420は42を10倍にした数なので、答えは42×5の答えを10倍にした数になります。
$\begin{array}{r}42\\ \times\ 5\\ \hline 210\end{array}$
5 かけ算のきまりを使って、あとの2つを先に計算することもできます。
❶ 80×3×2＝80×(3×2)＝80×6
❷ 700×2×4＝700×(2×4)＝700×8
❸ 314×5×2＝314×(5×2)＝314×10

たしかめよう!

かけ算のきまり

3つの数のかけ算では、はじめの2つを先に計算しても、あとの2つを先に計算しても、答えは同じになります。

(れい)　(48×5)×2=48×(5×2)

58ページ　練習のワーク

❶ ❶ 360　❷ 300　❸ 720
❹ 600　❺ 1600　❻ 3600

❷ ❶ 368　❷ 108　❸ 360
❹ 196　❺ 870　❻ 1605
❼ 4130　❽ 2310　❾ 1547

❸ ❶ 970　❷ 4500

❹ ❶ 5[9][8] × 3 = [1]794　❷ [4]13 × [6] = 2[4][7]8　❸ [7]0[6] × 9 = [6]3[5]4

てびき ❶かけられる数が10倍になると、答えも10倍になります。また、かけられる数が100倍になると、答えも100倍になります。
❶〜❸では、かけられる数に10が何こあるか、❹〜❻では、かけられる数に100が何こあるかに注目しましょう。

❷筆算は、次のようになります。

❶ 92 × 4 = 368　❷ 36 × 3 = 108　❸ 45 × 8 = 360
❹ 28 × 7 = 196　❺ 174 × 5 = 870　❻ 321 × 5 = 1605
❼ 590 × 7 = 4130　❽ 385 × 6 = 2310　❾ 221 × 7 = 1547

❸かけ算のきまりを使って、あとの2つを先に計算するとかんたんです。

❶ 97×2×5=97×(2×5)=97×10

❷ 500×3×3=500×(3×3)=500×9

❹❶ 右のように、□をそれぞれ[ア]〜[ウ]とします。

5[ア][イ] × 3 = [ウ]794　　5[9][8] × 3 = [1]79²4

3×[イ]の一の位の数字が4になる3のだんの九九を考えると、3×8=24しかないので、[イ]には8が入ります。十の位に2くり上がり、3×[ア]の答えに2をたすと一の位の数字が9になります。
3のだんの九九を考えて、一の位の数字が7になるのは、3×9=27だけなので、[ア]には9が入ります。598×3の筆算をすると、[ウ]には1が入ります。

❷ 次のように、□をそれぞれ[ア]〜[エ]とします。

[ア]13 × [イ] = 2[ウ][エ]8　　[ア]13 × [6] = 2[ウ][7]8　　[4]13 × [6] = 2[4][7]8

[イ]×3の一の位の数字が8だから、3×[イ]で、3のだんの九九より、3×6=18で、[イ]には6が入ります。6×1にくり上げた1をたして、[エ]には7が入ります。6×[ア]=2[ウ]となるので、6のだんの九九より、6×4=24があてはまるので、[ア]には4、[ウ]には4が入ります。

❸ 次のように、□をそれぞれ[ア]〜[エ]とします。

[ア]0[イ] × 9 = [ウ]3[エ]4　　[ア]0[6] × 9 = [ウ]3[5]4　　[7]0[6] × 9 = [6]3[5]4

9×[イ]の一の位の数字が4だから、9のだんの九九より、9×6=54で、[イ]には6が入ります。かけられる数の十の位が0なので、[エ]にはくり上げた5が入ります。9×[ア]=[ウ]3になる9のだんの九九は9×7=63より、[ア]には7、[ウ]には6が入ります。
このような、わからない数がある計算を「虫食い算」といいます。もとめやすいところからじゅんにうめていきましょう。
九九の答えの一の位に注目するとよいです。

59ページ　まとめのテスト

1 ❶ 450　❷ 88　❸ 98
❹ 486　❺ 5608　❻ 2871

2 式 68×9=612　答え 612円

3 式 198×4=792　答え 792m

4 式 450×6=2700　答え 2700mL

5 式 600×2×4=4800　答え 4800円

てびき **1**❶ 10をもとに考えると10が9×5=45で45こだから、答えは450です。
❷〜❻ 筆算は、次のようになります。

❷ 44 × 2 = 88　❸ 14 × 7 = 98　❹ 243 × 2 = 486
❺ 701 × 8 = 5608　❻ 319 × 9 = 2871

2 [1このねだん]×[買う数]=[代金]より、式は68×9です。
筆算は、右のようになります。　68 × 9 = 612

3 [1しゅうの長さ]×[まわった数]=[全部の長さ]より、式は198×4　198 × 4 = 792

です。筆算は、前のページのようになります。

4 1本のジュースのかさ×本数＝全部のジュースのかさより、式は450×6です。

かけられる数450は45を10倍した数なので、答えは45×6の答えを10倍した数になります。

筆算は、右のようになります。

$$\begin{array}{r} 45 \\ \times\ \ 6 \\ \hline 270 \end{array}$$

270を10倍した数は2700です。

5 600円のハンカチを2まいをセットにしたものを4人分買うので、ハンカチ2まいの代金は600×2、これを4人分買うと600×2×4になります。

600×2×4は、かけ算のきまりを使ってくふうして計算できます。

600×2×4＝600×(2×4)＝600×8
＝4800

はじめに、全部のハンカチのまい数をもとめてもよいです。

2×4＝8より、8まいなので、式は、
600×(2×4)＝600×8です。

たしかめよう!

かけ算のきまりを使って、計算のくふうをしてみましょう。

⑪ わり算や分数を考えよう

60・61ページ きほんのワーク

きほん1 2、4、4、40　答え 40

1 ❶ 30　❷ 10　❸ 10

きほん2 2、4、40、2、42　答え 42

2 ❶ 12　❷ 21　❸ 13
❹ 33　❺ 11　❻ 11

きほん3 3、3、20　答え 20

3 式 50÷5＝10　答え 10cm

きほん4 3、21、21、3、22、22
答え ちがう

4 式 50÷5＝10
55÷5＝11　答え　さとう

てびき **1** 10をもとに考えます。

❶ 10が6÷2＝3で3こだから、答えは30です。

❷ 10が9÷9＝1で1こだから、答えは10です。

❸ 10が5÷5＝1で1こだから、答えは10です。

2 何十の数と一の位の数に分けて計算することができます。

❶ 48を40と8に分けて考えます。
40÷4＝10
8÷4＝ 2
あわせて 12

❷ 63を60と3に分けて考えます。
60÷3＝20
3÷3＝ 1
あわせて 21

❸ 26を20と6に分けて考えます。
20÷2＝10
6÷2＝ 3
あわせて 13

❹ 99を90と9に分けて考えます。
90÷3＝30
9÷3＝ 3
あわせて 33

❺ 22を20と2に分けて考えます。
20÷2＝10
2÷2＝ 1
あわせて 11

❻ 88を80と8に分けて考えます。
80÷8＝10
8÷8＝ 1
あわせて 11

3 50cmの$\frac{1}{5}$の長さは、50cmを5等分した1こ分の長さだから、式は50÷5です。

10が5÷5＝1で1こだから、答えは10です。

4 しお50gの$\frac{1}{5}$の重さは、50gを5等分した1こ分の重さ、さとう55gの$\frac{1}{5}$の重さは、55gを5等分した1こ分の重さです。

しお　式は、50÷5で、50を10をもとに考えて答えは10です。

さとう　式は、55÷5で、
55を50と5に分けて考えます。
50÷5＝10
5÷5＝ 1
あわせて 11

しおとさとうのもとの重さがちがうので、5等分した重さもちがうことに気をつけましょう。

$\frac{1}{5}$の重さが重いのはさとうです。

たしかめよう!

$\frac{1}{●}$は、もとの数を●こに分けたうちの1こ分なので、もとの数を●等分した数です。
もとの数がちがえば、もとの数を●等分した数もちがいます。

62ページ 練習のワーク

1 ❶ 10　❷ 10　❸ 13　❹ 12　❺ 11　❻ 32

2 式 88÷4=22　答え 22まい

3 式 84÷4=21　答え 21まい

4 式 90÷3=30　答え 30kg

5 式 44÷4=11　40÷4=10　11−10=1

答え 44円の$\frac{1}{4}$の金がくが、1円多い。

てびき **1** ❶ 10をもとに考えると、10が8÷8=1で1こだから、答えは10です。

❷ 10をもとに考えると、10が2÷2で1こだから、答えは10です。

❸ 39を30と9に分けて考えます。

30÷3=10
9÷3= 3
あわせて 13

❹ 36を30と6に分けて考えます。

30÷3=10
6÷3= 2
あわせて 12

❺ 44を40と4に分けて考えます。

40÷4=10
4÷4= 1
あわせて 11

❻ 96を90と6に分けて考えます。

90÷3=30
6÷3= 2
あわせて 32

2 [全部のクッキーのまい数]÷[人数]=[1人分のまい数]より、式は88÷4です。

88を80と8に分けて考えます。

80÷4=20
8÷4= 2
あわせて 22

3 [全部のカードの数]÷[人数]=[1人分の数]より、式は84÷4です。

84を80と4に分けて考えます。

80÷4=20
4÷4= 1
あわせて 21

4 すな90kgの$\frac{1}{3}$の重さは、90kgを3等分した1こ分の重さだから、式は90÷3です。10が9÷3=3だから、答えは30です。

5 44円の$\frac{1}{4}$の金がくは、44円を4等分した1こ分の金がく、40円の$\frac{1}{4}$の金がくは、40円を4等分した1こ分の金がくだから、式はそれぞれ、44÷4、40÷4です。

44を40と4に分けて考えます。

40÷4=10
4÷4= 1
あわせて 11

10をもとにして考えて40÷4=10です。

もとの数がちがうと、同じ数で等分したときの数もちがいます。44円の$\frac{1}{4}$の金がくのほうが多いです。

63ページ まとめのテスト

1 ❶ 10　❷ 14　❸ 23　❹ 34　❺ 21　❻ 31

2 式 60÷6=10　答え 10本

3 式 86÷2=43　答え 43箱

4 式 44÷4=11　48÷4=12

答え 赤色のおり紙…11まい

黄色のおり紙…12まい

てびき **1** ❶ 10をもとに考えると、10が3÷3=1で1こだから、答えは10です。

❷～❻ わられる数を何十の数と一の位の数に分けて考えるとよいです。

❷ 28を20と8に分けて考えます。

20÷2=10
8÷2= 4
あわせて 14

❸ 46を40と6に分けて考えます。

40÷2=20
6÷2= 3
あわせて 23

❹ 68を60と8に分けて考えます。

60÷2=30
8÷2= 4
あわせて 34

❺ 84を80と4に分けて考えます。

80÷4=20
4÷4= 1
あわせて 21

❻ 93を90と3に分けて考えます。

90÷3=30
3÷3= 1
あわせて 31

2 [全部の長さ]÷[1本の長さ]=[本数]より、式は60÷6です。10をもとに考えて、60÷6=10です。

3 [全部の数]÷[1箱に入れる数]=[箱の数]より、式は86÷2です。

86を80と6に分けて考えます。

80÷2=40
6÷2= 3
あわせて 43　より、43箱です。

4 もらった赤色のおり紙のまい数は44まいの$\frac{1}{4}$、つまり、44を4等分した1こ分のまい数、もらった黄色のおり紙のまい数は48まいの$\frac{1}{4}$、つまり、48を4等分した1こ分のまい数なので、式はそれぞれ、44÷4と48÷4です。

赤色のおり紙
44 を 40 と 4 に分けて考えます。
40÷4＝10
4÷4＝ 1
あわせて 11　より、11 まいです。
黄色のおり紙
48 を 40 と 8 に分けて考えます。
40÷4＝10
8÷4＝ 2
あわせて 12　より、12 まいです。
もとの数がちがうと、同じ数で等分したときの数もちがいます。

たしかめよう!
かけ算の九九を使って、大きい数のわり算も計算することができます。

⑫ まるい形を調べよう

64・65 ページ　きほんのワーク

きほん1　2、8、アウ　　答え 8、アウ
1　❶ 14　❷ 8
きほん2　答え

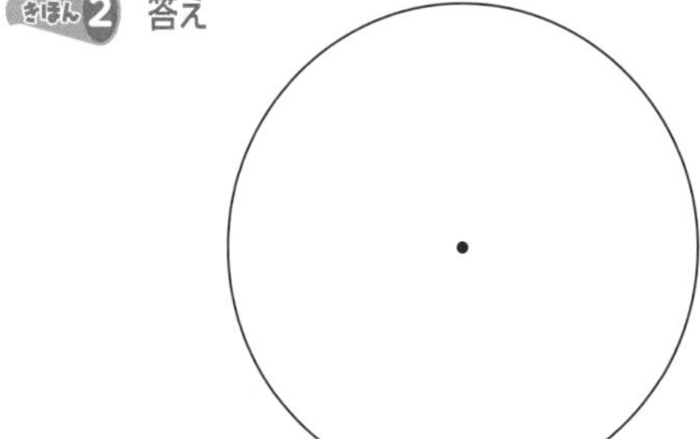

2　しょうりゃく
きほん3　㋑、㋐　　答え ㋑
3　㋒、㋑、㋐
きほん4　球　　答え ㋑
4　❶ 円　❷ 6　❸ 10

てびき　1❶ 中心を通るように、円のまわりからまわりまでひいた直線が直径で、直径の長さは、半径の 2 倍になっています。
半径が 7cm の円の直径の長さは、
7×2＝14 より、14cm です。
❷ 半径の長さは、直径の半分といいかえることができるので、直径が 16cm の円の半径の長さは、16÷2＝8 より、8cm です。
2 円をかくには、コンパスを使い、次のようにします。
1 半径の長さにコンパスを開く。
2 中心の場所を決めて、はりをさす。
3 とちゅうで止めないで、一気にコンパスを回す。
コンパスを持ちかえないで、1 回転させられるように、かき始めるところや手首の向きをくふうしてみましょう。また、下じきをはずすとかきやすくなります。
❶ 半径が 6cm なので、上の 1 で、コンパスを 6cm に開きます。
❷ 半径が 7cm なので、上の 1 で、コンパスを 7cm に開きます。
❸ 直径が 8cm なので、8÷2＝4 より、半径が 4cm の円をかきます。
3 コンパスは、円をかくだけではなく、長さをうつしとるときにも使えます。
（れい）　㋑の長さをコンパスにとって、㋐や㋒の直線と長さをくらべると、㋑は㋐より長く、㋒より短いことがわかります。
㋐や㋒の長さをコンパスにとって、ほかの直線と長さをくらべてもよいです。
4 どこから見ても円に見える形を「球」といい、どこを切っても、切り口はいつも円になります。
また、円と同じように、球の直径の長さも半径の 2 倍です。
❷ 半径の長さは 12÷2＝6 より、6cm
❸ 直径の長さは 5×2＝10 より、10cm

たしかめよう!
コンパスを使うと、円をかいたり、長さをうつしとることができます。

66 ページ　練習のワーク

1　❶ 5　❷ 中心　❸ 円
　❹ 20　❺ 9
2　❶ ウの点、カの点、サの点
　❷ イの点、クの点
3　6cm
4　24cm

てびき　1❶ 直径が 10cm だから、半径の長さは 10÷2＝5 より、5cm です。
❷ 1 つの円の直径どうしは、1 つの円の「中心」で交わります。
❸ 球は、どこから見ても「円」に見えます。
❹ 半径が 10cm だから、直径の長さは
10×2＝20 より、20cm です。

❺ 直径が 18cm だから、半径の長さは
18÷2=9 より、9cm です。

2 ❶ アの点を中心にして、半径が 2cm5mm の円をコンパスを使ってかいて、その円の線の上にある点をさがします。

❷ アの点を中心にして、半径が 3cm の円をコンパスを使ってかいて、その円の外がわにある点をさがします。

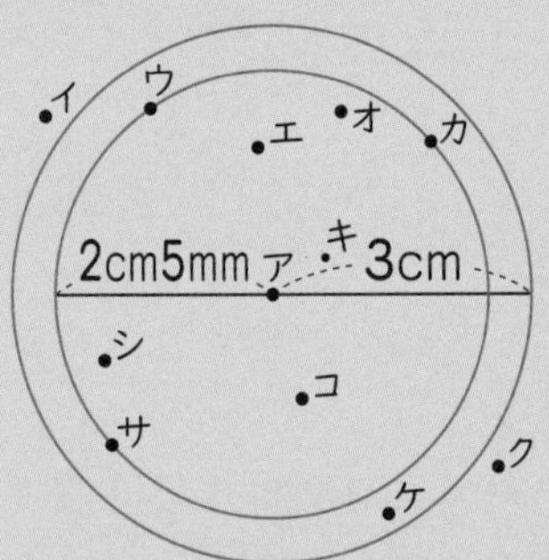

3 大きい円の直径の長さは 9×2=18 より、18cm で、この長さと小さい円の直径 3 つ分の長さが等しいので、小さい円の直径の長さは
18÷3=6 より、6cm です。

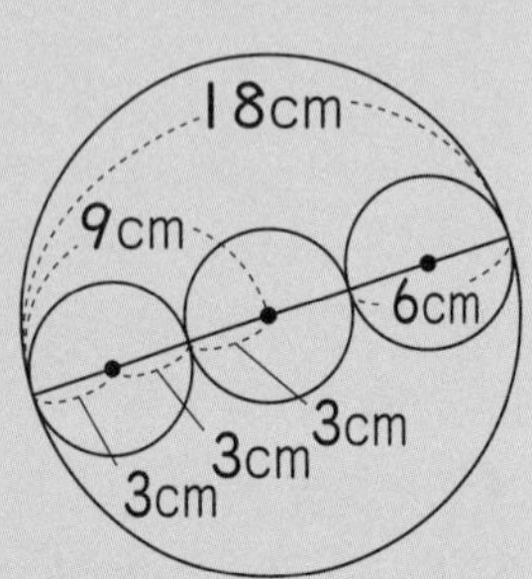

4 つつの高さは、ボールの直径 3 つ分の長さに等しいので、
8×3=24 より、24cm です。

なので、たてに 12÷6=2 より、2 こ、
横に 18÷6=3 より、3 この円がかけます。

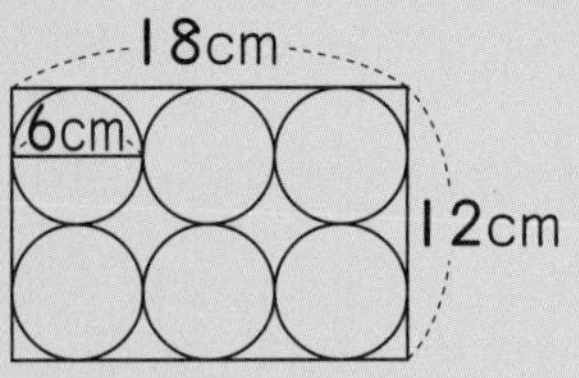

2 この円の半径は 4÷2=2 より、2cm です。

❶ 直線アイの長さは、半径 5 つ分の長さに等しいので、2×5=10 より、10cm です。

❷ 直線ウエは、直径 4cm の円の半径を表しているので、長さは 2cm です。

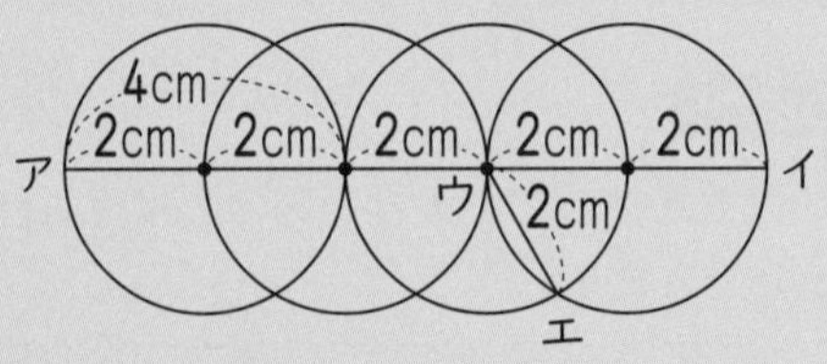

3 ❶ 箱の 10cm の長さは、ボールの直径の 2 つ分の長さに等しいから、ボールの直径は 10÷2=5 より、5cm です。

❷ ㋐の長さは、ボールの直径の 3 つ分の長さに等しいので、5×3=15 より、15cm です。

4 右の図のように、4 つの・をつけた点を中心にして、半径 2cm の円の半分をそれぞれコンパスを使ってかきます。

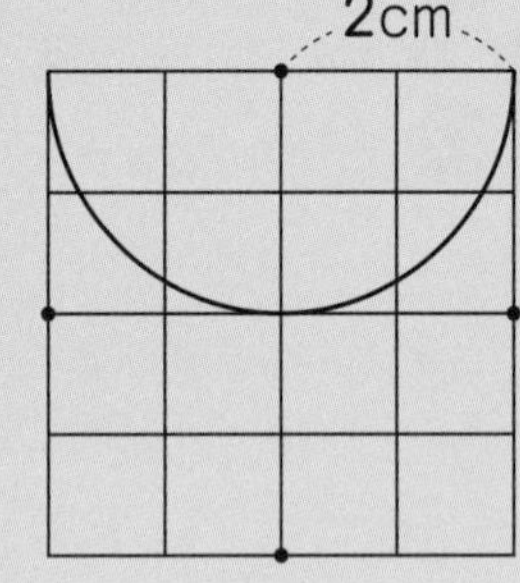

たしかめよう!

円と球の直径の長さは、半径の 2 倍です。

67ページ まとめのテスト

1 6 こ

2 ❶ 10cm
❷ 2cm

3 ❶ 5cm
❷ 15cm

4

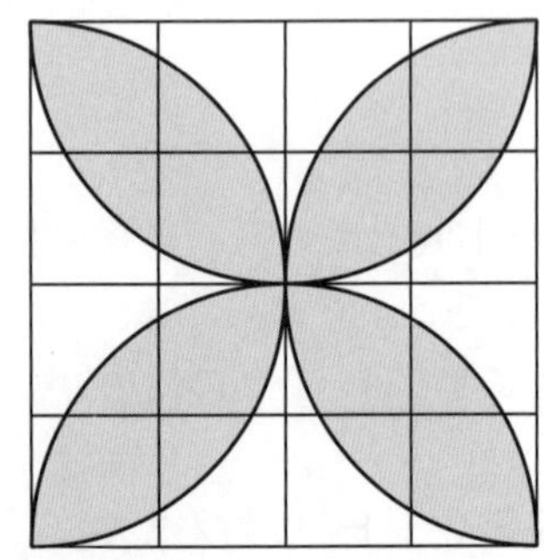

てびき **1** 円の直径は 3×2=6 より、6cm

⑬ 数の表し方やしくみを調べよう

68・69ページ きほんのワーク

きほん1 2、0.2、1.2 答え 1.2

1 ❶ 0.8L ❷ 1.7L ❸ 0.1L
❹ 1.9L

2 整数…15、7、0、2
小数…0.3、4.9、1.6、0.8

きほん2 0.1、0.9、3.9 答え 3.9

3 ㋐ 0.7cm ㋑ 4cm ㋒ 8.4cm
㋓ 13.7cm

きほん3 6、0.6 答え 0.6、1.5、3.2、4.1

4

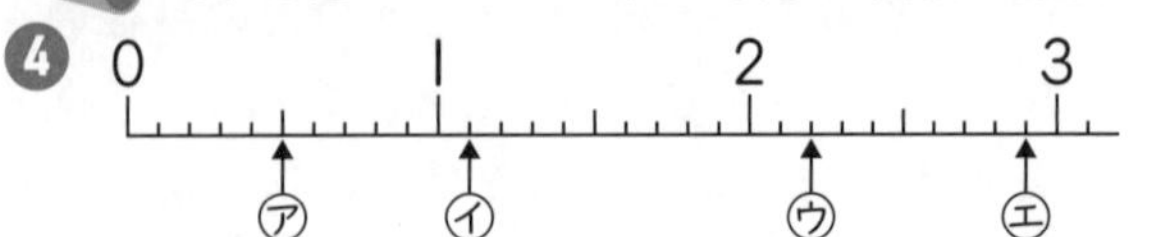

❺ ❶ 25　❷ 3.2

てびき ❶ 1Lのますの小さいめもりは、1Lを10等分しているので、0.1Lを表しています。
❶ 0.1Lの8こ分のかさだから、0.8Lです。
❷ 1Lと0.7Lをあわせたかさだから、1.7Lです。
❸ 0.1Lの1こ分のかさだから、0.1Lです。
❹ 1Lと0.9Lをあわせたかさだから、1.9Lです。
❷ 0、1、2、3、…のような数を「整数」といい、0.3、1.6のような数を「小数」といいます。
小数点がない数か、ある数かで考えてもよいでしょう。
❸ 1cmを10等分した長さは1mmで、cmのたんいで表すと0.1cmになります。小数を使うと1つのたんいで表すことができます。
㋐ 1cmよりも3mm短い長さで、7mmです。7mmは1mmが7こ分なので、0.7cmです。
㋑ 左はしから、1cmのめもりがちょうど4こ分で4cmです。
㋒ 8cmよりも4mm長い長さです。4mmは1mmが4こ分なので、0.4cmだから、8.4cmです。
㋓ 13cmよりも7mm長い長さです。7mmは1mmが7こ分なので、0.7cmだから、13.7cmです。
❹ 数直線のいちばん小さい1めもりは、1を10等分しているので、0.1を表しています。
㋐ 0.5は、0から右に小さいめもり5こ分の数です。
㋑ 1.1は、1から右に小さいめもり1こ分の数です。
㋒ 2.2は、2から右に小さいめもり2こ分の数です。
㋓ 2.9は、2から右に小さいめもり9こ分の数です。または、3から左に小さいめもり1こ分の数です。
❺ 小数も整数と同じように、0.1を10こ集めると、位が1つ上がります。
❶ 0.1を10こ集めると1、20こ集めると2になるから、2.5は0.1を25こ集めた数です。
❷ 0.1を30こ集めると3になり、2こ集めると0.2になるから、3.2は0.1を32こ集めた数です。

たしかめよう！
小数…1.4や0.2のような数
整数…0、1、2、3、… のような数
1.4 ↑ 小数点

70・71ページ　きほんのワーク

きほん1 2、1、3、8　答え 2、1、3、8
❶ 6、2、5、5
きほん2 7.9、8、79、80　答え 8
❷ 0、0.1、0.9、1、1.1
❸ ❶ >　❷ <　❸ >
きほん3 6、3、9　答え 0.9
❹ ❶ 1　❷ 1.6　❸ 2.4　❹ 3.7
きほん4 9、3、6　答え 0.6
❺ ❶ 0.2　❷ 0.1　❸ 0.8　❹ 0.9

てびき ❶ 62.5を60と2と0.5に分けて考えます。

6	2	.	5
十の位	一の位	小数点	小数第一位

です。
小数点のすぐ右の位を小数第一位というので、小数第一位の数字は5です。小数第一位の数字5は、0.1を5こ集めた数を表しています。
❷ 1、0.9、0.1、0、1.1を数直線に表してみると、下のようになります。

0.1は0より大きい数で、0.9は1より小さい数、また、1.1は1より大きい数です。
数直線では、右にいくほど大きい数を表しているので、小さいじゅんは、数直線の左にある数からじゅんにならべればよいです。0は、整数、小数の中でいちばん小さい数です。
❸ 数直線に表してみるか、0.1の何こ分かを考えて大きさをくらべます。
❶ 0.7は0.1の7こ分の数、0.5は0.1の5こ分の数なので、0.7のほうが大きい数です。
❷ 5.8は5と0.8をあわせた数なので、0.1が58こ分の数です。
6.2は6と0.2をあわせた数なので、0.1が62こ分の数です。
6.2のほうが大きい数です。
5.8は6より小さく、6.2は6より大きいことから大小をくらべることもできます。

❸ 10.1 は 10 と 0.1 をあわせた数だから、10 より大きい数です。

❹ 小数のたし算は、0.1 をもとにして考えます。

❶ 0.2 は 0.1 の 2 こ分、0.8 は 0.1 の 8 こ分だから、あわせて 0.1 の 2+8=10(こ分)で 1.0 です。答えの小数第一位が 0 になったときは、その 0 を消して 1 と答えます。

❷ 0.8 は 0.1 の 8 こ分、あわせて 0.1 の 8+8=16 より、16 こ分で 1.6 です。

❸ 0.4 は 0.1 の 4 こ分、2 は 0.1 の 20 こ分だから、あわせて 0.1 の 4+20=24 より、24 こ分で 2.4 です。

❹ 3 は 0.1 の 30 こ分、0.7 は 0.1 の 7 こ分だから、あわせて 0.1 の 30+7=37 より、37 こ分で 3.7 です。

❺ 小数のひき算も、0.1 をもとにして考えます。

❶ 0.7 は 0.1 の 7 こ分、0.5 は 0.1 の 5 こ分だから、ちがいは 0.1 の 7−5=2 より、2 こ分で 0.2 です。

❷ 1 は 0.1 の 10 こ分、0.9 は 0.1 の 9 こ分だから、ちがいは 0.1 の 10−9=1 より、1 こ分で 0.1 です。

❸ 2.8 は 0.1 の 28 こ分、2 は 0.1 の 20 こ分だから、ちがいは 0.1 の 28−20=8 より、8 こ分で 0.8 です。

❹ 1.5 は 0.1 の 15 こ分、0.6 は 0.1 の 6 こ分だから、ちがいは 0.1 の 15−6=9 より、9 こ分で 0.9 です。

たしかめよう!

小数のたし算とひき算は、0.1 をもとにして考えることができます。

72・73 ページ　きほんのワーク

きほん1　4、2 ➡.　2、8　答え 4.2、2.8

❶
❶ $\begin{array}{r} 2.4 \\ +4.5 \\ \hline 6.9 \end{array}$　❷ $\begin{array}{r} 1.5 \\ +3.2 \\ \hline 4.7 \end{array}$　❸ $\begin{array}{r} 2.6 \\ +3.2 \\ \hline 5.8 \end{array}$

❹ $\begin{array}{r} 1.4 \\ +5.3 \\ \hline 6.7 \end{array}$　❺ $\begin{array}{r} 5.8 \\ +2.3 \\ \hline 8.1 \end{array}$　❻ $\begin{array}{r} 2.5 \\ +6.9 \\ \hline 9.4 \end{array}$

❼ $\begin{array}{r} 6.7 \\ +1.6 \\ \hline 8.3 \end{array}$　❽ $\begin{array}{r} 3.9 \\ +2.9 \\ \hline 6.8 \end{array}$　❾ $\begin{array}{r} 4.7 \\ -3.2 \\ \hline 1.5 \end{array}$

⑩ $\begin{array}{r} 6.8 \\ -4.5 \\ \hline 2.3 \end{array}$　⑪ $\begin{array}{r} 7.6 \\ -5.1 \\ \hline 2.5 \end{array}$　⑫ $\begin{array}{r} 5.9 \\ -2.8 \\ \hline 3.1 \end{array}$

⑬ $\begin{array}{r} 9.2 \\ -5.6 \\ \hline 3.6 \end{array}$　⑭ $\begin{array}{r} 3.4 \\ -1.9 \\ \hline 1.5 \end{array}$　⑮ $\begin{array}{r} 3.5 \\ -1.7 \\ \hline 1.8 \end{array}$

⑯ $\begin{array}{r} 4.2 \\ -2.8 \\ \hline 1.4 \end{array}$

きほん2　9、0、1、2 ➡.　答え 9、1.2

❷ ❶ 7　❷ 7.5　❸ 3.9
❹ 0.8　❺ 6　❻ 13.6

きほん3　6、0.6、0.6　答え 0.6

❸ 0.4

❹ ❶ 0.2　❷ 2　❸ 72
❹ 8

てびき

❶ 小数のたし算やひき算の筆算では、位をそろえて書き、整数のたし算やひき算と同じように計算して、上の小数点にそろえて、答えの小数点をうちます。

❷ ❶ $\begin{array}{r} 2.3 \\ +4.7 \\ \hline 7.0 \end{array}$ ←小数第一位の 0 を消します。

❷ $\begin{array}{r} 4.0 \\ +3.5 \\ \hline 7.5 \end{array}$ ←4 を 4.0 と考えると、位をそろえやすくなります。

❸ $\begin{array}{r} 2.0 \\ +1.9 \\ \hline 3.9 \end{array}$ ←2 を 2.0 と考えると、位をそろえやすくなります。

❹ $\begin{array}{r} 8.3 \\ -7.5 \\ \hline 0.8 \end{array}$ 一の位に 0 を書いてから、答えの小数点をうつので、答えは 0.8 になります。この 0 は小数点をうつためにひつようなので消すことはできません。

❺ $\begin{array}{r} 9.7 \\ -3.7 \\ \hline 6.0 \end{array}$ ←小数第一位の 0 を消します。

❻ $\begin{array}{r} 16.0 \\ -2.4 \\ \hline 13.6 \end{array}$ ←16 を 16.0 と考えると、位をそろえやすくなります。

❸ 数直線で考えると、2.6 は 3 より小さいめもり 4 こ分だけ小さい数とわかります。

小さい 1 めもりの大きさは 0.1 を表しているから、2.6 は 3 より 0.4 小さい数となり、2.6=3−[0.4] と表せます。

❹ いろいろな見方をします。右の図のように、いちばん小さいめもりが 0.1 を表す数直線に表すと、考えやすくなります。

❶ 7.2 は、7 より 0.2 大きい数なので、7 と 0.2 をあわせた数といえます。

❷ 0.2 は、0.1 の 2 こ分です。

❸ 7.2 は、7 と 0.2 をあわせた数で、

7は0.1を70こ、0.2は0.1を2こだから、あわせて0.1を72こ集めた数です。

❹ 7.2は、8より0.8小さい数です。数直線で考えると、7.2は8よりも小さいめもり8こ分だけ小さい数であることがわかります。

たしかめよう!

小数と小数の筆算では、答えの小数第一位が0になったときは、その0を消します。

74ページ 練習のワーク

1 ❶ 1.4、14 ❷ 5.8 ❸ 27.3

2 ❶ ＞ ❷ ＞ ❸ ＜ ❹ ＞ ❺ ＜ ❻ ＜

3 ❶ 8.5 ❷ 7 ❸ 5.2 ❹ 0.6 ❺ 5 ❻ 11.4

4 ❶ 0.7 ❷ 0.3 ❸ 7 ❹ 27

てびき

1 ❶ 1Lを10等分したかさが1dLだから、1dL＝0.1Lより1L4dL＝1.4Lです。1.4Lは0.1Lの14こ分のかさです。

❷ 58を50と8に分けて考えます。
0.1cmの50こ分の長さは5cm、
0.1cmの8こ分の長さは0.8cmだから、
5cmと0.8cmをあわせた長さを答えます。

❸ 1cmを10等分した長さが1mmだから、1mm＝0.1cmです。
3mmは、0.1cmが3こ分の長さなので0.3cm、27cmと0.3cmをあわせて27.3cmです。

2 数直線に表してみるか、0.1の何こ分かを考えて大きさをくらべます。

❶ どのような小数も、0より大きい数です。

❷ 0.7は0.1が7こ分、0.3は0.1が3こ分の数だから、0.7のほうが大きい数です。

❸ 2.1は2よりも0.1大きい数です。

❹ 1.8は0.1が18こ分、0.9は0.1が9こ分の数だから、1.8のほうが大きい数です。

❺ 5.5は0.1が55こ分、6.1は0.1が61こ分の数だから、6.1のほうが大きい数です。
一の位の数をくらべて、5よりも6のほうが大きいので、5.5よりも6.1のほうが大きいと考えてもよいです。

❻ 0.8は0.1が8こ分、1は0.1が10こ分の数だから、1のほうが大きい数です。

3 ❶ 6は6.0と考えて計算します。

❷❺ 答えの小数第一位が0になったときは、0を消します。

❸ 4は4.0と考えて計算します。

❻ 12は12.0と考えて計算します。

筆算は、次のようになります。

❶ 2.5 ＋ 6.0 ＝ 8.5　❷ 6.3 ＋ 0.7 ＝ 7.0　❸ 4.0 ＋ 1.2 ＝ 5.2

❹ 1.5 － 0.9 ＝ 0.6　❺ 9.6 － 4.6 ＝ 5.0　❻ 12.0 － 0.6 ＝ 11.4

4 数直線に表すと、次のようになります。
いちばん小さい1めもりの大きさは、0.1を表しています。

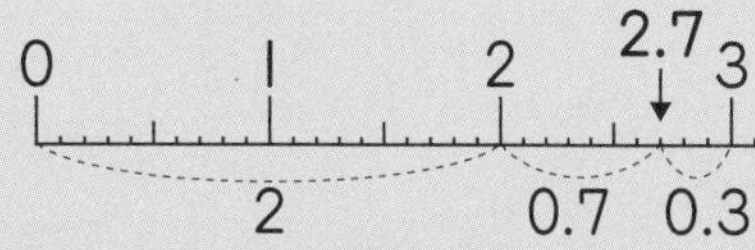

❶ 2.7は2から、小さいめもり7こ分右の数なので、2より0.7大きい数です。

❷ 2.7は3から、小さいめもり3こ分左の数なので、3より0.3小さい数です。

❸ 2.7は、2と0.7をあわせた数で、0.7は0.1の7こ分です。

❹ 2は0.1を20こ、0.7は0.1を7こ、あわせて0.1を27こ集めた数です。

たしかめよう!

小数のたし算とひき算の筆算では、位をそろえて書くことが大切です。下の4のような整数は、4.0と考えて、小数点をそろえて筆算をします。

3 ❸ ~~4 ＋ 1.2~~ ➡ 4 ＋ 1.2 ➡ 4.0 ＋ 1.2

75ページ まとめのテスト

1 ❶ 5.2 ❷ 5.7 ❸ 7.9 ❹ 3.5 ❺ 8

2 ❶ 8.2 ❷ 8.8 ❸ 3 ❹ 1.3 ❺ 16.2 ❻ 1.5

3 ㋐ 2.2 ㋑ 4.5 ㋒ 6.1

4 式 7.3＋4.9＝12.2 答え 12.2cm

5 式 3.4－1.8＝1.6
答え やかんが、1.6L多く入る。

てびき

1 ❶ 5＋0.2＝5.2です。0.1が何こ分あるかを考えてもよいです。5は0.1を50こ分、0.2は0.1を2こ分、あわせて0.1を52こ分集めた数です。

❷ 6－0.3＝5.7です。0.1が何こ分あるかで

考えると、6は0.1が60こ分、0.3は0.1が3こ分なので、ちがいは0.1を57こ集めた数です。

❸ 1を7こで7、0.1を9こで0.9だから、7と0.9をあわせて7.9です。

❹ 0.1を10こ集めると1、20こ集めると2、30こ集めると3です。0.1をあと5こ集めるので3.5です。

2 ❷ 5は5.0と考えて計算します。

❸ 答えの小数第一位が0になったときは、0を消します。

❺ 19は19.0と考えて計算します。

筆算は、次のようになります。

❶ 4.7 + 3.5 = 8.2　❷ 5.0 + 3.8 = 8.8　❸ 2.1 + 0.9 = 3.0

❹ 6.2 − 4.9 = 1.3　❺ 19.0 − 2.8 = 16.2　❻ 4.5 − 3.0 = 1.5

3 数直線のいちばん小さいめもりは、1を10等分しているので、0.1を表しています。

㋐ 2より0.2大きい数です。

㋑ 4より0.5大きい数です。5より0.5小さい数と考えてもよいです。

㋒ 6より0.1大きい数です。

4 cmのたんいで答えるので、49mmを4.9cmになおしてから、たし算をします。7.3cmを73mmになおしてもとめた答えをcmのたんいになおすこともできます。この場合は、73+49=122より122mm、122mm=12.2cmとなります。

5 3.4Lと1.8Lでは3.4Lのほうが多いので、式は3.4−1.8になります。筆算は、右のようになります。

3.4 − 1.8 = 1.6

⑭ 重さをはかって表そう

76・77ページ きほんのワーク

きほん1 3、5、みかん、2　答え みかん

❶ ❶ 2　❷ 3　❸ 筆箱、1

❷ 175g

❸ 40g

きほん2 9　答え 590

❹ ❶ 890g　❷ 260g

きほん3 20、2、1、100　答え 1、100

❺ ❶ 1kg400g　❷ 1kg780g

てびき ❶ 重さは、たんいにした重さが何こ分あるかで表します。

❶❷ 図の横のぼうがかたむいていない(まっすぐな)とき、ぼうの左がわと右がわの重さは等しいです。ノートはつみ木2こ、筆箱はつみ木3こを右がわにのせたとき、かたむいていないので等しい重さです。

❸ ❶、❷より、ノートはつみ木2こ分の重さで、筆箱はつみ木3こ分の重さなので、ノートと筆箱は、つみ木1こ分の重さのちがいがあります。

❷ 1円玉1この重さは1gなので、1円玉175こ分の重さは175gです。「つりあう」は「重さが等しい」ということを表しています。

❸ きほん1の表から、たまごは1円玉60こ分、みかんは1円玉100こ分の重さとわかるので、重さのちがいは1円玉40こ分です。1円玉1この重さは1gなので、みかんはたまごより40g重いです。

❹ はかりのめもりの大きさに注意して、めもりをよみましょう。いちばん小さい1めもりは、100gを10等分しているので、10gです。

❶ 800gといちばん小さいめもり9こ分の90gで、890gです。

❷ 200gといちばん小さいめもり6こ分の60gで、260gです。

❺ いちばん小さい1めもりは、200gを10等分しているので、20gです。

❶ 大きいめもりは、100gなので、1kgと大きいめもり4こ分の400gで、1kg400gです。

❷ 1kg500gに大きいめもり2こ分の200gと、いちばん小さいめもり4こ分の80gで、1kg780gです。

たしかめよう!

はかりを使って、いろいろな物の重さをはかってみましょう。そのとき、いちばん小さい1めもりが表す重さや何kgまではかれるかをたしかめます。はかりがはかることのできるいちばん重い重さよりも重いものは、重さをはかることができません。

78・79ページ きほんのワーク

きほん1 1000、3000　答え 3080

❶ 1kg700g、1700g

❷ ❶ 5400　❷ 7070

❸ 1129　❹ 2、800
❺ 3、6　❻ 9、30

きほん2 600、900、1500　答え 1500

❸ 1kg500g

❹ 式 32kg600g−27kg200g=5kg400g
答え 5kg400g、5400g

きほん3 5　答え 5

❺ 大きなトラック…12t　小さなトラック…2t

❻ ❶ 7000　❷ 3030

❼ ❶ 1000　❷ 1000
❸ 100　❹ 1000

てびき ❶いちばん小さい1めもりは、200gを10等分しているので、20gです。その次に大きいめもりは、小さいめもり5こ分で、100gを表しています。はかりのさしている重さは、1kg500gから大きいめもり2こ分の重さの1kg700gです。

❷ 1kg=1000gを使います。
❶ 5kg=5000gです。5000gと400gをあわせた重さです。
❷ 7kg=7000gです。7000gと70gをあわせた重さです。百の位に0を書くのをわすれないようにしましょう。
❸ 1kg=1000gです。1000gと129gをあわせた重さです。
❹ 2000gと800gに分けます。2000gは2kgなので、2kg800gです。
❺ 3000gと6gに分けます。3000gは3kgなので、3kg6gです。
❻ 9000gと30gに分けます。
9000gは9kgなので、9kg30gです。

❸ 1500gを1000gと500gに分けます。
1000gは1kgなので、1kg500gです。

❹ ようこさんの体重と荷物の重さをあわせた重さが32kg600gです。荷物の重さは、荷物を持ってはかった重さから、ようこさんの体重をひいてもとめます。
式は、32kg600g−27kg200gです。
32kg−27kg=5kg、600g−200g=400gなので、答えは5kg400g=5400gです。

❺ 1t=1000kgを使います。
大きなトラックの重さは1000kgの12こ分で12tです。小さなトラックの重さは1000kgの2こ分で2tです。

❻ ❶ 7tは1tの7こ分なので、1000kgの7こ分で7000kgです。
❷ 3tと30kgに分けます。3tは1tの3こ分なので、1000kgが3こで3000kgです。30kgをあわせて3030kgです。

❼ あるたんいを何倍すると何というたんいにかわるかまとめましょう。

長さ　1mm→1000倍→1m→1000倍→1km
重さ　1g→1000倍→1kg
かさ　1mL→1000倍→1L

m(ミリ)ということばがつく長さやかさを1000倍すると、それぞれm(ミリ)がとれます。また、m(メートル)やg(グラム)で表される長さや重さを1000倍すると、それぞれk(キロ)ということばがついて、km、kgで表されます。
❶ 1mmの1000倍の長さが1mです。
❷ 1mLの1000倍のかさが1Lです。
❸ 1cmの100倍の長さが1mです。
❹ 1mの1000倍の長さが1kmです。

たしかめよう!
同じたんいで表された重さは、たし算やひき算をすることができます。たんいをそろえて考えてみましょう。文章題では、「何kgですか」や「何gですか」などきめられたたんいで答えることに注意しましょう。

80ページ　練習のワーク

❶ ❶ 筆箱　❷ セロハンテープ
❸ 国語の教科書とじしゃく　❹ 60g

❷ 式 980g−300g=680g　答え 680g

❸ ❶ kg　❷ t

てびき ❶同じ重さのつみ木を使って重さを調べるので、つみ木の数が多いほど、はかるものの重さは重いです。
❶ いちばん重いものは、つみ木12こ分の重さにあたる筆箱です。
❷ いちばん軽いものは、つみ木2こ分の重さにあたるセロハンテープです。
❸ つみ木の数が等しいのは、国語の教科書とじしゃくです。
❹ 1円玉1この重さは1gより、つみ木1この重さは1gが30こ分なので30gです。セロハンテープは30gの2こ分で60gです。

❷ 入れ物の重さは、はかりのはりのさしているめもりをよむと300gです。入れ物の重さと、入れ物に入れたさとうの重さをあわせた重さが全体の重さ980gです。さとうの重さは、入れ物にさとうを入れてはかった全体の重さか

ら、入れ物の重さをひいてもとめます。
式は 980g−300g です。

3 ❶ 自分の家やほけん室にある体重計に実さいにのってみるとよいでしょう。
❷ トラックは、ふつう 1000kg よりも重いので、重さのたんいは t です。

たしかめよう!
重さのたんい
1kg＝1000g、1t＝1000kg

81ページ まとめのテスト

1 ❶ 360g ❷ 1kg260g(1260g)
❸ 780g ❹ 3620g(3kg620g)

2 3900g、3kg90g、3kg、2900g

3 ❶ 4000 ❷ 1800 ❸ 7
❹ 2、180 ❺ 8、20 ❻ 4060
❼ 1005 ❽ 5000

4 式 400g+2kg300g=2kg700g
答え 2kg700g

5 式 1000g−350g=650g 答え 650g

てびき **1** 答えが 1kg をこえているとき、問題文で答えのたんいがきめられていないので、○kg○g と答えても○g と答えてもよいです。
❶ では、いちばん小さい 1 めもりは、100g を 10 等分しているので 10g を表しています。300g から 10g のめもりが 6 こ分で 360g です。
❷ では、いちばん小さい 1 めもりは、200g を 10 等分しているので 20g を表しています。
❸❹ では、いちばん小さい 1 めもりは、100g を 5 等分しているので、20g です。
❷ 1kg からめもりをよんでいきます。大きなめもりが 2 こ分で 200g といちばん小さなめもりが 3 こ分で 60g で、あわせて 1kg260g です。
❹ 3500g からめもりをよんでいきます。大きなめもりが 1 こ分で 100g といちばん小さなめもりが 1 こ分で、あわせて 3620g です。

2 3kg=3000g、3kg90g=3090g として、たんいをそろえてくらべてみましょう。
重いじゅんに書くと、3900g、3090g、3000g、2900g になります。

3 1kg=1000g、1t=1000kg を使います。
❶ 1kg の 4 こ分で 4000g です。
❷ 1kg=1000g だから、1000g と 800g をあわせて 1800g です。
❸ 1000g の 7 こ分で 7kg です。
❹ 2000g と 180g に分けます。2000g は 1000g の 2 こ分で 2kg だから、2kg180g です。
❺ 8000g と 20g に分けます。
8000g は 1000g の 8 こ分で 8kg だから、8kg20g です。
❻ 4kg は 1kg の 4 こ分で 4000g だから、4060g です。
❼ 1kg は 1000g だから、1000g と 5g をあわせて 1005g です。
❽ 5t は 1t の 5 こ分だから、5000kg です。

4 全体の重さは、入れ物の重さとみかんの重さをたしてもとめます。重さは、同じたんいの数どうしで計算するから、
400g+2kg300g=2kg700g です。

5 全体の重さは、かばんの重さと本の重さをあわせた重さなので、かばんの重さは、かばんに本を入れてはかった重さから、本の重さをひいてもとめます。
1kg を 1000g になおして、ひき算をします。
式は 1000g−350g です。

⑮ 分数を使った大きさの表し方を調べよう

82・83ページ きほんのワーク

きほん1 $\frac{1}{4}$ 答え $\frac{1}{4}$

1 ❶ $\frac{1}{5}$m ❷ $\frac{1}{7}$m

きほん2 $\frac{3}{4}$ 答え $\frac{3}{4}$

2 ❶ 4 こ分、$\frac{4}{6}$m ❷ 3 こ分、$\frac{3}{8}$m

3 ❶ 1m
❷ 1m

きほん3 5、$\frac{1}{5}$、3、$\frac{3}{5}$ 答え $\frac{3}{5}$

4 ❶ 4 こ分、$\frac{4}{5}$L ❷ 2 こ分、$\frac{2}{6}$L

5 ㋑ 1L $\frac{4}{7}$L

6 ❶ 分母…6、分子…1　❷ 分母…8、分子…7
❸ 分母…5、分子…2

てびき

1 もとの長さは1mで、それを何等分しているか考えます。

❶ 1mを5等分した1こ分の長さなので、$\frac{1}{5}$mです。

❷ 1mを7等分した1こ分の長さなので、$\frac{1}{7}$mです。

2 ▨は1mを何等分した1こ分の長さで、その何こ分で何mかを考えます。

❶ ▨は1mを6等分した1こ分の長さなので、$\frac{1}{6}$mです。その4こ分に色がぬってあるので、$\frac{4}{6}$mです。

❷ ▨は1mを8等分した1こ分の長さなので、$\frac{1}{8}$mです。その3こ分に色がぬってあるので、$\frac{3}{8}$mです。

3 ❶ 1mを9等分しています。$\frac{5}{9}$mは、$\frac{1}{9}$mの5こ分の長さだから、左から5こ分色をぬります。

❷ 1mを8等分しています。$\frac{2}{8}$mは、$\frac{1}{8}$mの2こ分の長さだから、左から2こ分色をぬります。

4 1めもりのかさが何Lを表すか考えます。

❶ 1めもりのかさは1Lを5等分しているので$\frac{1}{5}$Lで、その4こ分に色がぬってあるので、水のかさは$\frac{4}{5}$Lです。

❷ 1めもりのかさは1Lを6等分しているので$\frac{1}{6}$Lで、その2こ分に色がぬってあるので、水のかさは$\frac{2}{6}$Lです。

5 1めもりのかさが$\frac{1}{7}$Lになっているのは、1Lを7等分しためもりがついている㋑のますです。その4こ分に色をぬるので、かさは$\frac{4}{7}$Lになります。

6 分数では、線の下の数字を分母、線の上の数字を分子といいます。　$\frac{分子}{分母}$

たしかめよう!

$\frac{1}{5}$や$\frac{2}{3}$のような数を**分数**といい、5や3を分母、1や2を分子といいます。

84・85ページ　きほんのワーク

きほん1 $\frac{2}{4}$、$\frac{4}{4}$、$\frac{5}{4}$、$\frac{8}{4}$、2
答え $\frac{2}{4}$、$1\left(\frac{4}{4}\right)$、$\frac{5}{4}$、$2\left(\frac{8}{4}\right)$

1 $\frac{2}{4}$mが、$\frac{1}{4}$m長い。

2 ㋐ $\frac{7}{5}$m　㋑ $\frac{9}{5}$m

きほん2 $\frac{1}{3}$、$\frac{4}{3}$、$\frac{1}{6}$、$\frac{4}{6}$　答え ㋑

3 ㋐ $\frac{5}{6}$m　㋑ $\frac{5}{4}$m

きほん3 答え $\frac{4}{10}$、$\frac{9}{10}$、$\frac{13}{10}$、0.2、0.6、1.1

4 ❶ $<$　❷ $=$　❸ $>$

てびき

1 きほん1の数直線で、$\frac{2}{4}$mは、$\frac{1}{4}$mの2こ分の長さなので、$\frac{1}{4}$mの1こ分の$\frac{1}{4}$mだけ長いです。

2 問題の数直線は、0と1の間を5等分しているので、1めもりは$\frac{1}{5}$mを表しています。

㋐ $\frac{1}{5}$mの7こ分の長さだから、$\frac{7}{5}$mです。

㋑ $\frac{1}{5}$mの9こ分の長さだから、$\frac{9}{5}$mです。

3 ㋐ ▨は1mを6等分した1こ分の長さなので$\frac{1}{6}$mです。その5こ分に色がぬってあるので、$\frac{5}{6}$mです。

㋑ ▨は1mを4等分した1こ分の長さなので$\frac{1}{4}$mです。その5こ分に色がぬってあるので、$\frac{5}{4}$mです。

4 $\frac{1}{10}$と0.1は、等しい大きさの数です。$\frac{1}{10}$が何こ分、0.1が何こ分かを考えて大きさをくらべましょう。

❶ $\frac{5}{10}$は$\frac{1}{10}$の5こ分、0.6は0.1の6こ分だから、$\frac{5}{10}$は0.6より小さい数です。

❷ $\frac{8}{10}$は$\frac{1}{10}$の8こ分、0.8は0.1の8こ分だから、等しい数です。

❸ $\frac{11}{10}$は$\frac{1}{10}$の11こ分で、1は0.1が10こ分だから、$\frac{11}{10}$のほうが1より大きい数です。
$\frac{10}{10}$のように、分母と分子の数が同じ分数は1と等しい大きさです。

たしかめようⅠ

$\frac{1}{10}=0.1$

小数第一位のことを、$\frac{1}{10}$の位ともいいます。

86・87ページ きほんのワーク

きほん1 2、5、7、2、5、7 答え $\frac{7}{10}$

❶ 式 $\frac{4}{8}+\frac{3}{8}=\frac{7}{8}$ 答え $\frac{7}{8}$m

❷ ❶ $\frac{3}{7}$ ❷ $\frac{5}{6}$ ❸ $\frac{4}{5}$

❹ 1 ❺ 1

きほん2 6、4、6、4、2 答え $\frac{2}{7}$

❸ 式 $\frac{7}{9}-\frac{5}{9}=\frac{2}{9}$ 答え $\frac{2}{9}$m

❹ 式 $1-\frac{2}{3}=\frac{1}{3}$ 答え $\frac{1}{3}$L

❺ ❶ $\frac{2}{6}$ ❷ $\frac{2}{5}$ ❸ $\frac{2}{8}$

❹ $\frac{2}{3}$ ❺ $\frac{2}{4}$ ❻ $\frac{5}{7}$

❼ $\frac{1}{2}$

てびき ❶ $\frac{4}{8}+\frac{3}{8}$の計算は、$\frac{1}{8}$をもとにして考えます。$\frac{1}{8}$の4こ分と$\frac{1}{8}$の3こ分をたすので、$\frac{1}{8}$の(4+3)こ分です。

❷ ❶ $\frac{1}{7}$の1こ分と$\frac{1}{7}$の2こ分をたすので、$\frac{1}{7}$の(1+2)こ分です。

❷ $\frac{1}{6}$の3こ分と$\frac{1}{6}$の2こ分をたすので、$\frac{1}{6}$の(3+2)こ分です。

❸ $\frac{1}{5}$の3こ分と$\frac{1}{5}$の1こ分をたすので、$\frac{1}{5}$の(3+1)こ分です。

❹ $\frac{1}{9}$の5こ分と$\frac{1}{9}$の4こ分をたすので、$\frac{1}{9}$の(5+4)こ分です。分母と分子が9で等しくなるので1です。

❺ $\frac{1}{10}$の4こ分と$\frac{1}{10}$の6こ分をたすので、$\frac{1}{10}$の(4+6)こ分です。分母と分子が10で等しくなるので1です。

❸ のこりの長さは$\frac{7}{9}-\frac{5}{9}$でもとめます。計算は、$\frac{1}{9}$をもとにして考えます。$\frac{1}{9}$の7こ分から5こ分をひくので、$\frac{1}{9}$の(7−5)こ分です。

❹ $1-\frac{2}{3}$でもとめます。計算は$\frac{1}{3}$をもとにして考えます。分母と分子が等しいとき1になるので、1は$\frac{3}{3}$と考えて計算します。答えは、$\frac{1}{3}$の3こ分から2こ分をひくので、$\frac{1}{3}$の(3−2)こ分です。

❺ ❶ $\frac{1}{6}$の5こ分から3こ分をひくので、$\frac{1}{6}$の(5−3)こ分です。

❷ $\frac{1}{5}$の4こ分から2こ分をひくので、$\frac{1}{5}$の(4−2)こ分です。

❸ $\frac{1}{8}$の7こ分から5こ分をひくので、$\frac{1}{8}$の(7−5)こ分です。

❹ 1を$\frac{3}{3}$とします。$\frac{1}{3}$の3こ分から1こ分をひくので、$\frac{1}{3}$の(3−1)こ分です。

❺ 1を$\frac{4}{4}$とします。$\frac{1}{4}$の4こ分から2こ分をひくので、$\frac{1}{4}$の(4−2)こ分です。

❻ 1を$\frac{7}{7}$とします。$\frac{1}{7}$の7こ分から2こ分をひくので、$\frac{1}{7}$の(7−2)こ分です。

❼ 1を$\frac{2}{2}$とします。$\frac{1}{2}$の2こ分から1こ分をひくので、$\frac{1}{2}$の(2−1)こ分です。

たしかめようⅠ

計算の答えが、分母と分子が等しい分数になったときは、1になおします。また、1を分母と分子の等しいいろいろな分数で表せるようにしましょう。

88ページ 練習のワーク

❶ ❶ $\frac{7}{10}$m ❷ $\frac{2}{4}$L ❸ $\frac{5}{6}$L

❷ ❶ 4 ❷ $\frac{5}{8}$ ❸ 2

❹ 10 ❺ $\frac{7}{6}$ ❻ $\frac{10}{8}$

❸ ❶ = ❷ < ❸ <

❹ ❶ $\frac{4}{5}$ ❷ $\frac{5}{9}$ ❸ 1

❹ $\frac{4}{7}$ ❺ $\frac{1}{4}$ ❻ $\frac{9}{10}$

てびき ❶ ❶ 1mを10等分した1こ分の長さは

$\frac{1}{10}$mです。$\frac{1}{10}$mの7こ分の長さに色がぬってあります。

❷ 1めもりは、1Lを4等分したかさだから、色をぬったところのかさは$\frac{1}{4}$Lの2こ分です。

❸ 1めもりは、1Lを6等分したかさだから、色をぬったところのかさは$\frac{1}{6}$Lの5こ分です。

2 ❶ $\frac{4}{6}$の分子の数4は、$\frac{1}{6}$が何こ分かを表しているので、4こ分です。

❷ $\frac{1}{8}$mの5こ分の長さなので、$\frac{5}{8}$mです。

❹ 1Lは$\frac{10}{10}$Lと表せるので、$\frac{1}{10}$Lの10こ分のかさになります。

❺❻ 分母より分子のほうが大きい分数となります。

3 ❶ $\frac{4}{10}$は$\frac{1}{10}$の4こ分、0.4は0.1の4こ分だから、等しい数になります。

❷ 1を$\frac{10}{10}$と考えます。$\frac{9}{10}$は$\frac{1}{10}$が9こ分だから、1のほうが大きい数です。

❸ $\frac{3}{10}$は$\frac{1}{10}$の3こ分の数で、$\frac{1}{10}$の10こ分が$\frac{10}{10}$で1だから、3は$\frac{10}{10}$が3こ分です。$\frac{3}{10}$は3より小さい数です。

4 もとにする分数の何こ分かを考えます。

❶ $\frac{1}{5}$の2こ分と2こ分をたすので、$\frac{1}{5}$の(2+2)こ分です。

❷ $\frac{1}{9}$の2こ分と3こ分をたすので、$\frac{1}{9}$の(2+3)こ分です。

❸ $\frac{1}{8}$の1こ分と7こ分をたすので、$\frac{1}{8}$の(1+7)こ分です。分母と分子が8で等しくなるので1です。

❹ $\frac{1}{7}$の6こ分から2こ分をひくので、$\frac{1}{7}$の(6−2)こ分です。

❺ $\frac{1}{4}$の3こ分から2こ分をひくので、$\frac{1}{4}$の(3−2)こ分です。

❻ 1を$\frac{10}{10}$とします。$\frac{1}{10}$の10こ分から1こ分をひくので、$\frac{1}{10}$の(10−1)こ分です。

たしかめよう!

分数のたし算・ひき算では、$\frac{1}{●}$が何こあるかに注目して、$\frac{1}{●}$のこ数をたしたりひいたりします。

89ページ まとめのテスト

1 ❶ $\frac{5}{10}$m　❷ $\frac{1}{3}$L

2 ❶ 5こ分　❷ 10こ分　❸ 9こ分

3 ❶ ㋐ $\frac{1}{8}$　㋑ $\frac{5}{8}$　㋒ $\frac{7}{8}$　㋓ $\frac{9}{8}$

❷ $\frac{6}{8}$が、$\frac{2}{8}$大きい。

4 ❶ ＜　❷ ＜　❸ ＝

5 ❶ 式 $\frac{4}{7}+\frac{2}{7}=\frac{6}{7}$　答え $\frac{6}{7}$m

❷ 式 $\frac{4}{7}-\frac{2}{7}=\frac{2}{7}$　答え $\frac{2}{7}$m

てびき

1 ❶ 1mを10等分した長さは$\frac{1}{10}$mだから、その5こ分の長さは$\frac{5}{10}$mです。

❷ 1Lを3等分した1こ分のかさは$\frac{1}{3}$Lです。

2 ❶ 分子の数の5が、$\frac{1}{9}$のこ数です。

❷ 分子の数の10が、$\frac{1}{9}$のこ数です。

❸ 分母＝分子のとき1になるから、1を$\frac{9}{9}$と考えると、$\frac{1}{9}$の9こ分です。

3 問題の数直線は、0と1の間を8等分しているので、1めもりの大きさは$\frac{1}{8}$です。

❶ ㋐のめもりが表す大きさは$\frac{1}{8}$です。

㋑のめもりが表す大きさは$\frac{1}{8}$の5こ分だから、$\frac{5}{8}$です。

㋒のめもりが表す大きさは$\frac{1}{8}$の7こ分だから、$\frac{7}{8}$です。

㋓のめもりが表す大きさは$\frac{1}{8}$の9こ分だから、$\frac{9}{8}$です。

❷ $\frac{6}{8}$は、$\frac{1}{8}$の6こ分、$\frac{4}{8}$は、$\frac{1}{8}$の4こ分だから、$\frac{6}{8}$は、$\frac{4}{8}$より$\frac{1}{8}$の2こ分の$\frac{2}{8}$大きい数です。$\frac{6}{8}-\frac{4}{8}=\frac{2}{8}$とひき算をすることもできます。

4 ❶ $\frac{1}{10}=0.1$ を使って考えます。

0.4 は 0.1 の 4 こ分、$\frac{5}{10}$ は $\frac{1}{10}$ の 5 こ分だから、0.4 は $\frac{5}{10}$ より小さい数です。

❷ $\frac{1}{10}$ は 0 より大きい数です。どんな分数も、0 より大きい数です。

❸ $\frac{9}{10}$ は $\frac{1}{10}$ の 9 こ分、0.9 は 0.1 の 9 こ分だから、等しい数です。

5 ❶ あわせた長さは、たし算でもとめます。

$\frac{1}{7}$ の 4 こ分と 2 こ分をたすので、答えは、

$\frac{1}{7}$ m の(4＋2)こ分の長さです。

❷ 長さのちがいは、ひき算でもとめます。

$\frac{1}{7}$ の 4 こ分から 2 こ分をひくので、

答えは、$\frac{1}{7}$ m の(4－2)こ分の長さです。

たしかめよう！

分子が分母より大きい分数は、1 より大きい分数です。

⑯ □を使って場面を式に表そう

90・91 ページ きほんのワーク

きほん1	25、32、7	答え 7
❶ ❶	14＋□＝22	
❷	式 22－14＝8	答え 8
きほん2	19、46、65	答え 65
❷	式 □－32＝24	答え 56
きほん3	9、72、8	答え 8
❸	式 □×2＝28	答え 14
きほん4	6、5、30	答え 30
❹	式 □÷7＝6	答え 42

てびき 図に表して考えます。

❶ ❶

はじめの14人　乗ってきた□人　全部で22人

はじめに乗っていた人数＋乗ってきた人数＝全部の人数だから、式は 14＋□＝22 です。

❷ □にあてはまる数は、ひき算で 22－14＝8 ともとめます。

❷

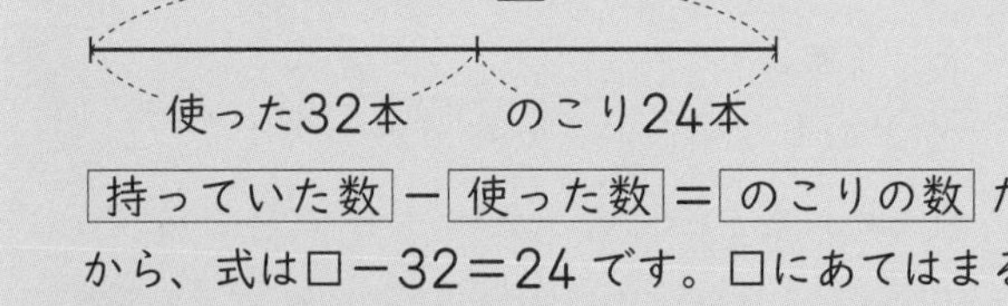

持っていた数－使った数＝のこりの数だから、式は□－32＝24 です。□にあてはまる数は、たし算で 32＋24＝56 ともとめます。

❸

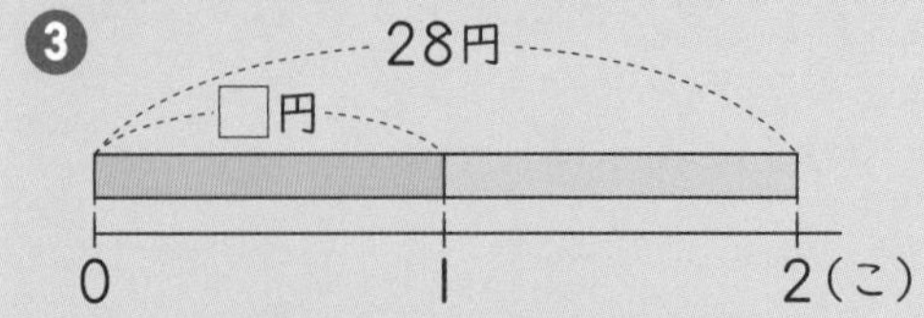

1このねだん×買う数＝代金だから、式は□×2＝28 です。□にあてはまる数は、わり算で 28÷2＝14 ともとめます。

❹

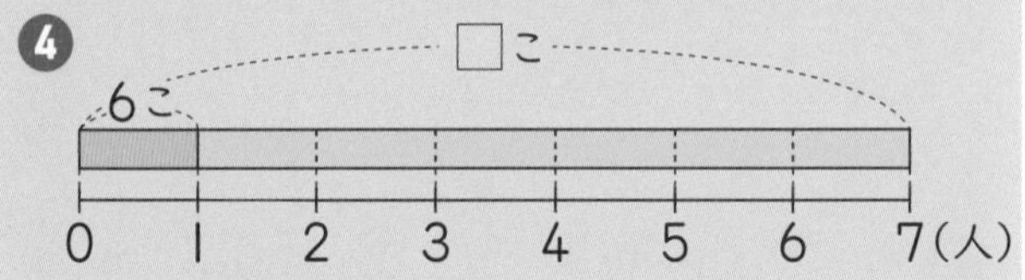

全部の数÷人数＝1人分の数だから、式は□÷7＝6 です。□にあてはまる数は、かけ算で 6×7＝42 ともとめます。

92 ページ 練習のワーク

❶ ❶	式 58＋□＝73	答え 15
❷	式 □－300＝500	答え 800
❸	式 □×3＝27	答え 9
❹	式 42÷□＝6	答え 7
❺	式 □×9＝45	答え 5
❻	式 64÷□＝8	答え 8

てびき ❶ ❶

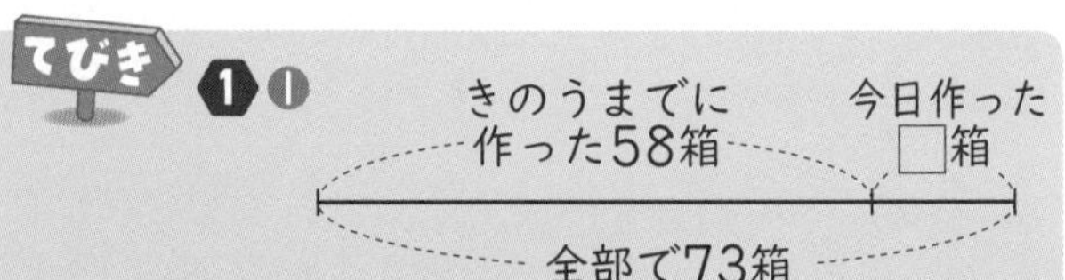

今日作った箱の数を□箱とします。

きのうまでに作った数＋今日作った数＝全部の数だから、式は 58＋□＝73 です。□にあてはまる数は、ひき算でもとめます。

❷

持っていた□円　本の代金300円　のこり500円

持っていたお金を□円とします。

持っていたお金－本の代金＝のこりのお金だから、式は□－300＝500 です。□にあてはまる数は、たし算でもとめます。

❸ 1つの花たばを作る花の数を□本とします。

1つの花たばの花の数×花たばの数＝全部の花の数だから、式は□×3＝27 です。

□にあてはまる数は、わり算で 27÷3=9 ともとめます。

❹ キャラメルを分けた人数を□人とします。
全部の数 ÷ 分けた人数 ＝ １人分の数 だから、式は 42÷□=6 です。
□にあてはまる数は、わり算で 42÷6=7 ともとめます。

❺
45人
□人
0 1 2 3 4 5 6 7 8 9(つ)

１つのはんの人数を□人とします。
１つのはんの人数 × はんの数 ＝ 全員の人数
だから、式は□×9=45 です。
□にあてはまる数はわり算で 45÷9=5 ともとめます。

❻
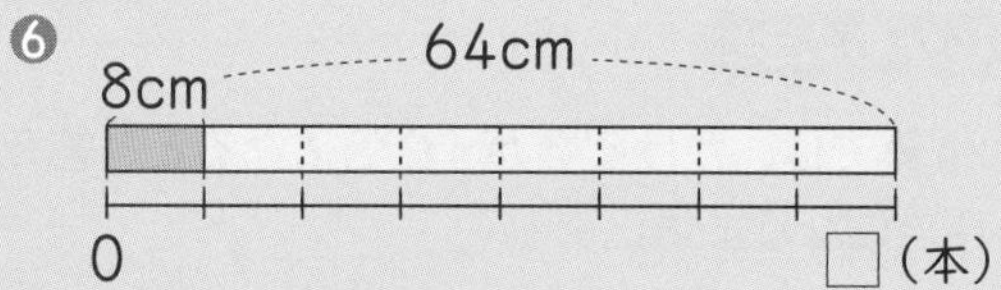

切り分けたテープの本数を□本とします。
全体のテープの長さ ÷ 切り分けたテープの本数
＝ １本のテープの長さ
だから、式は 64÷□=8 です。
□にあてはまる数はわり算で、64÷8=8 ともとめます。

たしかめよう!

□にあてはまる数をもとめる計算のしかたは、図をかいて考えるとわかりやすくなります。

93ページ まとめのテスト

1
❶ 式 □+10=23 答え 13
❷ 式 400−□=314 答え 86
❸ 式 □−150=550 答え 700
❹ 式 □×4=36 答え 9
❺ 式 9×□=54 答え 6

てびき

1 ❶
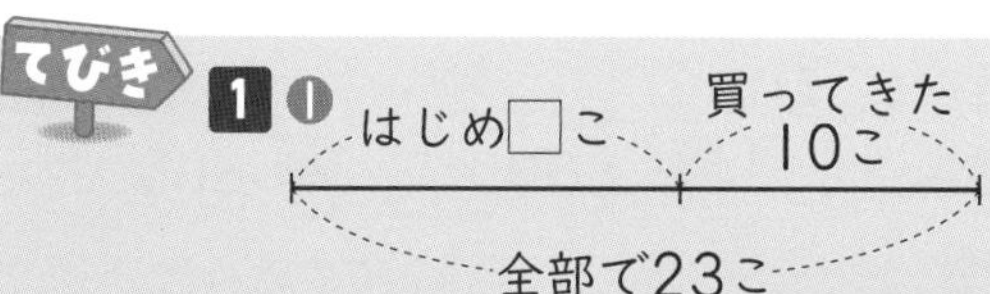

はじめにあったたまごの数を□こととします。
はじめの数 ＋ 買ってきた数 ＝ 全部の数
だから、式は□+10=23 です。
□にあてはまる数は、
ひき算で 23−10=13 ともとめます。

❷
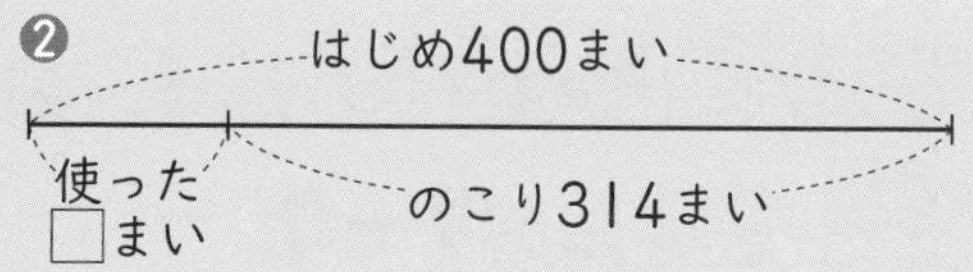

使った画用紙のまい数を□まいとします。
はじめの数 − 使った数 ＝ のこりの数 だから、
式は 400−□=314 です。
□にあてはまる数は、
ひき算で 400−314=86 ともとめます。

❸
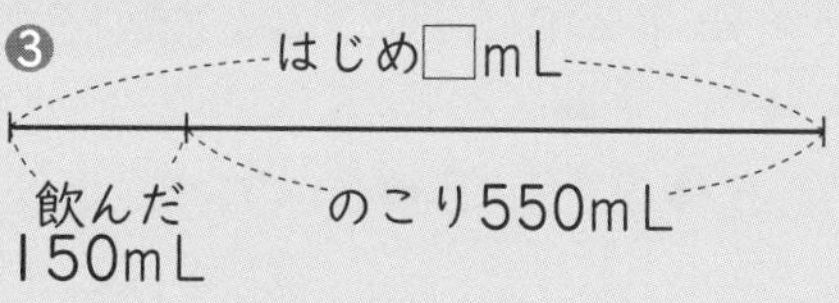

はじめにあった牛にゅうのかさを□mL とします。
はじめのかさ − 飲んだかさ ＝ のこりのかさ
だから、式は□−150=550 です。
□にあてはまる数は、
たし算で 150+550=700 ともとめます。

❹
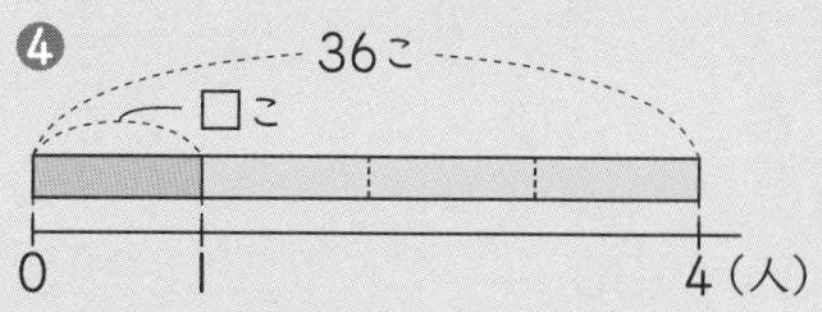

１人に配ったみかんのこ数を□こととします。
１人分の数 × 人数 ＝ 全部の数 だから、
式は□×4=36 です。
□にあてはまる数は、
わり算で 36÷4=9 ともとめます。

❺

買った色紙のまい数を□まいとします。
１まいのねだん × 買う数 ＝ 代金 だから、
式は 9×□=54 です。
□にあてはまる数は、
わり算で 54÷9=6 ともとめます。

たしかめよう!

わからない数を□として、問題文のとおりに場面を式に表すことができます。このとき、図やことばの式をかくと、式のつくり方がわかりやすくなります。また、□にあてはまる数をもとめる計算のしかたも、図を見るとわかります。

⑰ かけ算の筆算を考えよう

94・95ページ きほんのワーク

きほん1 18、180、28、280　答え 180、280

1 ❶ 80　❷ 350　❸ 720
❹ 840　❺ 720　❻ 720
❼ 600　❽ 3200　❾ 4200

2 式 3×40=120　答え 120 こ

3 式 76×20=1520　答え 1520 円

きほん2 2、6 ➡ 3、9 ➡ 4、1、6
4、0、5 ➡ 1、3、5 ➡ 1、7、5、5
答え 416、1755

4 ❶ $$\begin{array}{r} 23\\ \times 12\\ \hline 46\\ 23\\ \hline 276\end{array}$$
❷ $$\begin{array}{r} 24\\ \times 31\\ \hline 24\\ 72\\ \hline 744\end{array}$$
❸ $$\begin{array}{r} 82\\ \times 59\\ \hline 738\\ 410\\ \hline 4838\end{array}$$
❹ $$\begin{array}{r} 15\\ \times 63\\ \hline 45\\ 90\\ \hline 945\end{array}$$
❺ $$\begin{array}{r} 14\\ \times 39\\ \hline 126\\ 42\\ \hline 546\end{array}$$
❻ $$\begin{array}{r} 46\\ \times 45\\ \hline 230\\ 184\\ \hline 2070\end{array}$$

5 式 28×35=980　答え 980 まい

てびき 1 かけ算では、かける数が 10 倍になると、答えも 10 倍になります。
❶ 2×40 の答えは、2×4 の答えの 10 倍だから、8 の右に 0 を 1 こつけた数になります。
❷ 答えは、7×5=35 の 10 倍だから、35 の右に 0 を 1 こつけた数です。
❸ 答えは、8×9=72 の 10 倍だから、72 の右に 0 を 1 こつけた数です。
❹ 答えは、42×2=84 の 10 倍だから、84 の右に 0 を 1 こつけた数です。
❺ 答えは、36×2=72 の 10 倍だから、72 の右に 0 を 1 こつけた数です。
❻ 答えは、18×4=72 の 10 倍だから、72 の右に 0 を 1 こつけた数です。
❼ 20×3=60 だから、60 の右に 0 を 1 こつけます。2×3 の(10×10=)100 倍と考えて、6 の右に 0 を 2 こつけてもよいです。
❽ 80×4=320 だから、320 の右に 0 を 1 こつけます。8×4=32 の(10×10=)100 倍と考えて、32 の右に 0 を 2 こつけてもよいです。
❾ 60×7=420 だから、420 の右に 0 を 1 こつけます。6×7=42 の(10×10=)100 倍と考えて、42 の右に 0 を 2 こつけてもよいです。

2 [1 箱のドーナツの数]×[箱の数]=[全部の数] だから、式は 3×40 です。答えは、3×4 の 10 倍だから、12 の右に 0 を 1 こつけます。

3 [1 本のねだん]×[買う数]=[代金] だから、式は 76×20 です。計算は、
76×20=76×2×10=152×10=1520
のようにできます。

4 2 けたの数をかけるときの筆算では、十の位の数をかけた答えは、何十の数をかけているので、左へ 1 けたずらして書くことに気をつけましょう。

5 [1 人分の数]×[人数]=[全部の数] だから、式は 28×35 です。筆算は、右のようになります。
$$\begin{array}{r} 28\\ \times 35\\ \hline 140\\ 84\\ \hline 980\end{array}$$

たしかめよう!

かけ算では、かける数が 10 倍になると、答えも 10 倍になります。

96・97ページ きほんのワーク

きほん1 1、3、5、1、3、5、0 ➡ 1、3、5
答え 1350

1 ❶ 690　❷ 3240　❸ 1440
❹ 7760

きほん2 2、4、2、8、2 ➡ 2、8、2　答え 282

2 ❶ 340　❷ 203　❸ 204

きほん3 3、2、4、1 ➡ 2、3、1、5
➡ 2、6、3、9、1　答え 26391

3 ❶ $$\begin{array}{r} 133\\ \times\ 23\\ \hline 399\\ 266\\ \hline 3059\end{array}$$
❷ $$\begin{array}{r} 343\\ \times\ 12\\ \hline 686\\ 343\\ \hline 4116\end{array}$$
❸ $$\begin{array}{r} 239\\ \times\ 48\\ \hline 1912\\ 956\\ \hline 11472\end{array}$$
❹ $$\begin{array}{r} 417\\ \times\ 52\\ \hline 834\\ 2085\\ \hline 21684\end{array}$$
❺ $$\begin{array}{r} 832\\ \times\ 69\\ \hline 7488\\ 4992\\ \hline 57408\end{array}$$
❻ $$\begin{array}{r} 605\\ \times\ 84\\ \hline 2420\\ 4840\\ \hline 50820\end{array}$$

きほん4 40、80、10、90
4、4、400　答え 90、400

4 ❶ 84　❷ 800　❸ 800

てびき 1 筆算は、次のようになります。
❶ $$\begin{array}{r} 23\\ \times 30\\ \hline 690\end{array}$$
❷ $$\begin{array}{r} 54\\ \times 60\\ \hline 3240\end{array}$$
❸ $$\begin{array}{r} 36\\ \times 40\\ \hline 1440\end{array}$$
❹ $$\begin{array}{r} 97\\ \times 80\\ \hline 7760\end{array}$$

❷ かけ算では、かける数とかけられる数を入れかえても答えは同じになることを使います。

❶ $$\begin{array}{r} 85 \\ \times\ \ 4 \\ \hline 340 \end{array}$$ ❷ $$\begin{array}{r} 29 \\ \times\ \ 7 \\ \hline 203 \end{array}$$ ❸ $$\begin{array}{r} 34 \\ \times\ \ 6 \\ \hline 204 \end{array}$$

❹❶ 42 を 40 と 2 に分けます。

$$\begin{array}{r} 40\times2=80 \\ 2\times2=\ \ 4 \\ \hline \text{あわせて } 84 \end{array}$$

❷ 16×5 の暗算をもとに考えます。16 を 10 と 6 に分けます。

$$\begin{array}{r} 10\times5=50 \\ 6\times5=30 \\ \hline \text{あわせて } 80 \end{array}$$

160×5 は 16×5 の 10 倍なので、80 の右に 0 こを 1 こつけて 800 です。

❸ 25×4=100 をもとに考えて、かけ算では、かける数とかけられる数を入れかえても答えは同じになることを使います。

32×25=25×32=$\underline{25\times4}$×8=$\underline{100}$×8=800

たしかめよう!

3 けたの数×2 けたの数の筆算でも、位をそろえてたてに書き、九九を使って計算します。

98ページ 練習のワーク❶

❶ ❶ 180 ❷ 1500 ❸ 350 ❹ 960 ❺ 5580 ❻ 3000

❷ ❶ $$\begin{array}{r} 24 \\ \times32 \\ \hline 48 \\ 72\ \, \\ \hline 768 \end{array}$$ ❷ $$\begin{array}{r} 93 \\ \times47 \\ \hline 651 \\ 372\ \, \\ \hline 4371 \end{array}$$ ❸ $$\begin{array}{r} 82 \\ \times65 \\ \hline 410 \\ 492\ \, \\ \hline 5330 \end{array}$$

❹ $$\begin{array}{r} 29 \\ \times30 \\ \hline 870 \end{array}$$ ❺ $$\begin{array}{r} 329 \\ \times\ \ 73 \\ \hline 987 \\ 2303\ \, \\ \hline 24017 \end{array}$$ ❻ $$\begin{array}{r} 419 \\ \times\ \ 28 \\ \hline 3352 \\ 838\ \, \\ \hline 11732 \end{array}$$

❼ $$\begin{array}{r} 706 \\ \times\ \ 84 \\ \hline 2824 \\ 5648\ \, \\ \hline 59304 \end{array}$$ ❽ $$\begin{array}{r} 304 \\ \times\ \ 50 \\ \hline 15200 \end{array}$$

❸ 式 4×32=128 答え 128 こ

❹ ❶ 700 ❷ 60 ❸ 800 ❹ 660

てびき ❶ 何十をかける計算では、0 をとったかけ算の答えの右に 0 を 1 こつけます。

❶ 3×6 の 10 倍と考えることもできます。

❷ 5×3 の(10×10=)100 倍と考えることもできます。

❸ 5×7 の 10 倍と考えることもできます。

❹ 48×2=96 の 10 倍と考えることもできます。

❺ 62×9=558 の 10 倍と考えることもできます。

❻ 6×5 の(10×10=)100 倍と考えることもできます。

❷❹❽ 0 をかける計算は、書かずにはぶくことができるので、一の位に 0 を書いて、次に十の位のかけ算の答えを 0 の左に書きます。

❸ [1 人分の数]×[人数]=[全部の数] だから、式は 4×32 です。

かける数とかけられる数を入れかえて計算することができるので、32×4 とすると、筆算は、右のようになります。

$$\begin{array}{r} 32 \\ \times\ \ 4 \\ \hline 128 \end{array}$$

❹❶ 25×4=100 を使える式の形を考えます。

25×28=$\underline{25\times4}$×7=$\underline{100}$×7=700

❷ 12 を 10 と 2 に分けます。

$$\begin{array}{r} 10\times5=50 \\ 2\times5=10 \\ \hline \text{あわせて } 60 \end{array}$$

かける数とかけられる数を入れかえて、12×5=5×12=5×2×6 =10×6=60 と計算することもできます。

❸ 25×4=100 を使える式の形を考えます。

25×32=$\underline{25\times4}$×8=$\underline{100}$×8=800

❹ 33×2 の暗算をもとに考えます。33 を 30 と 3 に分けます。

$$\begin{array}{r} 30\times2=60 \\ 3\times2=\ \ 6 \\ \hline \text{あわせて } 66 \end{array}$$

330×2 は 33×2 の 10 倍なので 660 です。

99ページ 練習のワーク❷

❶ 式 6×50=300 答え 300 人

❷ 式 4×34=136 答え 136 まい

❸ 式 21×11=231 答え 231 m

❹ 式 115×12=1380 答え 1380 円

❺ ❶ 2000 ❷ 3000

てびき ❶ [1 この長いすにすわる人数]×[長いすの数]=[全部の人数] だから、式は 6×50 です。

6×50 の答えは、6×5 の答えの 10 倍です。

❷ [1 人分の数]×[人数]=[全部の数] だから、式は 4×34 です。

かける数とかけられる数を入れかえて、34×4 として筆算をすることができます。

$$\begin{array}{r} 34 \\ \times\ \ 4 \\ \hline 136 \end{array}$$

❸ [1両の長さ]×[車両の数]=[電車全体の長さ]だから、式は21×11です。

```
   21
  ×11
   21
  21
  231
```

❹ [1このねだん]×[買う数]=[代金]だから、式は115×12です。

```
   115
  ×  12
   230
  115
  1380
```

❺❶ 125×16=125×8×2=1000×2
=2000

❷ 24×125=125×24=125×8×3
=1000×3=3000

たしかめよう!

25×4=100や125×8=1000をおぼえておいて、計算のくふうができるようにしましょう。

100ページ まとめのテスト❶

1 ❶ 1404　❷ 1566
❸ 1350　❹ 3040
❺ 15456　❻ 38420
❼ 3502　❽ 36480

2 式 12×38=456　答え 456本

3 式 88÷2=44　44×24=1056
または、24÷2=12　88×12=1056
答え 1056円

4 式 120×15=1800
2000−1800=200　答え 200円

てびき

1 筆算は、次のようになります。

```
❶   27     ❷   87     ❸   54
   ×52        ×18        ×25
    54        696        270
  135         87        108
  1404       1566       1350

❹   76     ❺  368     ❻  452
   ×40       ×  42       ×  85
  3040         736       2260
             1472       3616
             15456      38420

❼  103     ❽  608
  ×  34      ×  60
    412      36480
   309
   3502
```

2 1ダースは12本です。
[1人分の数]×[人数]=[全部の数]
だから、12×38=456です。

```
   12
  ×38
   96
  36
  456
```

3 2通りのしかたでもとめることができます。

《1》先に、プリン1このねだんをもとめます。2こで88円なので、1このねだんは88÷2=44より44円です。
プリン24こ分の代金は、
44×24=1056より、1056円です。

```
    44
   ×24
   176
   88
  1056
```

《2》先に、プリンを何パック買ったかをもとめます。24÷2=12より、12パック買ったので、
代金は、88×12=1056より、
1056円です。

```
    88
   ×12
   176
   88
  1056
```

4 ボールペンの代金をもとめる式は、
120×15です。
12×15の10倍なので1800円です。2000円を出したときのおつりは2000−1800=200より、
200円です。

```
   12
  ×15
   60
  12
  180
```

たしかめよう!

筆算を使うと、けた数の多い数のかけ算も計算しやすくなります。(3けた)×(2けた)の筆算では、くり上がる数にも気をつけましょう。

101ページ まとめのテスト❷

1 ❶ 560　❷ 1938
❸ 2200　❹ 5184
❺ 12720　❻ 24017
❼ 28800　❽ 37962
❾ 45720

2 ❶ 2220　❷ 3160　❸ 430

3 式 53×27=1431　答え 14m31cm

4 式 440×32=14080　答え 14080円

てびき

1 筆算は、次のようになります。

```
❶   35     ❷   57     ❸   88
   ×16        ×34        ×25
   210        228        440
   35        171        176
   560       1938       2200

❹  432     ❺  265     ❻  329
  ×  12      ×  48      ×  73
    864       2120        987
   432       1060       2303
   5184      12720      24017

❼  800     ❽  703     ❾  508
  ×  36      ×  54      ×  90
   4800       2812      45720
  2400       3515
  28800      37962
```

2 ❶❷ 何十の数をかけるときは、計算をくふう

しましょう。
❶ 37×6 の 10 倍と考えることもできます。
❷ 79×4 の 10 倍と考えることもできます。
❸ かけ算のきまりを使いましょう。筆算は次のようになります。

❶
```
   37
  ×60
 2220
```
❷
```
   79
  ×40
 3160
```
❸
```
   86
  × 5
  430
```

3 [1こ分の長さ]×[作る数]=[全部の長さ]より、式は 53×27 で、1431 cm は 1400 cm と 31 cm をあわせた長さなので、答えは、100 cm=1 m より、14 m 31 cm です。
```
   53
  ×27
  371
 106
 1431
```

4 [1人分の入場りょう]×[人数]=[全部の入場りょう]だから、式は 440×32 です。
```
   440
  × 32
   880
 1320
 14080
```

たしかめよう!
大きな数のかけ算は、筆算で計算することもできますが、くふうすることで計算がかんたんになることもあります。

倍の計算

102・103 ページ 学びのワーク

きほん1 2、320　答え 320
❶ 式 14×2=28　答え 28 ページ
きほん2 7、4　答え 4
❷ 式 45÷9=5　答え 5 倍
❸ 式 42÷6=7　答え 7 倍
きほん3 4、÷、8　答え 8
❹ 式 48÷8=6　答え 6 まい

てびき ❶ もとにする大きさの 2 倍の大きさをもとめるときは、かけ算を使います。きのう読んだページ数がもとにする大きさだから、今日読んだページ数は 14×2 でもとめます。
❷ 何倍かをもとめるときは、□を使ってかけ算の式に表すと考えやすくなります。
チョコレート 1 このねだんは、ガム 1 このねだんの□倍とします。9 を□倍すると 45 になるので、9×□=45 です。
□=45÷9=5 より、5 倍です。
❸ 赤色のおり紙のまい数は、青色のおり紙のまい数の□倍とします。6 を□倍すると 42 になるので、6×□=42 です。
□=42÷6=7 より、7 倍です。
❹ 妹の持っているカードのまい数を□まいとして、姉の持っているカードのまい数を式に表すと、□×8=48 です。□=48÷8=6 より、6 まいです。

たしかめよう!
倍の計算を考えるときは、もとになる数を問題文から読み取って、□を使った式に表すとよいです。

⑱ 三角形を調べよう

104・105 ページ きほんのワーク

きほん1 ㋑、㋓、㋐、㋒、㋔　答え ㋑、㋓、㋐
❶ 二等辺三角形…㋐、㋓
正三角形…㋑、㋕
❷ ❶ 二等辺三角形
❷ 正三角形
きほん2 答え

❸ ❶

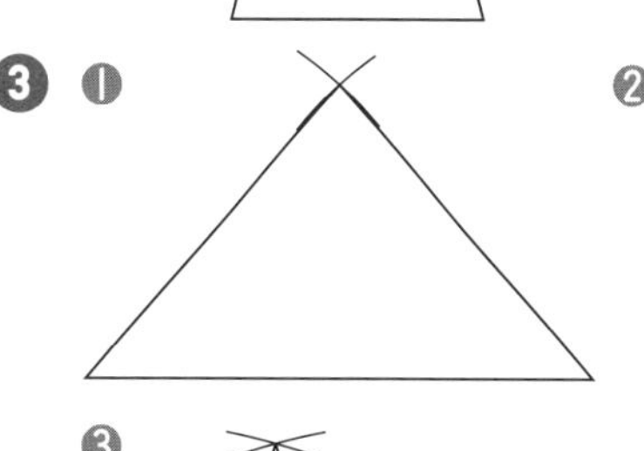

❷

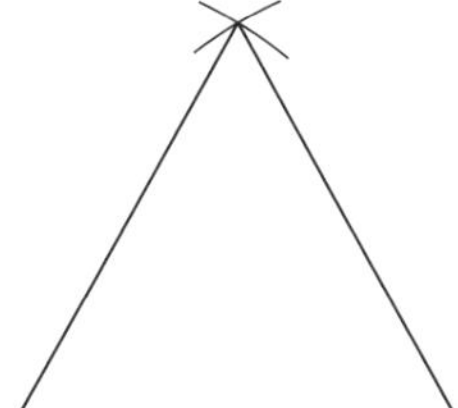

❸

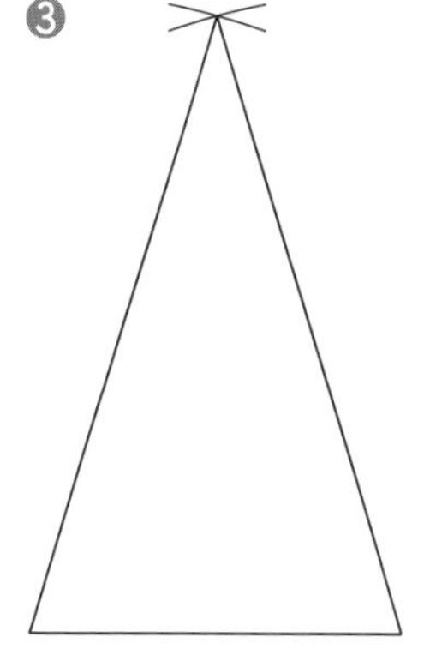

❹ (れい)

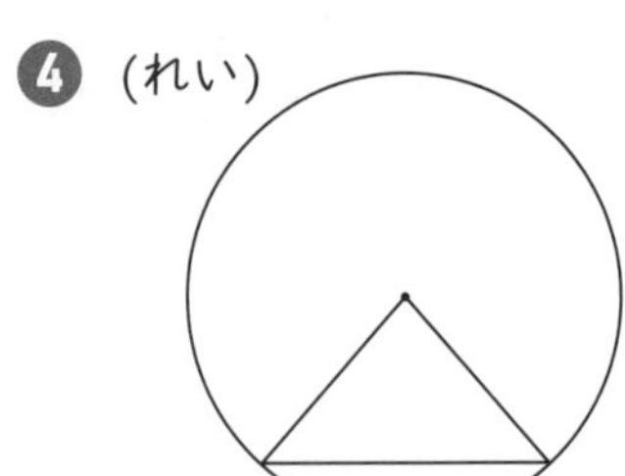

てびき ❶ 二等辺三角形は、2つの辺の長さが等しい三角形、正三角形は、3つの辺の長さがどれも等しい三角形です。それぞれの三角形の3つの辺の長さをくらべます。
辺の長さをくらべるときは、コンパスを使うとくらべやすいです。

❷ ❶ 同じ長さ(6cm)のひごを2本使うので、2つの辺の長さが等しい三角形になり、二等辺三角形です。
❷ 同じ長さ(6cm)のひごを3本使うので、3つの辺の長さがどれも等しい三角形になり、正三角形です。

❸ きほん2 の1～4のかき方で、じょうぎとコンパスを使ってかきましょう。

❹ 円の半径の長さが等しいので、半径を2つの辺とする二等辺三角形をかくことができます。2つの辺である半径の長さは等しいですが、もう1つの辺の長さも等しくかいてしまうと、3つの辺の長さがどれも等しい正三角形となってしまうので注意しましょう。

たしかめよう!
円を使って、正三角形をかくこともできます。
辺の長さがどれも円の半径の長さと同じ三角形となります。

106・107ページ きほんのワーク

きほん1 あ、い　答え あ

❶ ❶ あの角　❷ うの角とえの角　❸ かの角
❹ おとかは、おに○
えとかは、えに○
うとおは、うに○

❷ い、え、う、お、あ

きほん2 う、お、か(または、う、か、お)
答え う、お、か(または、う、か、お)

❸ ❶ 二等辺三角形　❷ 正三角形
❸ 二等辺三角形 または 直角三角形
(直角二等辺三角形)

きほん3 答え

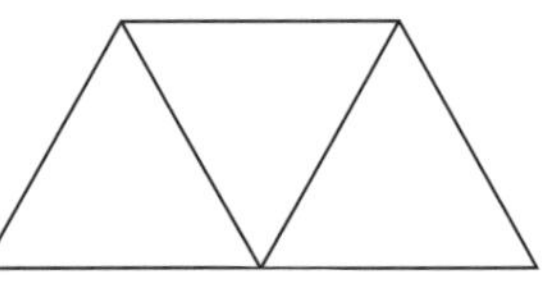

❹ ❶ 二等辺三角形 または 直角三角形
(直角二等辺三角形)
❷ 正三角形

てびき ❶ 2まいの三角じょうぎは次のような形です。

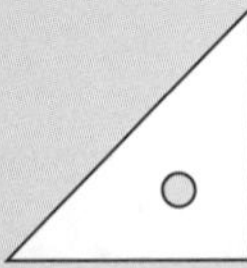
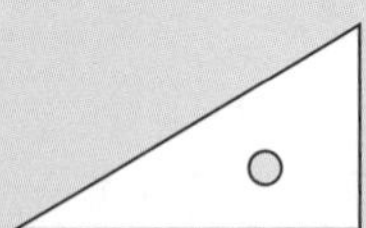

2まいの三角じょうぎの角を重ねて、大きさをくらべてみましょう。三角じょうぎのいちばん大きな角は直角です。

❷ 角の大きさは、辺の長さにかんけいなく、辺の開きぐあいだけで決まります。三角じょうぎを使って角の大きさをくらべてもよいです。

❸ 同じ形の三角じょうぎを2まいならべています。
❶ 2つの角の大きさが等しいので、二等辺三角形です。
❷ 3つの角の大きさがどれも等しいので、正三角形です。
❸ 2つの角の大きさが等しいので、二等辺三角形です。
直角の部分があるので、直角三角形、直角二等辺三角形と答えてもよいです。

❹ ❶ 2つの辺の長さが等しい二等辺三角形ですが、直角の部分があるので直角二等辺三角形ともいえます。
また、直角の部分があることから直角三角形ともいえます。
❷ ならべた三角形はすべて、3つの辺の長さがどれも等しい三角形なので、正三角形です。

108ページ 練習のワーク

❶ ア △　イ ×　ウ ○　エ △
オ ×　カ ○

❷ (れい)

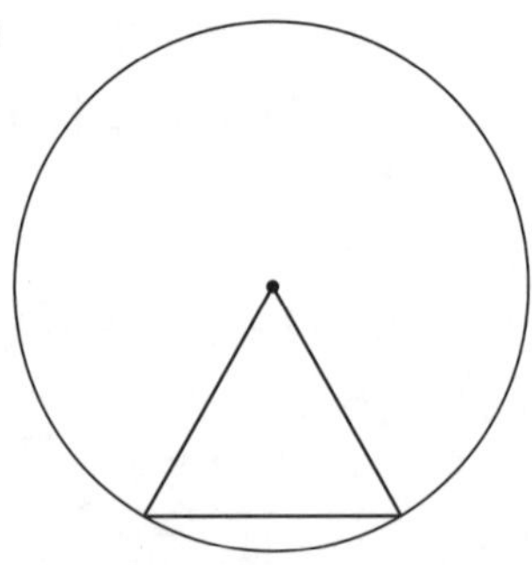

❸ あ、え、う、い

❹ 4まい

てびき ❶ それぞれの三角形の3つの辺の長さをくらべます。長さをくらべるとき、コンパスを使うとくらべやすくなります。

❷ 円の半径の長さは2cmで等しいので、半径を2辺とする三角形はすべて二等辺三角形となります。もう1つの辺が2cmになる三角形をかけば、正三角形となります。はじめに円のまわりにコンパスを使って2cmの辺をかき、両方のはしを円の中心とむすぶとよいです。

❸ ㋐の角が直角です。三角じょうぎをあててみると、直角であることがわかります。まず、㋐の角より大きいか小さいかを考えて角の大きさをくらべるとよいでしょう。

❹ ㋐の二等辺三角形をしきつめると、右のようになります。

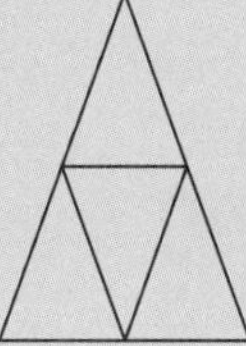

たしかめよう!

2つの辺の長さが等しい三角形を二等辺三角形、また、3つの辺の長さがどれも等しい三角形を正三角形といいます。

109ページ まとめのテスト

1 (大きさはちがっています。)

❶ 二等辺三角形

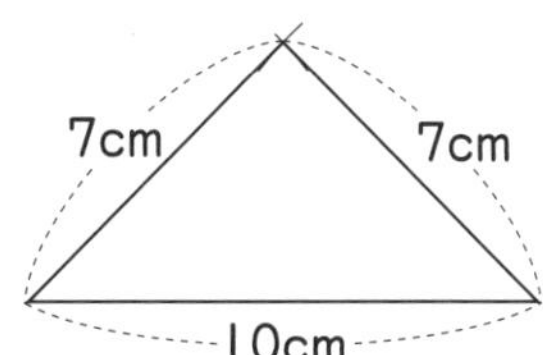

❷ 正三角形

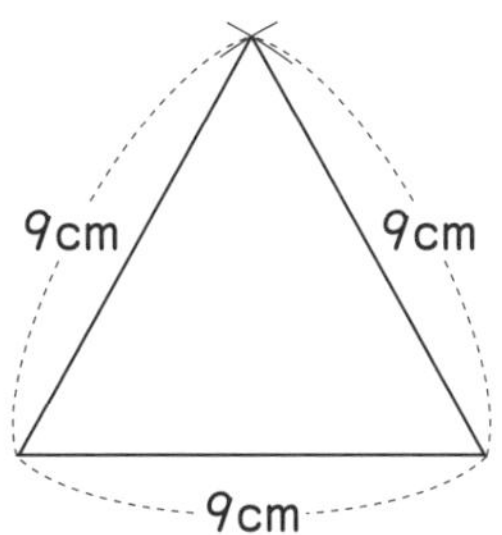

2 ❶ 二等辺三角形
❷ 二等辺三角形
❸ 正三角形

3 ❶ 3　❷ 2　❸ 2

4 ❶ 正三角形　❷ ㋐ 4cm　㋑ 4cm

てびき **1** ❶ はじめに、長さ10cmの辺をじょうぎを使ってかき、のこりの点の場所はコンパスを使って決めます。

2 紙を広げた形の図をかくと、次のようになります。

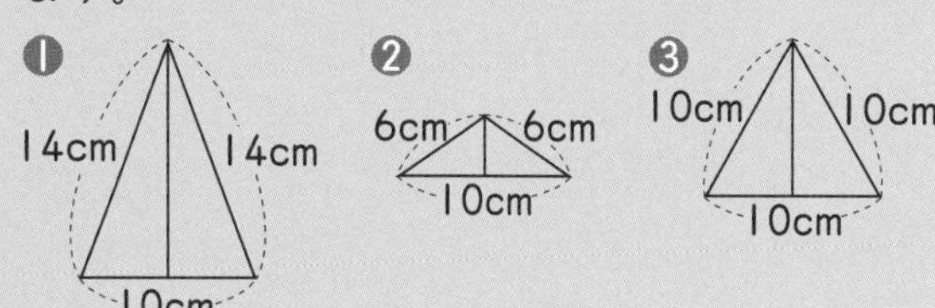

4 問題の図の3つの円は、すべて半径の長さが等しいので、ア、イ、ウをむすんでできる三角形は、3つの辺の長さがどれも等しい正三角形です。

また、㋐と㋑の長さはどちらも円の半径の2倍の4cmです。それぞれの部分の長さは次の図のようになっています。

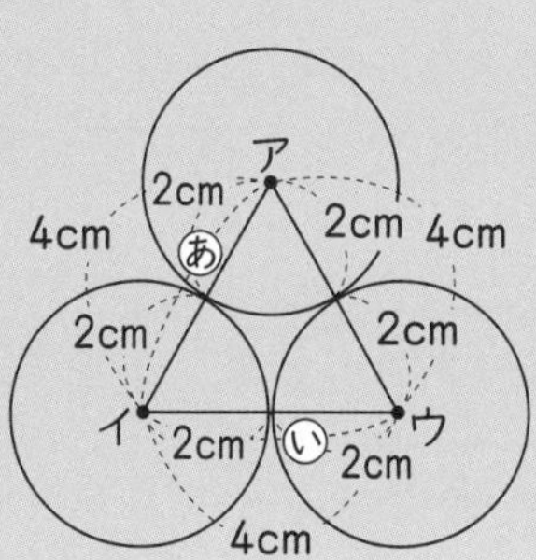

そろばん

110・111ページ きほんのワーク

きほん1 2、8、5、4、285.4　答え 285.4

❶ ❶ 171　❷ 4.6

きほん2 答え 86

❷ ❶ 79　❷ 46　❸ 97
❹ 99

きほん3 答え 22

❸ ❶ 25　❷ 51　❸ 44　❹ 43

きほん4 答え 1.7、16万

❹ ❶ 2.3　❷ 1.5　❸ 12万
❹ 4万

てびき ❶ 定位点のあるけたが一の位です。

❶ いちばん大きい位は百の位で、百の位の数は1です。

❷ いちばん大きい位は一の位で、一の位の数は4です。

❷❶ 27を入れ、次に、十の位の五だまを入れ一の位の一だまを2こ入れます。

❷ 32 を入れ、次に、十の位の一だま 1 こを入れ、一の位の五だま 1 こを入れ、一の位の一だま 1 こを取ります。
❸ 70 を入れ、次に、十の位の一だま 2 こを入れ一の位の五だま 1 こと一だま 2 こを入れます。
❹ 16 を入れ、次に、十の位の五だま 1 こと一だま 3 こを入れ、一の位の一だま 3 こを入れます。

3 ❶ 48 を入れ、次に、十の位の一だま 2 こを取り一の位の一だま 3 こを取ります。
❷ 65 を入れ、次に、十の位の一だま 1 こを取り、一の位の一だまを 1 こ入れ、五だまを取ります。
❸ 96 を入れ、次に、十の位の五だまを取り、一の位の一だまを 3 こ入れ、五だまを取ります。
❹ 80 を入れ、次に、十の位の一だまを 3 こ取り、一だまを 4 こ入れ、五だまを取り、一の位の一だまを 3 こ入れます。

4 ❶ 6+17 と同じように計算します。
❷ 34−19 と同じように計算します。
❸ 8+4 と同じように計算します。
❹ 7−3 と同じように計算します。

112ページ 練習のワーク

1 百、十、一、小数第一位
2 ❶ 51　❷ 306　❸ 9070　❹ 28.4
3 ❶ 95　❷ 71　❸ 23
❹ 39　❺ 14.8　❻ 6
❼ 1.9　❽ 4.2　❾ 11 万
❿ 12 万　⓫ 6 万　⓬ 3 万

てびき **3** ❻ 26+34 と同じように計算します。
❼ 43−24 と同じように計算します。
❽ 70−28 と同じように計算します。
❿ 5+7 と同じように計算します。
⓫ 9−3 と同じように計算します。
⓬ 7−4 と同じように計算します。

113ページ まとめのテスト

1 ❶ 80629　❷ 340.7
2 ❶ 49　❷ 95　❸ 95
❹ 130　❺ 121　❻ 124
❼ 62　❽ 32　❾ 33
❿ 43　⓫ 46　⓬ 48
3 ❶ 1.3　❷ 0.5　❸ 3.3
❹ 11 万　❺ 10 万　❻ 4 万

てびき **3** ❶ 4+9 と同じように計算します。
❷ 12−7 と同じように計算します。
❸ 71−38 と同じように計算します。
❹ 6+5 と同じように計算します。
❺ 7+3 と同じように計算します。
❻ 8−4 と同じように計算します。

考える力をのばそう

114・115ページ 学びのワーク

きほん1 5、5、70、70　答え 70
1 ❶ 式 7−1=6　答え 6
❷ 式 8×6=48　答え 48m
2 式 10−1=9　15×9=135　答え 135m
きほん2 6、6、84、84　答え 84
3 ❶ 7
❷ 式 8×7=56　答え 56m
4 式 15×10=150　答え 150m

てびき **1** **2** 木などを直線にならべたとき、間の数は木の数よりも 1 少なくなります。木を●として、図をかいて考えるとわかりやすくなります。
（れい）
木…6本
木と木の間→5つ

1 ❶ 木と木の間の数は、木の数 7 よりも 1 少なくなります。
❷ 木と木の間 6 つ分を走ることになるので、式は 8×6 です。
2 子どもと子どもの間の数は、子どもの数 10 よりも 1 少なくなります。いちばん左の子どもからいちばん右の子どもまでのきょりは、子どもと子どもの間 9 つ分になるので、式は 15×9 です。
3 **4** がいとうなどをまるい形にならべたとき、間の数はがいとうの数と同じになります。
（れい）
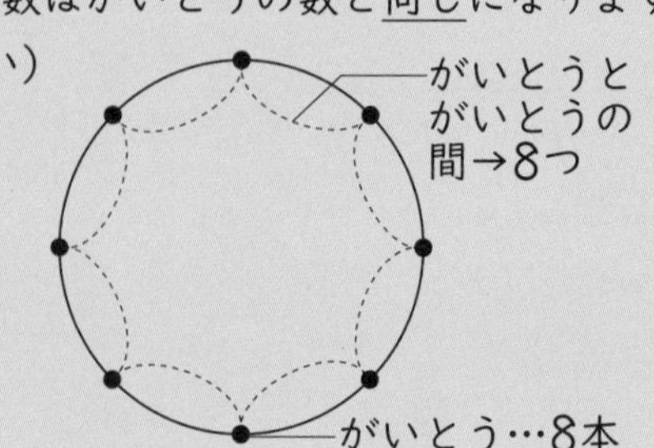

3 ❶ 間の数は、まるい形にがいとうをならべて

いるので、がいとうの数と同じです。
❷ 1しゅうの長さは、がいとうとがいとうの間の数の7つ分なので、式は8×7です。
❹ まるい形にはたを立てたので、はたの数とはたとはたの間の数は同じで10こです。1しゅうしたときの長さをもとめる式は、15×10です。

たしかめよう!
木などを直線にならべたときと、まるい形にならべたときの間の数のちがいに注意しましょう。

3年のふくしゅう

116ページ まとめのテスト❶

1 ㋐ 340000　㋑ 460000
㋒ 580000　㋓ 8500万
㋔ 9100万　㋕ 1億

2 ❶ 1470　❷ 7014　❸ 534
❹ 1448　❺ 280　❻ 294
❼ 2072　❽ 1308　❾ 2024

3 ❶ 4　❷ 8あまり4　❸ 21
❹ 7あまり3　❺ 8あまり3

てびき **1** 上の数直線のいちばん小さい1めもりは、20000、下の数直線のいちばん小さい1めもりは、100万を表しています。
2 筆算は次のようになります。

❶ $\begin{array}{r} 649 \\ +821 \\ \hline 1470 \end{array}$　❷ $\begin{array}{r} 4621 \\ +2393 \\ \hline 7014 \end{array}$　❸ $\begin{array}{r} 902 \\ -368 \\ \hline 534 \end{array}$

❹ $\begin{array}{r} 6375 \\ -4927 \\ \hline 1448 \end{array}$　❺ $\begin{array}{r} 35 \\ \times\ 8 \\ \hline 280 \end{array}$　❻ $\begin{array}{r} 42 \\ \times\ 7 \\ \hline 294 \end{array}$

❼ $\begin{array}{r} 74 \\ \times 28 \\ \hline 592 \\ 148\ \ \\ \hline 2072 \end{array}$　❽ $\begin{array}{r} 436 \\ \times\ \ 3 \\ \hline 1308 \end{array}$　❾ $\begin{array}{r} 506 \\ \times\ \ 4 \\ \hline 2024 \end{array}$

117ページ まとめのテスト❷

1 ❶ 式 9×8=72　答え 72cm
❷ 式 27÷9=3　答え 3倍

2 ❶ 2.9　❷ 4、3、7　❸ 14
❹ 9　❺ $\frac{8}{3}$

3 ㋐ $\frac{2}{10}$　㋑ $\frac{16}{10}$　㋒ 1.3
㋓ 2.8

4 ❶ <　❷ >　❸ =

てびき **1** ❷ 何倍かをもとめるときは、わり算を使います。
2 ❹ 分母と分子が同じ数の分数は1なので、$\frac{9}{9}$=1です。
3 いちばん小さい1めもりの大きさは、1を10等分した大きさで、$\frac{1}{10}$=0.1です。
4 0.1がいくつあるかをくらべるとよいです。

118ページ まとめのテスト❸

1 ❶ 11.8　❷ 9　❸ 7.6
❹ 14.5　❺ 2.2　❻ 1.3
❼ 2.8　❽ 5.3　❾ $\frac{8}{9}$
❿ 1　⓫ $\frac{1}{5}$　⓬ $\frac{5}{6}$

2 ❶

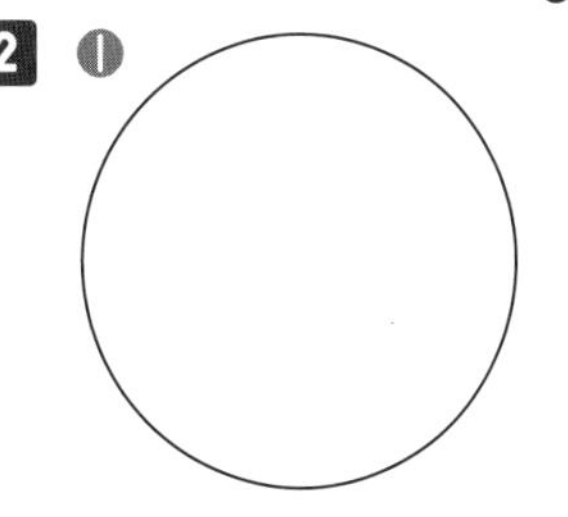

❷

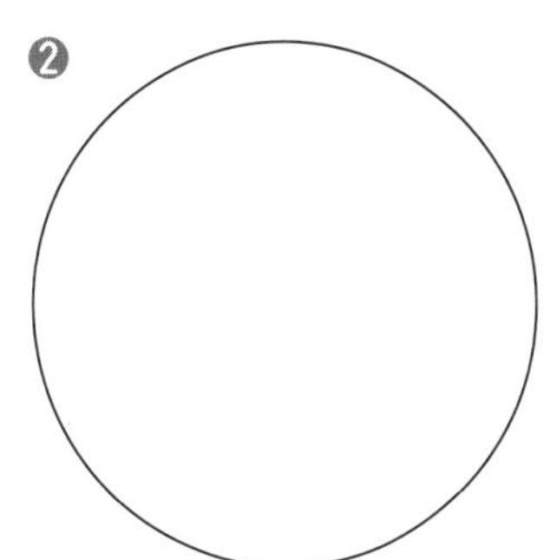

3 ❶

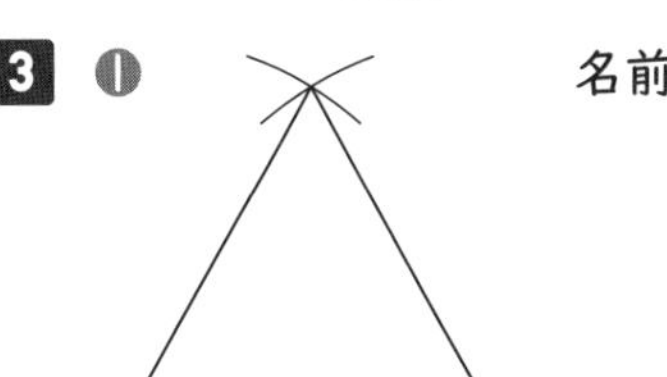

名前…正三角形

❷

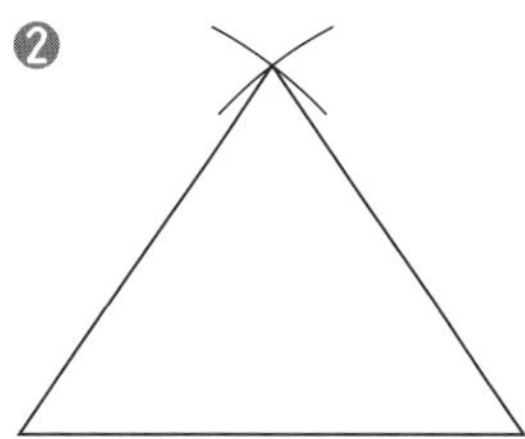

名前…二等辺三角形

てびき

1 ❶ 7.2 + 4.6 = 11.8　❷ 3.8 + 5.2 = 9.0　❸ 4.7 + 2.9 = 7.6

❹ 8.0 + 6.5 = 14.5　❺ 2.8 − 0.6 = 2.2　❻ 3.0 − 1.7 = 1.3

❼ 9.1 − 6.3 = 2.8　❽ 8.0 − 2.7 = 5.3

⑫ 1を$\frac{6}{6}$として計算します。

2 ❷ 直径の長さは半径の長さの2倍だから、4÷2=2より、半径が2cmの円をかきます。

3 ❶ 3つの辺の長さがどれも等しいので、正三角形です。

❷ 2つの辺の長さが等しいので、二等辺三角形です。

119ページ　まとめのテスト❹

1 ❶ 8cm
❷ 32

2 ❶ 70　❷ 2300
❸ 4、7　❹ 5、570
❺ 1000　❻ 6、8

3 ❶ 650g
❷ 1kg800g(1800g)

4 45分後の時こく…4時15分
45分前の時こく…2時45分

てびき

1 ❶ 箱のたての長さ16cmは、ボールの直径のちょうど2つ分です。ボールの直径は、16÷2=8より、8cmです。

❷ □は、ボールの直径のちょうど4つ分です。□=8×4=32となります。

2 1分=60秒
1km=1000m　1cm=10mm
1kg=1000g　1t=1000kg
1L=10dL
のたんいのかんけいを使って、それぞれちがうたんいになおせます。たんいのかんけいはおぼえましょう。

4

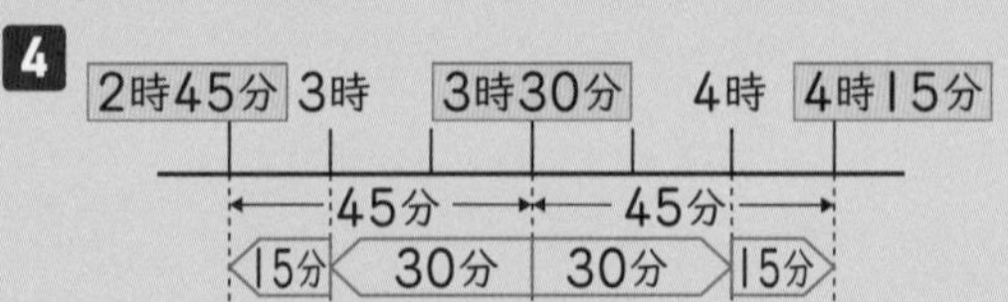

120ページ　まとめのテスト❺

1 ❶ 式 300+400=700
680+420=1100
1100−700=400　答え 400m

❷ 式 1100−500=600　答え 600m

2 ❶

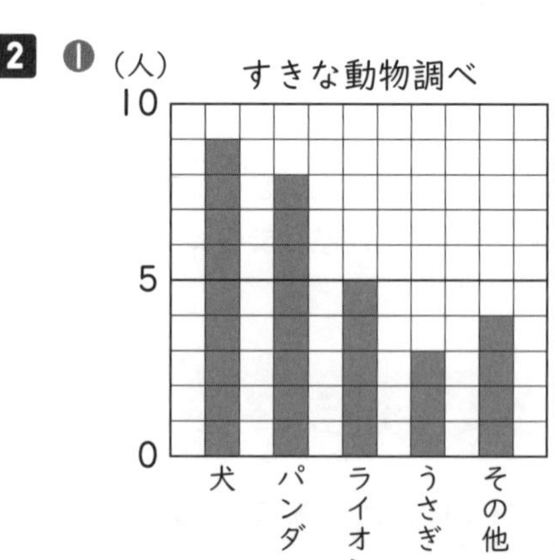

❷ 1人　❸ 犬

てびき

1 ❶ ポストの前を通るときの道のりは、300mと400mをあわせた道のりです。本屋の前を通るときの道のりは、680mと420mをあわせた道のりです。

❷ けいさんの家からかおりさんの家までのきょりは、まっすぐはかった長さなので500mです。

2 ❶ 横のじくに、すきな動物のしゅるいを多いじゅんに左から書きます。「その他」は数が多くても、さいごに書きます。表でいちばん多い人数は9人なので、たてのじくに9人が入るように、たてのじくのいちばん上を10人にします。

❷ 1めもりは1人です。

実力判定テスト 答えとてびき

夏休みのテスト①

1 ❶ 20　❷ 0　❸ 0
2 ❶ 9　❷ 14、8、56、70
3 45分
4 ❶ 4　❷ 8　❸ 4
5 ❶ 式 56÷8=7　答え 7cm
❷ 式 56÷7=8　答え 8本
6 ❶ 1150　❷ 5901　❸ 292
❹ 5808
7 式 5000−3568=1432　答え 1432円
8 ❶ 6050　❷ 2、78
9

てびき

3 ちょうどの時こくの午後4時をもとにして考えましょう。

5 ❶ リボンを同じ長さずつ8本に切ったうちの1本の長さをもとめるので、式は56÷8です。
❷ 7cmずつ同じ長さに切るので、式は56÷7です。

6 ❶ 368+782=1150　❷ 5342+559=5901
❸ 700−408=292　❹ 8546−2738=5808

7 はらったお金−品物の代金=おつり です。

8 ❶ 1km=1000mです。6km=6000mなので、6000m+50m=6050mです。
❷ 2078mは2000mと78mに分けられます。
2000m=2kmです。

9 横のじくのめもりは、いちばん多い900円がかけるようにすればよいので、1めもり100円にします。
よしみが9めもり、まゆみが8めもり、ゆうたが5めもり、りょうが3めもりのぼうグラフをかきます。

夏休みのテスト②

1 ❶ 70　❷ 0　❸ 0
❹ 1
2 ❶ 663　❷ 8061　❸ 577
❹ 388
3 ❶ 2　❷ 1、25
❸ 105
4 2時間30分
5 式 875−658=217　答え 217まい
6 ❶ 式 27÷3=9　答え 9人
❷ 式 27÷9=3　答え 3こ
7 きょり…750m
道のり…1km100m
8 ❶ ㋐ 23　㋑ 13　㋒ 36　㋓ 14　㋔ 7
㋕ 21　㋖ 37　㋗ 20　㋘ 57
❷ 57台

てびき

1 ❷❸ どんな数に0をかけても、0を0ではないどんな数でわっても、答えは0です。

3 ❷❸ 1分=60秒 を使って秒を分、分を秒になおします。

4 1時間50分+40分=1時間90分
90分=1時間30分なので、
2時間30分です。

5 もとのまい数−使ったまい数
=のこりのまい数です。

7 まっすぐにはかった長さがきょりなので、もとめるきょりは750mです。
道にそってはかった長さが道のりなので、もとめる道のりは、
300m+800m=1100m=1km100m
です。

8 ❶ ㋒=㋐+㋑なので、㋒に入る数は、23+13=36です。
㋕=㋓+㋔なので、㋕に入る数は、14+7=21です。
㋖=㋐+㋓なので、23+14=37です。
㋗=㋑+㋔なので、13+7=20です。
㋘は、㋒+㋕でも、㋖+㋗でももとめられます。
❷ 表の㋘に入る数が、10分間に、校門の前の道を通った乗用車とトラックの台数の合計になります。

冬休みのテスト①

1 ❶ 72051064
❷ 100000000
❸ 5260

2 ❶ 240　❷ 4500　❸ 336
❹ 3647　❺ 10　❻ 31

3 6cm

4 ❶ 43　❷ 8、2　❸ 6.1

5 ❶ 3.1　❷ 8.6　❸ 3.3
❹ 0.7

6 ❶ 8000　❷ 2000　❸ 2500
❹ 6、450

7 ❶ 答え 6 あまり 2　たしかめ 6×6＋2＝38
❷ 答え 5 あまり 3　たしかめ 9×5＋3＝48
❸ 答え 7 あまり 8　たしかめ 9×7＋8＝71

8 式 28÷6＝4 あまり 4
4＋1＝5　答え 5 台

てびき

1 ❷ 1000 万を 10 こ集めた数を一億といい、1 億とも書きます。
❸ 10 でわるので、いちばん右の 0 を 1 つとります。

2 ❶ 4×6 を 10 倍した数が答えです。
❷ 9×5 を 100 倍した数が答えです。
❸ $\begin{array}{r} 42 \\ \times\ \ 8 \\ \hline 336 \end{array}$　❹ $\begin{array}{r} 521 \\ \times\ \ \ 7 \\ \hline 3647 \end{array}$

3 円の直径は正方形の 1 辺の長さと等しいので、12cm です。
円の半径は直径の半分なので、12÷2＝6 より、6cm です。

5 ❹ 7 を 7.0 と考えて、位をそろえて計算します。

6 ❶ 1kg＝1000g なので、8kg は 1kg の 8 こ分で 8000g です。
❷ 1t＝1000kg なので、2t は 1t の 2 こ分で 2000kg です。
❸ 2000g＋500g＝2500g です。
❹ 6450g を 6000g と 450g に分けて考えます。
6000g＝6kg です。

7 わり算のあまりは、わる数よりも小さくなります。

8 28 人の子どもが 6 人ずつ 1 台のゴンドラに乗るので、式は 28÷6＝4 あまり 4 です。みんなが乗るためには、あまりの 4 人が乗るゴンドラがもう 1 台ひつようです。

冬休みのテスト②

1 ㋐ 7400 万　㋑ 8700 万　㋒ 9500 万
㋓ 1 億

2 ❶ 480　❷ 4900　❸ 148
❹ 2334　❺ 40　❻ 11

3 ❶ 2960　❷ 630　❸ 2400

4 たて…18cm　横…12cm

5 ❶ 36　❷ 4

6 ❶ 420g　❷ 2700g(2kg700g)

7 ❶ 9.3　❷ 6.7　❸ 1.6　❹ 1.8

8 ❶ 答え 4 あまり 1　たしかめ 6×4＋1＝25
❷ 答え 7 あまり 3　たしかめ 7×7＋3＝52

9 式 39÷4＝9 あまり 3
答え 9 本できて、3m あまる。

てびき

1 いちばん小さい 1 めもりは、10 めもりで 1000 万になる数だから、100 万を表しています。
㋐ 7000 万より 400 万大きい数です。
㋑ 9000 万より 300 万小さい数です。
㋒ 9000 万より 500 万大きい数です。
㋓ 9000 万より 1000 万大きい数は一億(1 億)です。

3 3 つの数のかけ算では、はじめの 2 つの数を先に計算しても、あとの 2 つの数を先に計算しても答えは同じになることを使うと、計算がかんたんになることが多いです。
❶ 296×5×2＝296×(5×2)
＝296×10＝2960
❷ 70×3×3＝70×(3×3)
＝70×9＝630
❸ 400×2×3＝400×(2×3)
＝400×6＝2400

4 箱のたての長さはボールの直径の 3 こ分の長さです。箱の横の長さは、ボールの直径の 2 こ分の長さです。ボールの直径の長さは半径の 2 倍なので、6cm です。

5 ❷ 4 こ分で 16kg になる重さなので、16 を 4 でわります。

6 ❶ いちばん小さいめもりは、5 こで 100g になる大きさだから 20g を表します。
❷ いちばん小さいめもりは、5 こで 100g になる大きさだから 20g を表します。はりのさしている重さは、2500g より 200g 大きい重さです。

学年末のテスト①

1 ❶ 0　❷ 50　❸ 266
❹ 1176　❺ 41　❻ 8あまり5
❼ 822　❽ 386

2 20分

3 ❶ 2、750
❷ 8030

4 ❶ 7　❷ 1.9　❸ $\frac{6}{7}$　❹ $\frac{4}{5}$

5 式 □+23=50　答え 27

6 ❶ 3478　❷ 44384

7 ❶ 正三角形
❷ 二等辺三角形

8 ❶ 式 $\frac{5}{8}+\frac{3}{8}=1$　答え 1L
❷ 式 $\frac{5}{8}-\frac{3}{8}=\frac{2}{8}$　答え $\frac{2}{8}$L

てびき

1 ❸ 38×7=266　❹ 294×4=1176

2 午前11時ちょうどの前と後で分けて考えると、かかった時間をもとめやすいです。

3 ❶ 2000mと750mに分けて考えます。1000m=1kmなので、2000m=2kmです。
❷ 8km=8000mです。

4 ❸ $\frac{1}{7}$をもとに考えます。$\frac{1}{7}$が1こ分と$\frac{1}{7}$が5こ分をあわせて、$\frac{1}{7}$が6こ分です。
❹ $1=\frac{5}{5}$だから、$\frac{1}{5}$が5こ分から1こ分をひいて、$\frac{1}{5}$が4こ分です。

5 □+23=50　50−23=□　□=27

6 ❶ 94×37：658、282、3478　❷ 584×76：3504、4088、44384

7 ❶ 3つの辺の長さがどれも等しい三角形なので、正三角形です。
❷ 2つの辺の長さが等しい三角形なので、二等辺三角形です。

8 ❶ $\frac{1}{8}$が5こ分と$\frac{1}{8}$が3こ分をあわせて、$\frac{8}{8}=1$です。
❷ $\frac{1}{8}$が5こ分と$\frac{1}{8}$が3こ分のちがいは、$\frac{1}{8}$が2こ分です。

学年末のテスト②

1 5800、58000、580000、58

2 しょうりゃく

3 式 1kg300g−200g=1kg100g　答え 1kg100g

4 式 63÷□=7　答え 9

5 式 24÷6=4　答え 4倍

6 ❶ 864　❷ 4745　❸ 8878
❹ 39445

7 二等辺三角形

8 ❶ 式 $\frac{3}{7}+\frac{2}{7}=\frac{5}{7}$　答え $\frac{5}{7}$m
❷ 式 $\frac{3}{7}-\frac{2}{7}=\frac{1}{7}$　答え $\frac{1}{7}$m

てびき

1 数を10倍すると、位が1つずつ上がります。
100倍すると位は2つ、1000倍すると位は3つ上がります。
また、一の位が0の数を10でわると、位が1つ下がります。

2 直径が6cmの円の半径は3cmです。コンパスを3cmにひらき、半径が3cmの円をかきます。

3 全体の重さ − かごの重さ = みかんの重さ です。

4 □人で分けるので、式は63÷□=7
63÷7=□　□=9

6 ていねいに筆算をしましょう。
❶ 54×16：324、54、864　❷ 73×65：365、438、4745
❸ 386×23：1158、772、8878　❹ 805×49：7245、3220、39445

7 三角形の2つの辺の長さは、円の半径の長さと等しくなります。
2つの辺の長さが等しいので、二等辺三角形です。

8 ❶ $\frac{1}{7}$が3こ分と$\frac{1}{7}$が2こ分をあわせて、$\frac{5}{7}$です。
❷ $\frac{1}{7}$が3こ分と$\frac{1}{7}$が2こ分のちがいは、$\frac{1}{7}$が1こ分です。

まるごと 文章題テスト①

1 7時50分

2 式 42÷7=6　答え 6問

3 ❶ 式 2194+1507=3701
答え 3701まい

❷ 式 2194−1507=687　答え 687まい

4 式 76÷8=9 あまり 4
答え 9本になって、4本あまる。

5 式 237×5=1185　答え 1185m

6 式 80÷8=10　答え 10本

7 式 2.5−1.6=0.9
答え やかんが、0.9L多く入る。

8 式 $\frac{4}{5}+\frac{1}{5}=1$　答え 1m

9 式 155×23=3565
4000−3565=435　答え 435円

てびき

1 8時15分より25分前の時こくを考えます。
8時ちょうどは8時15分の15分前なので、もとめる時こくは8時ちょうどから10分前の時こくです。

2 1週間は7日なので、42問を7つに分けます。

3 ❶ あわせたまい数 = 先週使ったまい数 + 今週使ったまい数 です。
❷ 使ったまい数のちがい = 先週使ったまい数 − 今週使ったまい数 です。

4 あまりの本数がわる数の8より小さくなっているかをたしかめましょう。あまりがわる数より大きいときはまちがいです。

5 1しゅうの長さ × 走ったしゅうの数 = 走った長さ です。

6 全部のひもの長さ ÷ 8cm = できるひもの本数 です。

7 2.5Lのほうが1.6Lより多いので、やかんのほうが水とうよりも多く入ります。やかんには、2.5Lと1.6Lのかさのちがいの分多く入ります。

8 $\frac{1}{5}$が4こ分と$\frac{1}{5}$が1こ分をあわせて、$\frac{5}{5}$=1です。

9 まず、買ったボールペンの代金をもとめます。
代金 = 1本のねだん × 本数 です。
もとめた代金をはらった4000円からひくと、おつりがもとめられます。

まるごと 文章題テスト②

1 式 35÷7=5　答え 5つ

2 式 8524−4897=3627　答え 3627こ

3 式 60÷7=8 あまり 4　答え 8本

4 式 6300÷10=630　答え 630まい

5 式 400×2×3=2400　答え 2400円

6 式 8.3+3.8=12.1　答え 12.1cm

7 式 1kg450g−400g=1kg50g
答え 1kg50g

8 式 $\frac{7}{9}-\frac{2}{9}=\frac{5}{9}$　答え $\frac{5}{9}$L

9 式 28×52=1456　答え 14m56cm

10 式 39÷3=13　答え 13こ

てびき

1 全部の花の本数 ÷ 7本 = できる花たばの数 です。

2 そう庫にある品物の数 − 運び出した品物の数 = そう庫にのこっている品物の数 です。

3 1L=10dLなので、6L=60dLです。60dLを7dLずつ分けていくと、4dLあまります。
あまりの4dLでは7dL入ったびんは作れないので、あまりは考えません。

4 6300を10でわった数は、6300のいちばん右の0を1つとった630です。

5 先に配るノートの数をもとめてもよいです。2さつ組にしたものが3組ひつようなので、2×3=6より6さつひつようです。400×6=2400より、2400円と考えることもできます。

6 1cm=10mmなので、8.3cm=83mm 38mm=3.8cmです。たんいをcmかmmのどちらかにそろえてあわせます。
たんいをmmにそろえたときは、83+38=121　121mm=12.1cmとすることもできます。

7 ランドセルの重さ = 本を入れたランドセルの重さ − 本の重さ です。

8 $\frac{1}{9}$が7こ分から$\frac{1}{9}$が2こ分へるので、のこりは$\frac{1}{9}$が5こ分です。

9 答えのたんいに気をつけましょう。

10 弟の拾ったどんぐりの数の3倍が39こなので、弟の拾ったどんぐりの数は、39を3でわった数です。

3 2 1 0 9 8 7 6 5 4
＊ ＊ D C B A